高等院校农业科学、动物科学、生命科学和林业科学专业教材

生物统计学

SHENGWU TONGJIXUE

孟宪勇　王　晶　刘　彭　主编

海洋出版社

2016年·北京

内 容 简 介

生物统计学融合了概率论、生物学与数学等知识，是生命领域不同专业学生都应该掌握的重要工具之一。

全书共分为 10 章、2 个附录，主要内容包括统计学概念、试验设计、资料（数据）的描述性统计分析、概率论及常见分布、统计推断、非参数统计、方差分析、正交设计、直线相关与回归、多元线性回归与相关等。附录部分为常见统计软件简介和本书相关的各种统计数值表。

适用范围：高等院校农业科学、动物科学、生命科学和林业科学相关专业课教材。

图书在版编目(CIP)数据

生物统计学/孟宪勇，王晶，刘彭主编. -- 北京：海洋出版社，2016.6
ISBN 978-7-5027-9490-3

Ⅰ．①生… Ⅱ．①孟… ②王… ③刘… Ⅲ．①生物统计 Ⅳ．①Q-332

中国版本图书馆 CIP 数据核字(2016)第 123410 号

总 策 划：刘斌	发 行 部：(010) 62174379（传真）(010) 62132549
责任编辑：刘斌	(010) 62100075（邮购）(010) 62173651
责任校对：肖新民	网 址：http://www.oceanpress.com.cn/
责任印制：赵麟苏	承 印：北京朝阳印刷厂有限责任公司
排 版：海洋计算机图书输出中心 晓阳	版 次：2016 年 6 月第 1 版
出版发行：海洋出版社	2016 年 6 月第 1 次印刷
	开 本：787mm×1092mm 1/16
地 址：北京市海淀区大慧寺路 8 号（707 房间）	印 张：14.75
100081	字 数：354 千字
经 销：新华书店	印 数：1~3000 册
技术支持：010-62100059	定 价：35.00 元

本书如有印、装质量问题可与发行部调换

前 言

生物统计学是高等院校农业科学、动物科学、生命科学、林业科学等专业开设的核心课程之一，是生物科学家对生物实验进行科学分析所需掌握的重要数据分析工具。生物统计学是一门方法论科学，是指导学生进行科学实验并得出科学结论的有力武器。

为了满足教学需要，确保学生培养质量，国内已出版了数种版本、各种名称的优秀生物统计学教材。随着科技的发展和知识更新的加快，生物统计学教材也需要不断补充、更新和完善，出于此目的，我们重新编写了生物统计学教材，这也是我们教学实践经验的总结。

本教材系统地介绍了生物统计学的基本理论、方法及试验设计的基本原理。全书共分10章，包括绪论、试验设计、资料（数据）的描述性统计分析、概率论及常见分布、统计推断、非参数统计、方差分析、正交设计、直线相关与回归和多元线性回归与相关。通过学习，学生将能较好地掌握生物统计的基本思想和各种数据分析方法，提高分析问题的能力。

本教材的特色是内容全面、完整、有新意；叙述深入浅出，通俗易懂，注重思想，注重应用；在附录中介绍了常用统计软件，强调了统计软件在现代数据分析中的重要作用。

本教材是生物统计学的基础教程，可作为高等院校农业科学、动物科学、生命科学、林业科学等专业本科生教材使用，对广大实际工作者也极具参考价值。

本教材由山东农业大学孟宪勇、王晶、刘彭老师共同编写而成。各章执笔人分别为：孟宪勇（第1，2，7，8章及附录1）、王晶（第6，9，10章）、刘彭（第3，4，5章及附录2）。

在编写过程中，我们参阅了大量资料和著作，吸收了同行们辛勤劳动的成果，在此向他们表示衷心感谢。感谢海洋出版社为本书出版给予了大力协助。感谢山东农业大学信息科学与工程学院数学与信息系全体同仁的支持与帮助。

由于编者水平所限，不妥之处在所难免，敬请读者批评指正。

编者
2016年4月

目　　录

第一章　绪论 ··· 1
　第一节　统计学 ··· 1
　第二节　生物统计学在科学实践中的地位 ·· 2
　　　一、数据与生物试（实）验 ·· 2
　　　二、生物统计学的地位 ·· 3
　第三节　生物统计学的作用与学习方法 ··· 3
　　　一、生物统计学的内容 ·· 3
　　　二、生物统计学的作用 ·· 4
　　　三、生物统计学的学习方法与要求 ·· 5
　习　　题 ·· 5

第二章　试验设计 ··· 6
　第一节　试验设计概述 ·· 6
　　　一、试验设计的意义、任务和作用 ·· 6
　　　二、基本概念 ·· 7
　第二节　试验计划和试验方案的设计 ·· 9
　　　一、试验计划 ·· 9
　　　二、试验方案 ·· 10
　　　三、试验方案的拟订 ··· 11
　第三节　试验误差及其控制 ·· 13
　　　一、试验误差的概念和类型 ·· 13
　　　二、试验误差的来源 ··· 13
　　　三、试验误差的控制途径 ··· 14
　第四节　试验的评价 ·· 14
　　　一、试验计划的评价 ··· 14
　　　二、试验结果和结论的评价 ·· 15
　第五节　试验设计的基本原则 ··· 15
　　　一、重复 ··· 15
　　　二、随机化 ··· 16
　　　三、局部控制 ·· 17
　第六节　常用试验设计方法 ·· 18
　　　一、完全随机设计 ·· 18

　　　　二、随机区组设计 ··· 19
　　　　三、拉丁方设计 ·· 22
　　　　四、系统分组设计 ·· 25
　　　　五、裂区设计 ·· 26
　习　　题 ·· 27

第三章　资料（数据）的描述性统计分析 ······································ 28
　第一节　试验资料（数据）的整理 ·· 28
　　　　一、资料（数据）的类型 ·· 28
　　　　二、随机变量（数）的类型 ··· 29
　第二节　用图表描述资料 ·· 29
　　　　一、统计表 ·· 29
　　　　二、统计图 ·· 32
　第三节　用统计量描述资料 ··· 37
　　　　一、位置的描述 ··· 37
　　　　二、变异的描述 ··· 40
　　　　三、分布形状的描述 ··· 43
　习　　题 ·· 44

第四章　概率论及常见分布 ··· 46
　第一节　概率论基础知识 ·· 46
　　　　一、概念 ··· 46
　　　　二、事件及事件间的关系 ··· 47
　　　　三、概率的计算法则 ··· 47
　　　　四、概率分布 ·· 48
　第二节　几种常见的理论分布 ·· 49
　　　　一、二项分布 ·· 50
　　　　二、泊松分布 ·· 50
　　　　三、正态分布（normal distribution）································ 51
　第三节　抽样分布 ··· 54
　习　　题 ·· 58

第五章　统计推断 ·· 59
　第一节　假设检验概述 ·· 59
　　　　一、假设检验的原理 ··· 59
　　　　二、假设检验的步骤 ··· 60
　　　　三、双侧检验与单侧检验 ··· 61
　　　　四、假设检验的两类错误 ··· 62
　第二节　样本平均数的假设检验 ··· 63

一、单个样本平均数的假设检验 ································ 63
　　二、两个样本平均数的假设检验 ································ 64
第三节　样本频率的假设检验 ·· 68
　　一、单个样本频率的假设检验 ···································· 69
　　二、两个样本频率的假设检验 ···································· 69
第四节　样本方差的假设检验 ·· 71
　　一、单个样本方差的假设检验 ···································· 71
　　二、两个样本方差的假设检验 ···································· 72
　　三、多个样本方差的假设检验 ···································· 73
第五节　参数估计 ·· 74
　　一、参数估计的原理 ·· 74
　　二、单个总体平均数的估计 ······································ 75
　　三、两个总体平均数差数的估计 ······························· 75
　　四、单个总体频率的估计 ··· 77
　　五、两个总体频率差数的估计 ··································· 77
习　　题 ··· 77

第六章　非参数统计 ·· 80
第一节　符号检验 ·· 80
　　一、单个样本的符号检验 ··· 80
　　二、两个样本的符号检验 ··· 81
　　三、需要说明的几个问题 ··· 83
第二节　秩和检验 ·· 85
　　一、成组数据比较的秩和检验 ·································· 85
　　二、配对数据比较的秩和检验 ·································· 87
　　三、需要说明的几个问题 ··· 88
第三节　χ^2 统计量及 χ^2 检验 ································ 89
　　一、χ^2 检验的基本原理 ··· 90
　　二、χ^2 检验中需要注意的问题 ······························· 91
第四节　适合性检验 ··· 91
　　一、适合性检验的理论基础及主要步骤 ······················ 91
　　二、离散型分布的适合性检验 ·································· 92
　　三、连续型分布的适合性检验 ·································· 94
第五节　独立性检验 ··· 95
　　一、独立性检验的基本原理及一般程序 ······················ 96
　　二、2×2 列联表的独立性检验 ································· 97
　　三、$n×m$ 列联表的独立性检验 ······························· 99
　　四、两个需要说明的问题 ······································· 100
习　　题 ··· 101

第七章 方差分析 ... 103

第一节 单因素方差分析 ... 103
- 一、分析基本方法 ... 104
- 二、多重比较 ... 108
- 三、线性模型 ... 111
- 四、数据变换 ... 113

第二节 双因素无交互作用的方差分析 ... 114
- 一、双因素无重复试验模型与统计假设 ... 114
- 二、平方和分解 ... 116
- 三、显著性检验 ... 116
- 四、期望均方 ... 117
- 五、多重比较 ... 117
- 六、随机效应模型 ... 119

第三节 双因素有交互作用的方差分析 ... 119
- 一、双因素等重复试验的统计（数学）模型与统计假设 ... 119
- 二、多重比较 ... 123
- 三、混合随机效应模型 ... 123

第四节 常用单因素试验设计结果的统计分析 ... 124
- 一、随机区组设计单因素试验结果的方差分析 ... 124
- 二、拉丁方设计的单因素试验结果的统计分析 ... 125

第五节 常用两因素试验设计结果的统计分析 ... 127
- 一、两因素随机区组试验结果的方差分析 ... 127
- 二、两因素系统分组设计试验结果的统计分析 ... 131
- 三、两因素裂区设计试验结果的统计分析 ... 133

习　题 ... 135

第八章 正交设计 ... 140

第一节 正交设计试验 ... 140
- 一、正交设计的基本思想 ... 140
- 二、正交表 ... 142
- 三、正交设计的基本步骤 ... 143

第二节 正交设计试验结果的统计分析 ... 147
- 一、直观分析法 ... 147
- 二、方差分析法 ... 149

习　题 ... 152

第九章 直线相关与回归 ... 154

第一节 回归与相关概述 ... 154
- 一、回归与相关的概念 ... 154

二、回归与相关的分类 …………………………………………………… 155
三、回归与相关的作用 …………………………………………………… 155
第二节 一元线性回归 …………………………………………………………… 156
一、一元线性回归方程的建立 …………………………………………… 156
二、一元线性回归方程的显著性检验 …………………………………… 159
三、一元线性回归方程的应用 …………………………………………… 163
第三节 直线相关 ………………………………………………………………… 166
一、相关关系与相关系数 ………………………………………………… 166
二、相关系数的显著性检验 ……………………………………………… 167
三、有关应用问题的讨论 ………………………………………………… 169
第四节 能线性化的曲线回归 …………………………………………………… 170
一、曲线回归分析概述 …………………………………………………… 170
二、能直线化的曲线类型 ………………………………………………… 172
三、曲线回归实例 ………………………………………………………… 174
习　　题 ……………………………………………………………………………… 178

第十章　多元线性回归与相关 ……………………………………………………… 180
第一节 多元线性回归 …………………………………………………………… 180
一、多元线性回归方程的建立 …………………………………………… 180
二、多元线性回归的统计推断 …………………………………………… 182
三、多元线性回归的区间估计及预测 …………………………………… 186
第二节 多项式回归 ……………………………………………………………… 189
一、多项式回归概述 ……………………………………………………… 189
二、应用实例 ……………………………………………………………… 190
第三节 多元相关 ………………………………………………………………… 191
一、复相关 ………………………………………………………………… 191
二、偏相关 ………………………………………………………………… 193
三、偏相关和简单相关的关系 …………………………………………… 195
习　　题 ……………………………………………………………………………… 195

附录 1　常用统计软件简介 ……………………………………………………… 197

附录 2　附表 ……………………………………………………………………… 202

第一章 绪论

第一节 统计学

每个人都离不开统计，了解一些统计学知识对每个人都是必要的。比如，在外出旅游时，你需要关心一段时间内的旅游信息；在投资股票时，你需要了解股票市场价格的信息，了解某只特定股票的有关财务信息；在观看 NBA 篮球赛时，除了关心进球数多少，你还想知道各球队的技术统计；等等。统计无时不在，无处不有。

统计学（statistics）在《大英百科全书》中的定义是：统计学是"用以收集数据、分析数据和由数据得出结论的一组概念、原则和方法"。更确切地说，统计学是"研究如何获取数据、如何分析数据、如何解释数据，从数据中提取信息，寻找规律性的科学"。统计学的研究对象是数据；研究任务是分析数据、提取信息，因此，有数据的地方就需要统计学。统计学的使用范围几乎覆盖了社会科学和自然科学的各个领域，甚至被用于工商业及政府的情报决策之上。统计学解决实际问题用到了大量的数学（主要是数理统计学）知识，当然也不能离开所论问题的专门知识。随着大数据（Big Data）时代的来临，统计学的面貌也逐渐改变，与信息、计算等领域密切结合，成为数据科学（Data Science）的重要主轴之一。

统计学是一门古老的科学，迄今已有 2300 多年的历史，统计学的实践活动则可追溯到更早。统计学的产生与发展是和生产的发展、社会的进步紧密相连的。20 世纪以前，描述性统计占主导地位。描述性统计就是收集大量数据，并进行一些简单的运算，譬如求平均值、百分比，或用图表、表格把它们表示出来。我国古代就有钱粮户口的统计，并在实践中产生了许多思想和方法，例如，春秋时期齐国在管仲的调查思想指导下，有了第一次经济普查，并且使用了经济折算概念。在西方，古希腊的亚里士多德撰写"城邦政情"，其内容包括各城邦的历史、行政、科学、艺术、人口、资源和财富等社会和经济状况的比较分析。"城邦政情"式的统计研究延续了近 2000 年，这些统计工作都与国家实施统治有关。自 17 世纪以来，西方一些著名学者的工作促进了统计方法、数学计算和逻辑推理的结合，分析社会经济问题的方式更加注重运用定量分析的方法，如高斯等人在误差方面的研究工作，正态分布也因此被称为高斯分布。与此同时，研究不确定性的数学分支——概率论也在这个时期蓬勃发展起来。19 世纪末 20 世纪初，出现了以概率论为基础的数理统计学，并成为各个学科的研究工具。我国在 2011 年由国务院学位委员会将统计学定为一级学科。

统计学的英文词 statistics 最早源于现代拉丁文 statisticum collegium（国会）以及意大利文 statista（国民或政治家）。德文 Statistik，即"统计学"，最早由 G. Achenwall 于 1749 年使用，代表对国家的数据资料进行分析的学问，也就是"研究国家的科学"。1787 年，英国学者 E.A.W.Zimmerman 据语音把"statistik"译成英语"statistic"。19 世纪，统计学传到日本，日本的学者将其译成"统计学"。

统计方法通用于所有的科学领域，而不是为某个特定的问题领域而构造的。统计学延伸到不同的领域，形成了不同的分支方向，如延伸到生命科学、医学、心理学、地理学等领域，相应地形成生物统计学、医学统计学、心理统计学、空间统计学等。

将统计学应用于生物科学就称为生物统计学（Biostatistics）或生物计量学（Biometrics），包括科学研究设计，资料的搜集、整理、综合归纳、表达及分析等方面的内容。任何科学研究都离不开调查或试验，进行调查或试验首先必须解决的问题是：如何合理地进行调查或试验设计。生物统计学既是统计学的分支，也是应用数学、数量生物学的分支，主要是应用数理统计的原理和方法处理生物学中的各种数据（数量资料），从而透过现象揭示生物学本质的一门科学，是科学研究与实践应用的基础工具。

第二节 生物统计学在科学实践中的地位

一、数据与生物试（实）验

数据是信息的载体。统计分析离不开数据，没有数据统计方法就成了无米之炊。数据收集就是取得所需要的数据。数据的收集方法可分为两大类：一是观察方法；二是试验方法。观察方法是通过调查或观测而获得数据，试验方法是在控制试验对象条件下通过试验获得数据。生物科学研究中的试验就是生物试验。

生物试验是为了提高生产力而进行的一种自觉的、有计划的科研实践。生物试验的首要任务在于解决生产中需要解决的问题。例如，某地区水稻白叶枯病流行，为了解决这个问题，就需要进行多方面的试验，比如：①对各种防治病害措施做出鉴定，供生产上利用；②征集抗病的水稻品种，通过比较试验，供生产上择优选用；③以抗病品种为亲本进行杂交，通过育种试验，选出抗病高产的优良基因型，以取代生产上的感病品种等。同样，为了制订某作物的科学管理规程或某家畜的饲料配方，以充分发挥品种的增产潜力，就需要进行一系列的栽培试验或饲养试验。

生物试验也是解决生物科学研究问题的有效手段。这是由于生物试验并不完全依赖于生产。它可以通过控制或改变某些条件，提供生产中不能或不易自然发生的新条件，以造成新的科学观念或科学假定；也可以根据一定的科学观念或科学假定，设计出相应的试验，来检验这些观念或假定的正确性。例如，已成为动、植物育种重要基础的分离定律、自由组合定律和连锁交换定律，就是通过控制条件下的生物杂交试验而得出科学观念，又被从这种观念出发而进行的大量再试验证实的。所以，从根本上说，生物科学的发展要以生产的发展为基础，但是，要使生物科学走在生产的前头，却又非侧重于生物试验不可。

从生物试验和农业生产的关系来说，生物试验通常都可看作是农业生产的先行和准备。"先行"体现了生物试验的探索性和先进性，"准备"则体现了生物试验的目的性。为了迅速发展我国的农业生产和农业科学，必须大力加强生物试验研究工作。

二、生物统计学的地位

在生物科学研究中，经常会遇到许多数量方面的问题。图1-1表示统计学在科学研究中涉及数据收集与分析的各个层面都发挥着重要作用，贯穿于最初提出问题直到最后得出结论的始终。此图区分了两种类型的研究：试验性的和调查性的。在试验性的研究中，各种因素经常受到控制并且固定在事先设定的水平上，在试验的每轮实施中保持不变。在调查性的研究中，有许多因素无法控制，但是，却可以对它们进行记录与分析。本书将侧重于试验性的研究，当然，书中介绍的许多分析方法也同样适用于调查性的研究。

上述两类研究中的关键环节就是数据。所有数据在收集过程中受到各种各样偶然因素的干扰，难免产生变异。这种变异可能产生于基因型之间固有的差异，或者是环境条件变化引起的随机差异，或者是测量仪器读数中的测量误差，或者是许多其他已知及未知因素影响的结果。

利用统计学方法进行试验设计，能够有效消除已知来源的偏差，控制未知来源的偏差，确保试验能够提供目标对象有关性状的精确数据，防止采用不经济的设计造成不必要的试验资源浪费。同样地，利用统计学方法进行试验数据分析，能够简要展示试验结果，获得关于生物学现象的推断性结论。

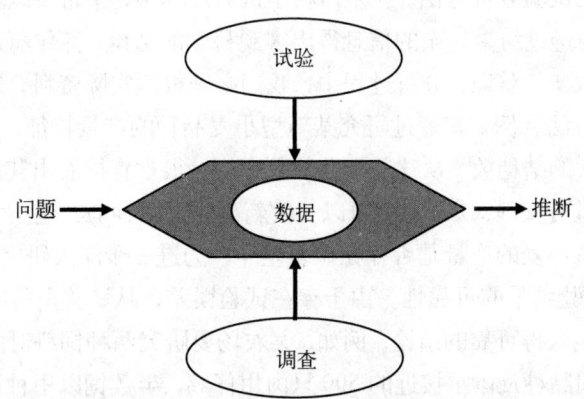

图1-1 科学研究中统计学的关键作用环节

第三节 生物统计学的作用与学习方法

一、生物统计学的内容

生物统计学的内容包括试验设计和统计分析。试验设计是指应用数理统计的原理与方法，制订试验方案，选择试验材料，合理分组，降低试验误差，利用较少的人力、物力和时间，获得多而可靠的数据资料。

统计分析是指应用数理统计的原理与方法对数据资料进行分析与推断，认识客观事物的本质和规律性，使人们对所研究的资料得出合理的结论。这是生物统计的又一重要任务。由于事物都是相互联系的，统计不能孤立地研究各种现象，而必须通过一定数量的观察，从这些观察结果中研究事物间的相互关系，揭示出事物客观存在的规律。

统计分析与试验设计是不可分割的两部分。试验设计需要以统计分析的原理和方法为基础，而正确设计的试验又为统计分析提供了丰富可靠的信息，两者紧密结合推断出合理的结论，不断地推动应用生物科学研究的发展。

二、生物统计学的作用

现代生物统计学已在科学研究和生产中得到极为广泛的应用。其作用主要体现在以下4个方面。

(1) 提供科学的试验设计方法。科学的试验设计可用较少的人力、物力和时间取得丰富可靠的试验数据，尽量降低试验误差，从试验所得到的数据中能够无偏地估计处理效应和试验误差的估值，以便从中得出正确的结论。相反，设计不周，不仅不能得到正确的试验结果，而且还会带来经济上的损失。因此，在开展任何一项生物试验之前，都必须科学地进行试验设计，包括样本容量的确定、抽样方法的挑选、处理水平的选择、重复数的设置以及试验的安排等，都必须严格遵循"随机、局部控制、重复"这一试验三原则。

(2) 提供科学的试验分析方法。在生命科学试验过程中，常常可以获取大量的非常复杂的第一手资料，如何透过纷繁复杂的信息得出客观科学的结论，抓住蕴含在其中的生物学本质规律呢？在数据收集、整理、分析过程中，我们必须根据实际资料，选取一套科学而严密的生物统计学分析方法。例如，通过研究某新型小麦品种的产量特征，可以获得不同植株、不同地区、不同批次的结穗数。从这些杂乱的数据中，很难直接看出其规律性，如果采用生物统计学方法对其进行整理、分析，就可以了解新型小麦品种与其他小麦品种产量之间的关系，以及不同地区该小麦的产量是否存在显著差异，为进一步深入研究提供科学依据。

(3) 正确评价试验结果的可靠性。由于存在试验误差，从试验所得的数据资料必须借助于统计分析方法才能获得可靠的结论。例如，某农场要研究两种饲料对肉用仔鸡增重及饲料收益的影响。选择同品种及体重接近的500只肉用仔鸡，半数饲以甲种饲料，半数饲以乙种饲料，8周龄后称其体重并结算饲料消耗，分析比较这些资料，从中得出结论。这就要运用统计分析方法，以决定两群鸡体重及饲料消耗的差异，究竟属于本质原因造成的，抑或属于机遇造成的，即判断是由于不同饲料造成的，还是由于其他未经控制的偶然因素所引起的。分析之后才能做出比较正确的结论。

(4) 为学习其他课程提供基础。我们要学好遗传学、育种学等学科，就必须学好生物统计学。例如，数量遗传学就是应用生物统计方法研究数量性状遗传与变异规律的一门学科，如果不懂生物统计学，也就无法掌握遗传学。此外，阅读中外科技文献也常常会碰到统计分析问题，也必须要有生物统计的基础知识。因此，生物科学工作者都必须学习和掌握统计方法，才能正确认识客观事物存在的规律性，提高工作质量。

生物统计学在生物科学研究中虽然有着重要的作用，但却不是万能的。因为生物科学中很多现象受物理学、化学、生物学规律的支配。所以，生物科学研究工作，应该在生物学相关专业理论的指导下进行。

总之,生物统计学是一种很有用的工具,正确使用这一工具可以使科学研究更加有效,使生产效益更高,它是每位从事生物科学工作者都必须掌握的基础知识。

三、生物统计学的学习方法与要求

生物统计学是数学与生物学相结合的一门交叉学科,所包含的公式很多,在学习中,首先,要弄懂统计的基本原理和基本公式。要理解每一个公式的含义和应用条件,可以不必深究其数学推导。其次,要认真地做好习题作业,加深对公式及统计步骤的理解,能熟练地应用统计方法。第三,应注意培养科学的统计思维方法。生物统计意味着一种新的思考方法——从不确定性或概率的角度来思考问题和分析科学试验的结果。第四,必须联系实际,结合专业,了解统计方法的实际应用;平时要留意书籍和杂志中的表格、数据及其分析和解释,以熟悉表达方法及应用。

习 题

1. 统计学的基本内容是什么?生物统计学的基本内容是什么?统计学与生物统计学关系如何?
2. 生物统计学的功能有哪些?
3. 试从生物科学研究的过程看生物统计学在科学实践中的地位。
4. 生物统计学的作用有哪些?

第二章 试验设计

不少人认为统计的主要任务是数据处理和分析。实际上,统计的第一步便是试验设计(有时要通过观察研究,但其思想依然是试验设计的思想)。

试验设计(Design Of Experiment, DOE)是统计学的一个分支,是进行科学研究的重要工具,它包含有丰富的内容,其数据分析方法主要是方差分析。试验设计是由英国统计学家费歇(R.A.Fisher)于20世纪20年代为满足农业科学试验的需要而提出的。试验设计的主要目的是在尽可能少的人力、物力、时间和经费的条件下通过试验获得满足一定要求的数据,达到试验目的。也就是说,通过合理科学的设计,一方面提高试验效率,一方面保证数据质量。

第一节 试验设计概述

一、试验设计的意义、任务和作用

试验在生产和科学研究中具有重要地位,如何做试验,这里面大有学问。试验工作做得好,试验次数不多,就能达到预期目的;试验工作做得不好,就会事倍功半,甚至劳而无功。如果要最有效地进行科学试验,必须用科学方法来设计。

试验设计,广义理解是指试验研究课题设计,也就是整个试验计划的拟定。主要包括课题的名称,试验目的,研究依据、内容及预期达到的效果,试验方案,试验单位的选取、重复数的确定、试验单位的分组,试验的记录项目和要求,试验结果的分析方法,经济效益或社会效益估计,已具备的条件,需要购置的仪器设备,参加研究人员的分工,试验时间、地点、进度安排和经费预算,成果鉴定,学术论文撰写等内容。而狭义的理解是指试验单位的选取、重复数目的确定及试验单位的分组,也就是收集样本数据的计划。生物统计学中的试验设计主要指狭义的试验设计。

"凡事预则立,不预则废"。试验设计的任务是在研究工作进行之前,根据研究项目的需要,应用数理统计原理,作出周密安排,力求用较少的人力、物力和时间,最大限度地获得丰富而可靠的试验数据,通过分析得出正确的结论,明确回答研究项目所提出的问题。如果设计不合理,不仅达不到试验的目的,甚至会导致整个试验失败。因此,能否合理地进行试验设计,关系到科研工作的成败。

试验设计在科学研究实践中能发挥重要作用,主要有:

(1)大大缩短试验周期,降低试验成本,能用尽可能少的试验获得尽可能多的信息。
(2)可以正确估计、预测和有效控制、降低试验误差,从而提高试验的精度。
(3)可以分析试验因素对试验指标影响的规律性,找出主要因素,抓住主要矛盾。

(4) 可以了解试验因素之间相互影响的状况。

(5) 可以较快地找出优化的生产条件或工艺条件，确定优化方案。

(6) 通过对试验结果的分析，可以明确为寻找更优生产或工艺条件、深入揭示事物内在规律而进一步研究的方向。

二、基本概念

1. 试验指标（experimental index）

在试验设计中根据研究的目的而选定的用来衡量或考核试验效果的质量指标，也叫**观察项目、响应变量**（response variable）或**输出变量**。试验指标作为试验研究过程中的因变量，常作为试验结果特征的一种判据，例如，可以把株高作为判断灌水有无促进植物生长的依据，株高就是反映灌水作用的指标。试验观察指标要选准。因为它关系到试验结果能否回答所研究的问题。如对几个甘薯品种作比较的试验来说，用鲜重作为产量指标就不妥当，因为不同的品种含水量会不同，如果以干物重或切干率作指标就较合适。生物体有多种性状和特征，为了从多方面说明问题，观察指标不应该只选一个就满足，但也不宜选得太多。究竟应当选哪些指标？这要从它对回答所研究的问题有无用处来考虑，即所谓实用性。例如，株高和植株干重可以作为表达植物生长的指标，但是在研究作物品种的抗虫性上，这两个指标毫无用处，而幼苗有无茸毛则是研究品种抗虫性的十分有用的指标。

从观察对象（性状或特征）的性质上说，指标可分为**定性指标**和**定量指标**两类。定性指标显示观察对象的属性，即质的规定，如施药后个体反映出有效与无效、受害与未受害、死亡与存活等；定量指标则显示观察对象的量，即量的规定，如产量、株高、茎粗、土壤容量、含水量等。

从定性指标观察所获得的资料叫定性资料；从定量指标观察所获得的资料叫定量资料。定性资料大都是以观察对象中出现或不出现某一属性的比率来表达的。它没有计量单位，因为属性一般不能度量，只能一个一个地计数。例如，对一些植株清点出有病的有多少株，无病的又有多少株，然后计算出有病株的株数占观察的所有株数的百分比。定性资料通过数出出现某一属性的个体数而取得，因而常常叫计数资料。定量资料是用测量指标所得的数量来表达，因此又叫计量资料或测量资料。它有计量单位，如度量衡或时间等单位。这是它和定性资料在表达方式上的不同点。一般说来，计量资料要比计数资料精确，可从中得出较为有把握的结论。而且由于它比较精确，即在多次重复测量所得结果之间的变异较小，而且在抽样观察中所抽取的样本含量可以较少。因此试验中最好选用可获得计量资料的指标。

在一个试验中对同一项指标的观察标准要统一。用文字叙述观察的结果要简明扼要。同时，一个试验中既可以选用单指标，也可以选用多指标，这由专业知识对试验的要求决定。如农作物品种比较试验中，衡量品种的优劣、适用或不适用，围绕育种目标需要考察生育期、丰产性、抗虫性、耐逆性等多种指标。当然一般田间试验中最主要的常常是产量这个指标。各种专业领域的研究对象不同，试验指标各异。在设计试验时要合理地选用试验指标，它决定了观察记载的工作量。过简则难以全面准确地评价试验结果；过繁又增加许多不必要的浪费。试验指标较多时还要分清主次，以便抓住主要方面。

2. 试验因素（experimental factor）

试验中凡对试验指标可能产生影响的原因或要素都称为**因素**，也称为**因子**（factor）、**影响因子**或**输入变量**。因素就是生产和科学研究过程中的自变量，常常是造成试验指标按某种规律变化的原因。如猪的每日增重量受饲料的配方、猪的品种、饲养方式、环境温湿度等诸方面的影响，这些都是影响猪的日增重的因素。它们有的是连续变化的定量因素，有的是离散状态的定性因素。

由于客观原因的限制，一次试验中不可能将每个因素都考虑进去。我们把试验中所研究的影响试验指标的因素称为**试验因素**，把除试验因素外其他所有对试验指标有影响的因素称为**条件因素**，又称实验条件（experimental conditions）。如在研究增稠剂用量、pH值和杀菌温度对豆奶稳定性的影响时，增稠剂、pH值和杀菌温度就是试验因素。除这3个因素外的其他所有影响豆奶稳定性的因素都是条件因素。它们一起构成了本试验的试验条件。试验因素常用大写字母A，B，C，……表示。

3. 因素水平（level of factor）

试验因素所处的某种特定状态或数量等级称为**因素水平**，简称**水平**。因素的水平可以是定性的，如不同品种，具有质的区别，称为**质量水平**；也可以是定量的，如喷施生长素的不同浓度，具有量的差异，称为**数量水平**。数量水平不同级别间的差异可以等间距，也可以不等间距。因素水平用代表该因素的字母加添足标1，2，……来表示。如 A_1，A_2，……B_1，B_2……。

4. 试验处理（experimental treatment）

事先设计好的实施在试验单位上的一种具体措施或项目称为**试验处理**，简称**处理**。在单因素试验中，实施在试验单位上的具体项目就是试验因素的某一水平。如进行饲料的比较试验时，实施在试验单位(某种畜禽)上的具体项目就是喂饲某一种饲料。所以进行单因素试验时，试验因素的一个水平就是一个处理。在多因素试验中，实施在试验单位上的具体项目是各因素的某一水平组合。例如，进行3种饲料和3个品种对猪日增重影响的两因素试验，整个试验共有 9(3×3=9)个水平组合，实施在试验单位（试验猪）上的具体项目就是某品种与某种饲料的结合。所以，在多因素试验时，试验因素的一个水平组合就是一个处理。事实上，在数理统计中，一个处理被称为一个总体。实施在试验单位上的具体项目就是样本。

5. 试验单位（experimental unit）

在试验中能接受不同试验处理的独立的试验载体叫**试验单位**，也称为**试验单元**。它是试验中实施试验处理的基本对象。如在田间试验中的试验小区；在生物、医学实验中的小白鼠、医院病人等；在畜禽、水产试验中，一只家禽、一头家畜、一只小白鼠、一尾鱼等。试验单位往往也是观测数据的单位。

6. 全面试验(complete experiment)

试验中，对所选取的试验因素的所有水平组合全部给予实施的试验称为**全面试验**。全面试验的优点是能够获得全面的实验信息，无一遗漏，各因素及各级交互作用对试验指标的影响剖析得比较清楚，因此又称为**全面析因实验**（factorial experiments），亦称**全面实施**。但是，当试验因素和水平较多时，试验处理的数目会急剧增加，因而试验次数也会急剧增加。当实验还要设置重复时，试验规模就非常庞大，以致在实际中难以实施。如3因素，每个因素 3 水平时，需做 27 次试验；倘若是 4 因素试验，每个因素取 4 水平，则需要做 256（4^4=256）次试验，这在实践中通常是做不到的。因此，全面试验是有局限性的，它只适用于因素和水平数目不太多的试验。

7. 部分实施（fractional enforcement）

部分实施也叫**部分试验**。在全面试验中，由于试验因素和水平数增多会使处理数急剧增加，以致难以实施。此外，当试验因素及其水平数较多时，即使全面试验能够实施，通常也并不是一个经济有效的方法。因此，在实际试验研究中，常采用部分实施方法，即从全部试验处理中选取部分有代表性的处理进行试验，如正交试验设计和均匀试验设计都是部分实施。

第二节　试验计划和试验方案的设计

一、试验计划

进行任何一项科学试验，在试验前都必须制订一个科学的、全面的试验计划，以便使该项研究工作能够顺利开展，从而保证试验任务完成。虽然科研项目的级别、种类等有所不同，但基本要求是一致的。试验计划的内容一般应包括以下几个方面：

1. 课题名称与试验目的

科研课题的选择是整个研究工作的第一步。课题选择正确，此项研究工作就有了很好的开端。一般来说，试验课题通常来自两个方面：一是国家或企业指定的试验课题，这些试验课题不仅确定了科研选题的方向，而且也为研究人员选题提供了依据，并以此为基础提出最终的目标和题目；二是研究人员自己选定的试验课题。研究人员自选课题时，首先应该明确为什么要进行这项科学研究，也就是说，应明确研究的目的是什么，解决什么问题，以及在科研和生产中的作用、效果如何等。

选题时应注意以下几点：

（1）重要性。不论理论性研究还是应用性研究，选题时都必须明确其意义或重要性。理论性研究着重看所选课题在未来学科发展上的重要性；而应用性研究则着重看其对未来生产发展的作用和潜力。

（2）必要性和实用性。要着眼于科学研究和生产中亟须解决的问题，同时从发展的观点出发，适当照顾到长远或不久的将来可能出现的问题。

（3）先进性和创新性。在了解国内外该研究领域的进展、水平等基础上，选择前人未解决或未完全解决的问题，以求在理论、观点及方法等方面有所突破。研究课题要有自己的新颖之处。

（4）可行性。是指完成科研课题的可能性，无论是从主观条件方面还是从客观条件方面，都要能保证研究课题顺利进行。

2. 研究依据、内容及预期达到的经济技术指标

课题确定后，通过查阅国内外有关文献资料，阐明项目的研究意义和应用前景，国内外在该领域的研究概况、水平和发展趋势，理论依据、特色与创新之处。详细说明项目的具体研究内容和要重点解决的问题，以及取得成果后的应用推广计划，预期达到的经济技术指标及预期的技术水平或理论水平等。

3. 试验方案和试验设计方法

试验方案是全部试验工作的核心部分，主要包括研究的因素、水平的确定等。方案确定后，结合试验条件选择合适的试验设计方法，通过设计使方案进一步具体化。

4. 受试材料的数量及要求

受试材料即受试对象。首先应当明确受试对象所组成的研究总体，而后正确选择受试材料。受试材料选择得正确与否，直接关系到试验结果的正确性。因此，受试材料应力求均匀一致，应明确规定受试材料的入选标准和排除标准，尽量避免不同受试材料对试验的影响。受试材料的数量，即样本含量和处理的重复数，可按样本含量的确定方法来计算。

5. 试验记录的项目与要求

为了收集分析结果需要的各方面资料，应事先以表格的形式列出需观测的指标与要求，必要时还应明确规定有关试验指标的测试方法。

6. 试验结果分析与效益估算

试验结束后，对各阶段取得的资料要进行整理与分析，所以应明确所采用的统计分析方法，如 t 检验、方差分析、回归与相关分析等。每一种试验设计都有相应的统计分析方法，统计方法应用不恰当，就不能获得正确的结论。如果试验效果显著，同时应计算经济效益。

7. 已具备的条件和研究进度安排

已具备的条件主要包括过去的研究工作基础或预试情况，现有的主要仪器设备，研究技术人员及协作条件，从其他渠道已得到的经费情况等。研究进度安排可根据试验的不同内容按日期、分阶段进行安排，定期写出总结报告。

8. 试验所需的条件

除已具备的条件外，本试验尚需的条件，如经费、饲料、仪器设备的数量和要求等。

9. 研究人员分工

一般分为主持人、主研人、参加人。在有条件的情况下，应以学历、职称较高并有丰富专业知识和实践经验的人员担任主持人或主研人，高、中、初级专业人员相结合，老、中、青相结合，使年限较长的研究项目能够后继有人，保持试验的连续性、稳定性和完整性。

10. 试验的时间、地点和工作人员

试验的时间、地点要安排合适，工作人员要固定，并参加一定培训，以保证试验正常进行。

11. 成果鉴定及撰写学术论文

这是整个研究工作的最后阶段。课题结束后，应召开鉴定会议，由同行专家作出评价。研究者应以撰写学术论文、研究报告的方式发表自己的研究成果，根据试验结果作出理论分析，阐明事物的内在规律，并提出自己的见解和新的学术观点。一些重要的个人研究成果，也可以申请相关部门鉴定和国家专利。

二、试验方案

试验方案（experimental scheme）是根据试验目的和要求而拟订的进行比较的一组试验

处理的总称，是整个试验工作的核心部分。因此，试验方案要经过周密的考虑和讨论，慎重制定。试验方案主要包括因素的选择、水平的确定等内容。

试验方案可以依其研究对象、试验内容、试区大小、时间长短、试验条件或试验性质等分为若干种类，但最基本的是按照试验因素的多少进行分类。

1. 单因素试验方案

在同一试验中只研究一个因素的若干水平，每一水平构成一个试验处理的试验称为**单因素试验**。如作物品种试验，目的是在相同的栽培条件下比较不同品种的生产性能，这里作物的"品种"为试验因素，不同品种为不同水平，由此构成了试验方案。

单因素试验具有设计简单、目的明确、试验结果容易分析的优点，但不能同时了解几个因素的相互联系及其共同效应，反映的问题不够全面，在作物品种比较试验中，统一的试验条件无法满足不同品种的要求，有时难以得到公正的结论。

2. 多因素试验方案

在同一试验中研究两个或两个以上因素不同水平按照一定的组合方式构成的若干处理的试验称为多因素试验。这类试验可以研究一个因素在另一个因素配合下的平均效应及其交互效应，反映的问题比较全面，有利于选择生产因素的最佳组合，确定因素间的相互关系，对此又称为因子试验或析因试验，例如，氮磷肥二因素配合试验，若氮肥用量取 N_1、N_2 两个水平，磷肥用量取 P_1、P_2 两个水平，共构成 4(2×2=4)个处理组合，其试验方案为：N_1P_1、N_1P_2、N_2P_1、N_2P_2。

在多因素试验中，根据因素水平的搭配方法又分完全均衡的试验（全面实施或完全实施）和不完全均衡的试验（部分实施）两类，在完全试验方案中又因因素之间的地位是否平等，分为**交叉分组**、**系统分组**和**混合分组**三种。

3. 综合试验方案

综合试验方案是把若干因素的不同水平组合在一起，构成一个整体，形成一个综合因子，由此构成一项试验处理，与另外一个综合因子进行比较，这种设计在处理之间没有因素水平的组合搭配，无法进行析因分析，往往用于成套技术措施的相互比较与筛选，它与多因素试验相比，可以大大减少处理数量，这对于鉴定外地成套经验是一种行之有效的办法。综合试验由于不能分析各因素的单独作用及因素间的交互作用，一般来说只有在所安排的综合措施中那些起主导作用的因素的效应及其交互作用基本明确的基础上进行设置才好。这种试验是把一组综合因素看作一个试验处理，因此，综合试验在实质上应是广义的单因素试验。

试验方案是达到试验目的的途径。一个周密而完善的试验方案可使试验多、快、好、省地完成，获得正确的试验结论。如果试验方案拟订不合理，如因素水平选择不当，或不完全方案中所包含的水平组合代表性差，试验将得不出应有的结果，甚至导致试验失败。因此，试验方案的拟订在整个试验工作中占有极其重要的位置。

三、试验方案的拟订

拟订试验方案必须以下列几个原则作为指导思想：

1. 力求简洁明确，避免繁杂

试验方案应根据研究任务所提出的问题决定采用简单或复杂的方案，凡可用简单方案解决的问题绝对不要采用复杂方案，必须采用复杂方案时，要按照悭吝原则，注意不要过于繁杂，不要企图在一次试验中什么问题都解决，应该抓住一两个或少数几个主要因素解决关键问题。

确定试验方案的一般程序是：明确研究目的—确定试验指标—分析影响试验指标的因素并选取试验因素—确定因素的水平—构造试验方案—专家论证—修改后实施。

2. 试验方案中各处理间要遵守唯一差异原则

唯一差异原则是指处理之间只允许存在比较因素的差异，其他非比较因素应尽可能保持一致。如根外追肥试验，正确的设计应是：①不喷施；②喷施等量清水；③喷施肥料溶液。若两个处理之间存在两个以上的差异，则无从判断产生试验效应的原因。但是，对唯一差异原则也不能机械搬用，如氮、磷、钾三要素试验，由于三种肥料的性质不同，要求不同的施肥方法，有的宜作基肥，有的宜作追肥。因此，在这种试验中就允许存在不同的施肥方法，如果片面强调唯一差异，完全按照统一的方法施肥，反而是不合理的。对于这类试验，原则上应使被研究的因素处在最能发挥最大效益的条件下进行，或者采用多因素试验，增加试验因素，扩大试验处理，才不致出现偏袒现象。

3. 试验因素水平间的级差要适当

水平级差的大小以能反映因素不同水平间的效应为原则。级差太小，往往因误差大于水平间的差异而无法估计水平间的效应；级差过大，又难以寻求最佳水平。对于探索性试验，如研究某类土壤上某种肥料的效应，一般选用施肥与不施肥两个水平；如要研究反映曲线的性质以及试验因素的经济效益时，最少应取三个水平。其级差的大小依其试验因素的状况来定，如播种期试验，视作物种类不同，其两期间隔一般最短是 5~7 天，肥料试验以纯养分量计，氮肥级差每亩不少于 1.5 千克 N；磷、钾肥以每亩不少于 2 千克 P_2O_5 或 K_2O 为宜。

4. 试验方案中应设置对照

对于单因素试验方案，方案中均应设置比较的基准——对照处理，否则将无从判断其优劣。按照试验的要求，在一个试验方案中，对照处理可以是一个，也可以是多个。一般作物品种比较试验，多以当地推广面积大，使用年限长的当家品种为对照。如肥料肥效试验，当所用肥料尚不明确在某类土壤上的肥效时，一般要设两个对照，对照Ⅰ为不施肥处理（空白处理），用以鉴别土壤对肥料的反应；对照Ⅱ为标准肥料处理，用以鉴别其肥效的高低。如不设置空白对照，当试验的肥料品种间不表现出差异时，就无从判断导致这种结果的原因是土壤无反应，还是肥料品种之间的效果无差别。

对于多因素试验，由于试验因素水平间的全面搭配，能做到各处理间的唯一差异，处理之间可以相互比较，互为对照，一般不需要专门设置对照处理。

5. 拟定试验方案时应对所研究的问题进行考察与调研

拟定试验方案时应对研究课题的历史与现状有所了解：哪些问题已经解决？哪些问题尚未解决？在本地区的生产中反映出的问题是什么？同时还应对所研究的课题的预期效果有所估计，做到心中有数。这就要求试验工作者应当先查阅有关文献资料，进行调查研究，使方案中每项因素的确定都有科学根据，这样才能有把握地完成研究任务。

第三节 试验误差及其控制

一、试验误差的概念和类型

试验误差是指试验中观察值与真值之差，真值是指观察次数无限多时求得的平均值，即总体的平均值。通常我们所研究的事物的真值是不知道的，因为试验中所观察的次数是有限的（样本），且任何试验往往都受到许多非试验因素的干扰和影响，真值与观察值间不可能完全吻合，从而产生试验误差。试验误差的大小决定着试验数据的精确程度，直接影响着试验结果分析的可靠性。试验设计的主要任务之一就是减少、控制试验误差，从而提高对试验结果分析的精确性和判断的准确性。

根据误差的性质及其产生的原因，误差大致可分为两类：

1. 系统误差

指在相同条件下，多次测量同一量时，误差的绝对值和符号保持恒定，在条件改变时，则按某一确定的规律变化的误差。系统误差的统计意义表示实测值与真值在恒定方向上的偏离状况，它反映了测量结果的准确度。

2. 随机误差

随机误差（偶然误差）指在相同条件下多次测量同一量时，误差的绝对值和符号的变化，时大时小，时正时负，没有确定的规律，也不可预定，但具有抵偿性的误差。随机误差的统计意义表示在相同条件下重复测量结果之间彼此接近的程度，它反映了测量结果的精确度。

二、试验误差的来源

系统误差主要来源于测量工具不准确（如量具偏大或偏小）、试验条件、环境因子或试验材料有规律的变异以及试验操作上的习惯偏向等。其特点是在相同条件下，误差为一定值，不仅数值大小接近，而且性质相同。例如，有一块土地，土壤肥力沿某一方向递减，现在其上设置 A、B、C 三个处理的试验，重复三次，顺序排列，如图 2-1 所示。

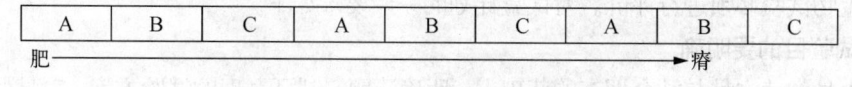

图 2-1 A、B、C 三个处理的顺序排列

显然，这种排列方式，由于 A 处理总是处于左端，C 处理总是处于右端，即使 A、B、C 处理间本无差异，也会因土壤肥力的变化，出现 A 大于 B、B 大于 C 的结果，这显然反映了土壤肥力造成的系统误差的影响。

由此可知，试验条件一经确定，系统误差也随之完全确定了，多次测量的平均值也不能减弱它的影响。存在系统误差的测量结果是不准确的。对于系统误差，一般来说可以通过人为的途径加以控制、校准和克服。

随机误差多是由一些不明的或难以控制的原因形成的，通常试验中随机误差的来源大致归纳为如下三个方面：① 试验材料个体间或局部环境间的差异；② 试验操作与管理技术上的不一致性；③ 试验条件（如气象因子，栽培因子等）的波动性。

通常所说的试验误差主要是指随机误差。随机误差的大小反映了测量值之间重复性的好坏，是衡量试验精确度的依据，误差小表示精确度高，误差大则精确度低。显然，只有试验误差小，才能对处理间的差异做出正确而可靠的判断。因此控制与减少随机误差的影响，是每一个试验者都十分关注的问题，也是试验人员主要考察的一类误差。由此说明，克服系统误差，控制与降低随机误差是试验设计的主要任务，也是试验设计原理的依据、出发点和归宿。但是必须指出，试验误差与工作失误造成的差错是不同的，由于工作失误造成的差错将会给试验工作带来不可挽回的损失，必须杜绝发生。

三、试验误差的控制途径

一般生物试验中控制误差的途径有：

（1）选择纯合一致的试验材料。如生物试验中，必须严格要求试验材料在遗传型上的纯合性。对于生长发育不一致的材料，可以按照其大小、壮弱分档安排，将同一规格的安排在同一区组的各个处理上，或将其按比例混合后分配于各个处理。

（2）用严格的科学态度正确执行各项试验操作，使管理技术标准化。运用"局部控制"的原理，尽最大努力控制与降低试验过程中误差的产生、积累与传递。

（3）控制产生误差的主要外界因素。如田间试验中引起差异的主要外界因素是土壤差异，为了提高试验精确度，取得合乎实际的试验结果，通常采用三种措施：一是重视选择试验地；二是试验中采用适当的小区技术；三是采用正确的田间试验设计和相应的统计分析方法。

第四节　试验的评价

一、试验计划的评价

为保证试验达到预定要求，使试验结果能在提高农业生产和科学研究的水平上发挥作用，对生物试验必须进行评价。对试验计划的一般要求如下。

1. 试验目的要明确

在大量阅读文献与社会调查的基础上，明确选题，制订合理的试验方案。对试验的预期结果及其在农业生产和科学试验中的作用要做到心中有数。试验项目首先应抓住当时的生产实践和科学研究中亟须解决的问题，并照顾到长远的和在不久的将来可能突出的问题。

2. 试验条件要有代表性

试验条件的选择应能代表将来准备推广试验结果的地区的自然条件（如试验地土壤种类、地势、土壤肥力、气象条件等）与农业条件（如轮作制度、农业结构、施肥水平等）。这样，新品种或新技术在试验中的表现才能真正反映今后拟推广地区实际生产中的表现。在进行试验时，既要考虑代表目前的条件，还应注意到将来可能被广泛采用的条件。使试验结果既能符合当前需要，又不落后于生产发展的要求。

二、试验结果和结论的评价

在试验计划符合要求的情况下，对试验得出的结果和结论也有一定的要求。

1. 试验结果要可靠

在生物试验中准确度是指试验中某一性状（小区产量或其他性状）的观察值与其理论真值的接近程度，越是接近，则试验越准确。在一般试验中，真值为未知数，准确度不易确定，故常设置对照处理，通过与对照相比了解结果的相对准确程度。精确度是指试验中同一性状的重复观察值彼此接近的程度，即试验误差的大小，它是可以计算的。试验误差越小，则处理间的比较越精确。因此，在进行试验的全过程中，特别要注意生物试验的唯一差异原则，即除了将所研究的因素有意识地分成不同处理外，其他条件及一切管理措施都应尽可能地一致。必须准确地执行各项试验技术，避免发生人为的错误和系统误差，提高试验结果的可靠性。

2. 试验结果要能够重演

指在相同条件下，重复进行试验，应能获得与原试验相同的结果。这对于在生产实际中推广农业科学研究成果极为重要。生物试验中不仅生物本身有变异性，环境条件更是复杂多变的。要保证试验结果能够重演，首先要明确设定试验条件，包括田间管理措施等，试验实施过程中对试验条件（如气象、土壤及田间措施等）和生物生育过程保持系统的记录，以便创造相同的试验条件，重复验证，并在将试验结果应用于相应条件的农业生产时有相同的效果。其次为保证试验结果能重演，可将试验在多种试验条件下进行，以得到相对于各种可能条件的结果。例如，品种区域试验，为更全面地评价品种，常进行2~3年多个地点的试验以明确品种的适应范围，将品种在适宜的地区和条件下推广应用，取得预期的效果。

第五节 试验设计的基本原则

试验设计就是收集样本数据的计划，它规定了试验方案的实践形式与方法，其中心任务是克服系统误差，控制与减少随机误差的影响，提高试验的准确度与精确度，以获得正确可靠的试验结果（数据）。

在试验过程中影响试验结果的因素有两类：一是处理因素，即人们在试验中按照试验目的有计划地安排的一组试验条件；一是非处理因素，即人们在试验中着重控制又难以完全控制的非试验条件。

不言而喻，生物试验设计的任务就是严格控制非处理因素的影响，尽可能地保持试验处理之间试验条件的一致性，防止两类因素效应混杂，其目的是降低试验误差，从试验中获得无偏的处理平均值。正确的试验设计是减少误差影响的有效方法，为此，在试验设计中应遵循以下三项原则。

一、重复

在试验中，将一个处理实施在两个或两个以上的试验单位上，称为**重复**；一个处理实施的试验单位数称为处理的重复数。例如，用某种饲料喂4头猪，就说这个处理(饲料)有4次重复。习惯地把试验一次叫一次重复，试验二次叫二次重复……

试验设置重复的作用有以下几点：

(1) 估计试验误差。只做一次试验的结果无从估计误差，做二次以上的重复试验，才能利用试验结果之间的差异估计误差。

(2) 降低试验误差，提高试验结果的精确度。例如，已知土壤差异呈渐变性，相邻小区的土壤差异较小，这使通过扩大试验小区面积的方法平衡土壤差异，控制与降低试验误差的效率受到限制，若改扩大小区面积为增设重复次数，使同一处理分布在整个试验地段的不同部位，就能更为有效地控制与平衡土壤差异的影响。对此有人曾进行了试验，试验结果如图2-2所示。结果表明，小区面积由 25m² 扩大到 100m²，误差由 10% 降低到 7.1%，而试验重复次数（以 25m² 的小区面积为基准）由 1 次增加到 4 次，（面积之和仍为 100m²），误差由 10% 下降到 5%，降低了 50%，以后我们就会知道，试验结果的标准误差 $s_{\bar{y}}$ 与试验的重复次数 n 的平方根成反比，即

$$s_{\bar{y}} = \frac{s}{\sqrt{n}}$$

式中，s 为样本标准差，$s_{\bar{y}}$ 为标准误差。可见，重复次数越多，试验误差就越小。

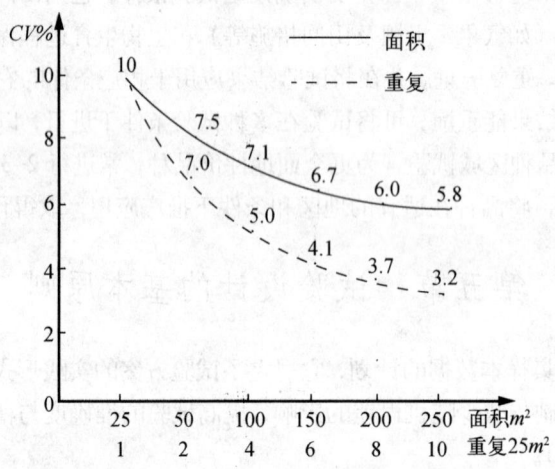

图 2-2　小区面积、重复次数降低试验误差效率的比较

(3) 有利于准确地估计处理效应。置同一处理于试验田的不同位置，试验结果中可以容纳比较全面的土壤条件，具有平衡系统误差的作用，有助于取得无偏的试验结果，这是因为，多次重复的平均结果总比单个试验单元的结果更为可靠。

二、随机化

随机是指每个处理都有同等的机会被分配到任一试验单元（田间试验中叫做小区），亦即每个试验单元在试验之前接受各项处理的机会均等，其目的在于克服系统误差的影响，以取得无偏的试验误差估计值。

随机化的原则应当贯彻在整个试验过程中，特别是对试验结果可能产生影响的环节必须

坚持随机化原则。一般而言，不仅在处理实施到试验单位时要进行随机化，而且在试验单位的抽取、分组、每个试验单位的空间位置、试验处理的实施顺序以及试验指标的度量等每个步骤都应考虑要不要实施随机化的问题。随机化可采用抽签法、掷硬币、查随机表，由计算器或计算机程序实施等方法进行。

应当注意的是，随机化不等于随意性，随机化也不能克服不良的试验技术所造成的误差。

三、局部控制

局部控制是按照一定范围控制非处理因素的一种手段，其目的是使非处理因素（试验的本底条件）的影响在一个局部范围内最大限度地趋于一致，以增加试验处理间的可比性，是控制与降低试验误差的重要手段。

特别是在占生物试验较大份额的田间试验中，通常很难找到一块肥力十分均匀的地段来安排全部的试验处理，但人们却可以设法把地段按照肥力水平（或其他因子）划分成若干部分，使其每一个局部地段的肥力水平相近，如果在这样一个局部基础条件相近的地段上安排试验的一次重复的全部处理，就可使重复内的非处理因素趋于一致，从而增加了同一重复内各处理间的可比性。在试验设计上把局部相近的地段称为区组，这种做法就称为局部控制或区组控制。利用这种手段安排试验只要求非处理因素在同一区组内最大限度地达到一致，而允许区组之间存在差异。区组控制的原理可以应用于多种类型的试验领域，是一种控制与降低试验误差的有效措施。

如果在一个区组内能够容纳试验方案中的全部处理，则称该区组为完全区组，此时一个区组相当于试验的一次重复。如果在一个区组内只能容纳试验方案中的部分处理，则称该区组为不完全区组，此时一个区组就不再相当于试验的一次重复。必须说明区组和重复是两个不同的概念，应注意加以区分。

以上所述重复、随机化、局部控制 3 个基本原则被称为费歇（R.A.Fisher）三原则。它是试验设计中必须遵循的原则。在此基础上再采用相应的统计分析方法，就能正确地估计试验中的各种效应，获得无偏的、最小的试验误差估计，从而对于试验处理间的比较做出可靠的结论。它们的作用与关系可用图 2-3 表示。

除上述三项原则外，有时试验单元的设计也是需要精心考虑的。根据试验的性质确定试验单元的大小对试验结果很重要，可以降低试验误差，提高试验精确度。以田间试验为例，试验小区的形状和大小对精确度有影响。一般来说，随着小区面积增大，变异性减小，但是达到一定的面积后，随着面积的增大，精确度的增加很快减慢下来。通常按作物种类不同对小区面积大小要求也不同。小棵作物，如小麦、水稻，小区面积可以小些；大棵作物，如玉米、高粱、棉花等，小区面积可以大些。就我国科研单位一般经验来说，玉米、高粱等大棵作物的小区面积以 33.3~133.3m^2 为宜，小麦、水稻等小棵作物以 16.7~66.7m^2 为宜。在同一试验中，各个处理的小区面积最好相同，以免在折产和分析上造成麻烦。另外小区的形状选择也很重要。试验小区的形状有两种，即长方形和正方形（或接近正方形），具体选择哪一种，应该考虑误差大小和田间操作是否方便。长方形小区的长边应沿着土壤变异最大方向，在克服土壤不均匀性上最有效。

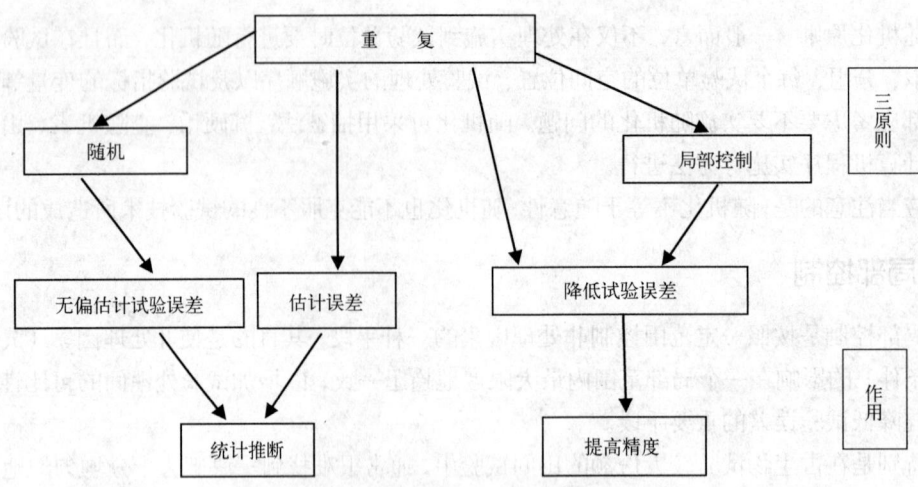

图 2-3 试验设计三原则的关系

此外，以几个试验对象作为一个试验单元的选择也很重要。如通过增加试验单元中的牲畜头数或树木数目也能增加精确度。然而，如果牲畜和树木可以处理单个个体，宁可用单个个体做试验单元，并设较多重复来增加精确度，也不用牲畜总头数或总树木数相同，但每个试验单元都有一个以上个体的试验单元。

第六节　常用试验设计方法

试验设计方法一般包括完全随机设计、随机区组设计、拉丁方设计、嵌套设计、裂区设计、正交设计等。常用的试验设计方法可以用软件实现，这些软件包括 JMP、Minitab、DPS、Design-Expert 等。本节只介绍常用试验设计方法，对试验设计软件感兴趣的读者可参考有关文献。这里先介绍前 5 种试验设计方法，正交设计将在第八章中介绍。

一、完全随机设计

完全随机设计（completely randomized design）是根据试验处理数将全部供试材料随机地分成若干组，然后再按组实施不同处理的设计。这种设计保证每份供试验材料都有相同机会接受任何一种处理，而不受试验人员主观倾向的影响。这种设计具有三个方面的含义：一是试验单元的随机分组；二是试验单元各组与试验处理的随机结合；三是试验处理顺序的随机安排。试验单元的随机分组是完全随机设计的实质。在动物科学试验中，当试验条件特别是试验动物的初始条件比较一致时，可采用完全随机设计。

完全随机设计的关键是先将试验材料随机分组。随机分组的方法有很多，最常用的方法有随机数字表法、抽签法和计算机程序化数据处理法（计算机法）等，而以随机数字表法为好。因为随机数字表上所有的数字都是按随机抽样原理编制的，表中任何一个数字出现在任何一个位置都是完全随机的。随机数字表的使用请参阅相关的使用说明。此外，利用计算机程序进行数字的随机化处理更为简便。

1. 单因素试验的完全随机设计

单因素试验即试验处理仅为一个方向，如研究肥料对作物产量的影响、生长素对植物苗高的影响等，试验中的肥料因素和生长素因素均为单一的试验处理。现以生长素对大豆苗高影响试验为例，简要介绍其设计方法及步骤。

（1）试验单元编号　设使用甲、乙两种生长素各一个剂量处理大豆，每个处理种 6 盆，共 12 盆。首先将全部试验单元(12 盆）随机依次编为 1，2，…，12 号。

（2）随机分组　利用微机（或随机数字表）将 12 个数字随机分为两组，甲组生长素的盆号为：2、5、6、8、10、12；乙组生长素的盆号为：1、3、4、7、9、11。如表 2-1 所示。

表 2-1　单因素完全随机设计

处理	盆号					
甲生长素	2	5	6	8	10	12
乙生长素	1	3	4	7	9	11

若需分为多组（≥3 组），方法同 2 组（略）。

在实际工作中，有时会出现各组观察值数目不等的情况，如调查某作物不同类型的田块若干块，计数每块田某种害虫的虫口密度，因地块类型的不均衡性会出现各组地块数数目不等的情况。此时，对所得数据应使用样本量不等的统计分析方法。

2. 双因素试验的完全随机设计

双因素试验即试验处理分为两个方向，调查数据为两个因素的组合效应值。如研究肥料因素和土壤因素对某水稻品种产量的影响，即为双因素试验。双因素试验按水平组合的方式不同，分为交叉分组和系统分组两类。系统分组设计又称巢式设计，见本节第四部分介绍。这里先介绍交叉分组试验设计。设有 A、B 两个试验因素，A 有 a 个水平，B 有 b 个水平，所谓**交叉分组**，是指 A 因素的每个水平与 B 因素的每个水平都要碰到，两者交叉搭配形成 ab 个水平组合。其试验设计方法与单因素试验基本相同，只是需要把水平组合作为单因素试验中的处理即可。

完全随机设计是一种最简单的设计方法，主要优点：① 设计遵循重复和随机两个原则，能真实反映试验的处理效应；② 设计容易，处理数与重复数都不受限制，适用于试验条件、环境、试验材料差异较小的试验。主要缺点：① 由于未应用试验设计三原则中的局部控制原则，非试验因素的影响被归入试验误差，试验误差较大，试验的精确性较低；② 在试验条件、环境、试验动物差异较大时，不宜采用此种设计方法。

二、随机区组设计

完全随机设计有一个局限：它要求试验材料必须具备严格的同质性，否则材料间的差异会使误差大大增加，有时甚至会掩盖了我们所要检验的处理间的差异。但是对于处理数较多、规模较大的试验，要做到使材料性质严格一致是非常困难的，有时甚至是不可能的。试验材料的不一致必然对试验指标产生重要影响，从而形成干扰因素，这就大大限制了完全随机设计方法的应用。如将 20 只动物放在一起进行随机化，对动物的同质性的要求是很严格的。

否则由于动物异质性所造成的误差将与试验误差混杂，从而加大试验误差，而在试验时一次同时抽到 20 只同质的试验动物是很困难的。再如在田间试验中，如果处理数比较多，试验地的土壤肥力很难控制到一致，这样就会使土壤肥力的差异与试验误差混杂。为了解决这一问题，尽可能地降低试验误差，提高试验的精确度，我们可以把试验材料按组内性质一致的原则分为几个组，每个这样的组就称为一个区组，随机化只在区组内进行。这样的设计就称为随机区组设计。

随机区组设计（randomized block design）是指根据局部控制的原理，将试验的所有供试单元加以分组（即划分区组），然后在区组内随机安排全部处理的一种试验设计方法。在这种设计中，供试的每一处理在每一区组占有一个且仅占一个试验单元（小区），同时每区组内的处理的出现次序完全随机。随机区组设计中区组内试验单元含量与处理数相同的设计称为完全随机区组设计。此时，各处理的重复数等于随机区组数。本书仅介绍随机完全区组设计。

随机完全区组设计是一种随机排列的完全区组试验设计。其适用范围较为广泛，既可用于单因素试验，也可用于多因素试验。

1. 试验设计方法与步骤

（1）划分区组。

划分区组与小区时，务必使区组间具有最大的异质性，而区组内具有最大的同质性。划分区组的标准除材料本身的特性外，也可依照环境条件或不同仪器、操作者、试剂批号等其他因素来划分。通常是在试验单元即小区间众多的变异来源之中，找出其中最大且最易预测的一个作为划分区组的依据。在田间试验中要实现划分区组的要求，除考虑划分区组的依据外，还需考虑区组的形状与方向。如在一个肥料试验或品种比较试验中，产量是最重要的试验指标，那么土壤肥力的变异性就应该作为划分区组的依据；在一个杀虫剂试验中，虫口密度是最基本的试验指标，那么，昆虫迁移方向就是划分区组的首选依据；若是研究作物对水分胁迫的响应，土地坡度便是影响最大的变异来源，应作为划分区组的依据。其次便是确定适当的区组大小与形状，总要求是使区组间变异最大，以获得区组内变异最小的结果。如在田间试验中，若变异梯度是单方向的，即从土地的一边到另一边，肥力逐渐增高或其他条件逐渐增强，则使用狭长形的区组，并使区组长边与梯度方向垂直（见表 2-2）。若无明显梯度方向，则区组形状以正方形为好，保证了同一区组内小区排列最紧凑。

表 2-2 单向变异梯度的土地上区组形状与排列

		2	1	8	3	7	6	5	4	I
	肥									
	力	7	5	4	6	3	8	2	1	II
	梯									
	度	3	6	5	7	4	1	2	8	III
	↓									
		6	8	1	2	4	5	3	7	IV

一旦采用了区组设计，就必须在整个试验过程（包括试验设计和试验实施过程）中贯彻局部控制的原则。也就是说，无论何时，一旦存在试验者无法控制的变异来源，就应该想方设法使变异只在区组间出现，防止在同一区组内出现。例如，如果某些操作管理如中耕除草或者观察记载无法在同一天完成全部试验的任务，那么必须确保一天内完成同一区组的全部小区。

（2）随机化

随机完全区组设计的随机化是分区组单独进行的。需要注意的是，这种随机化的过程要对每一个区组进行一次，不能只进行一次就用于所有区组，否则难以消除编号时产生的系统误差。下面以8个处理4次重复的田间试验为例，说明其方法。

第一步，按照划分区组的要求，把试验地等分为4个区组（区组数=重复数），如表2-2所示。因为肥力呈单（元）方向变化，故区组为长方形而且区组长边垂直于肥力梯度方向。

第二步，把第一个区组再划分为8个小区，并且按照以前介绍的随机化方法，把8个处理随机分配到这8个小区。具体做法是，把小区自左向右顺序编号，如表2-3所示。

表2-3　小区自左向顺序编号

区组Ⅰ	1	2	3	4	5	6	7	8	←小区
	2	1	8	3	7	6	5	4	←处理

然后使用计算机产生随机数字，读取8个不同的3位随机数。不妨设从表中第16行第12列开始，垂直向下读数，3位3位地读，再把随机数从大到小排序，结果如表2-4所示。

表2-4　随机数字

次　　序	1	2	3	4	5	6	7	8
随机数	733	996	120	680	124	250	361	500
排　　序	2	1	8	3	7	6	5	4

最后把次序号作为小区号，排序号作为处理号，完成向8个小区分配8个处理的任务。

第三步，对于剩余的每一个区组，逐一重复第二步的过程，得到整个试验的随机化结果（见图2-4）。

2. 试验设计特点

随机区组设计是一种应用广泛、效率高的试验设计方法，它不仅可应用于农业上的田间试验、畜牧业的动物试验，还可用于生物学、经济管理甚至加工业上的各种试验。原因在于它具有如下优点：

（1）这一设计方法贯彻了试验设计的三大基本原则（重复、随机化和局部控制），试验精确度较高。特别是局部控制原则，即按重复来分组，分组控制试验非处理条件，使得对非处理条件的控制更为有效，保证了同一重复内的各处理之间有更强的可比性。

（2）设计方法机动灵活、富于伸缩性。随机完全区组设计不仅适用于单因素试验，而且也适用于多因素及综合性试验，并能分析出因素间的交互作用。

(3) 设计方法和试验结果的统计分析方法都简单易行。

(4) 这种设计方法对试验条件的要求并不苛刻，仅要求区组内具同质性，因而在选择试验地或其他试验条件时具很大的灵活性。如在田间试验中，必要时，不同区组可分散设置在不同的试验地上。

(5) 试验的韧性较好。在试验进行过程中，若某个（些）区组受到破坏，在去掉这个（些）区组后，剩下的资料仍可以进行分析。若试验中某1个或2个试验单元遭受损失，还可以通过缺值估计来弥补，以保证试验资料的完整。

然而，随机完全区组设计也有其不足之处。从试验精度来说，因只实行单方面的局部控制，所以精度不如实行双重局部控制的拉丁方设计来得高；从参试处理数目的广度来说，这种设计不允许处理数太多，一般不超过20个，大株作物不超过10个。因为当处理数太多时，区组必然增大，一个区组内试验单元也会增多，对其进行非处理条件控制的难度相应增大，局部控制的效率就会降低甚至根本难以实行局部控制。但权衡利弊，可以看出，随机完全区组设计是一种优良的试验设计方法。

3. 随机完全区组试验设计的适用条件

对于处理数目多、土壤差异大、试验材料不均匀或受试验资源的限制，无法保证全部试验单元的非处理条件在整个试验过程中均匀一致时便可采用随机完全区组设计。通过划分区组，确保同一区组内全部试验单元的非处理条件一致，使同一区组内试验单元间的变异最小，这样可以使每一区组内的试验误差尽可能缩小。而且，每一区组又包含一套完整的处理，所以处理间相互比较就不受区组间差异的干扰，易于发现较小的处理间差异。也就是说，在试验结果的统计分析中，可以把区组间差异的影响从误差中分离出来，从而大大提高统计检验的灵敏度。

三、拉丁方设计

随机完全区组设计的方法适用于存在一个干扰因素的试验，但是在农业生产和科研实践中，经常会遇到存在两个干扰因素的试验。想要将试验单元的两个干扰因素最大限度地减小，这就需要拉丁方设计。

拉丁方设计（latin square design）将试验单元按这两个干扰因素从两个方向划分区组，在每个区组组合中安排一个试验单元，每个试验单元随机地接受一种处理，也就是"双向随机区组设计"。这种设计一般是借助拉丁方表来进行的，"拉丁方"的名字最初是由R.A.Fisher给出的，一直沿用至今。

在拉丁方设计中，每一行或每一列都成为一个完全单位组，而每一处理在每一行或每一列都只出现一次，也就是说，在拉丁方设计中：

试验处理数=横行单位组数=直列单位组数=试验处理的重复数

在对拉丁方设计试验结果进行统计分析时，由于能将横行、直列两个单位组间的变异从试验误差中分离出来，因而拉丁方设计的试验误差比随机单位组设计小，试验精确性比随机单位组设计高。但重复数必须等于处理数，两者就都受到一定的限制，其伸缩性小是这种设计的缺点。拉丁方设计只适用于处理数目较少的试验，通常以4~8个处理为宜。

1. 拉丁方简介

拉丁方是以 n 个拉丁字母为元素，作的一个 n 阶方阵，且这 n 个拉丁字母必须满足一个条件，即每个字母在这 n 阶方阵的每一行、每一列都出现且只出现一次，则称该阶方阵为 $n \times n$ 拉丁方。例如：

A	B	C		A	B	C	D		A	B	C	D	E		A	B	C	D	E	F
B	C	A		B	A	D	C		B	A	E	C	D		B	A	E	C	F	D
C	A	B		C	D	B	A		C	E	D	A	B		C	E	A	F	D	B
				D	C	A	B		D	C	B	E	A		D	C	F	A	B	E
									E	D	A	B	C		E	F	D	B	A	C
															F	D	B	E	C	A

  3×3拉丁方　　　4×4拉丁方　　　　5×5拉丁方　　　　　6×6拉丁方

2. 标准拉丁方

对于某一阶数的拉丁方，会有多个拉丁方满足以上条件。我们将第一行和第一列的拉丁字母均按自然顺序排列的拉丁方称为**标准拉丁方**或**基本拉丁方**。3×3 拉丁方只有一种标准拉丁方，即上面所列的这一种，而 4×4 拉丁方则有 4 种标准拉丁方，除上面所列的这一种，还有三种，5×5 拉丁方有 56 种标准拉丁方。若变换标准型的行或列，可得到更多种拉丁方。在进行拉丁方设计时，可从上述多种拉丁方中随机选择一种，或选择一种标准型，随机改变其行或列顺序后才能使用。

3. 常用标准拉丁方

3×3

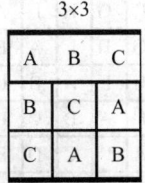

3×3拉丁方有1个标准方，共12种排列方式

4×4

A	B	C	D		A	B	C	D		A	B	C	D		A	B	C	D
B	A	D	C		B	C	D	A		B	D	A	C		B	A	D	C
C	D	B	A		C	D	A	B		C	A	D	B		C	D	A	B
D	C	A	B		D	A	B	C		D	C	B	A		D	C	B	A
(1)					(2)					(3)					(4)			

4×4拉丁方有4个标准方，共576种排列方式

5×5

A	B	C	D	E	A	B	C	D	E	A	B	C	D	E	A	B	C	D	E
B	A	E	C	D	B	A	D	E	C	B	A	E	C	D	B	A	D	E	C
C	D	A	E	B	C	E	B	A	D	C	E	D	A	B	C	D	E	A	B
D	E	B	A	C	D	C	E	B	A	D	C	B	E	A	D	E	B	C	A
E	C	D	B	A	E	D	A	C	B	E	D	A	B	C	E	C	A	B	D
(1)					(2)					(3)					(4)				

5×5 拉丁方有 56 个标准方,共 161280 种排列方式。处理数越多的拉丁方,其排列方式更多

6×6   7×7

A	B	C	D	E	F	A	B	C	D	E	F	A	B	C	D	E	F	G
B	A	E	C	F	D	B	C	A	F	D	E	B	D	E	F	A	G	C
C	E	A	F	D	B	C	A	B	E	F	D	C	G	F	E	B	A	D
D	C	F	A	B	E	D	E	F	A	B	C	D	E	A	B	G	C	F
E	F	D	B	A	C	E	F	D	C	A	B	E	C	B	G	F	D	A
F	D	B	E	C	A	F	D	E	B	C	A	F	A	G	C	D	E	B
												G	F	D	A	C	B	E
(1)						(2)												

8×8   9×9   10×10

A	B	C	D	E	F	G	H	A	B	C	D	E	F	G	H	I	A	B	C	D	E	F	G	H	I	J
B	C	D	E	F	G	H	A	B	C	D	E	F	G	H	I	A	B	C	D	E	F	G	H	I	J	A
C	D	E	F	G	H	A	B	C	D	E	F	G	H	I	A	B	C	D	E	F	G	H	I	J	A	B
D	E	F	G	H	A	B	C	D	E	F	G	H	I	A	B	C	D	E	F	G	H	I	J	A	B	C
E	F	G	H	A	B	C	D	E	F	G	H	I	A	B	C	D	E	F	G	H	I	J	A	B	C	D
F	G	H	A	B	C	D	E	F	G	H	I	A	B	C	D	E	F	G	H	I	J	A	B	C	D	E
G	H	A	B	C	D	E	F	G	H	I	A	B	C	D	E	F	G	H	I	J	A	B	C	D	E	F
H	A	B	C	D	E	F	G	H	I	A	B	C	D	E	F	G	H	I	J	A	B	C	D	E	F	G
								I	A	B	C	D	E	F	G	H	I	J	A	B	C	D	E	F	G	H
																	J	A	B	C	D	E	F	G	H	I

注:若需要其余拉丁方可查阅数理统计表及有关参考书

4. 拉丁方设计方法

拉丁方设计实际上是将很多试验单元按照拉丁方的要求划分区组,并随机安排全部试验处理的试验设计方法。下面结合具体例子说明拉丁方设计方法。

例 2.1 某小麦氮肥用量试验,处理为:N1、N2、N3、N4、N5 采用 5×5 拉丁方设计,请写出设计步骤。拉丁方设计步骤如下:

(1) 选择拉丁方。选择拉丁方时应根据试验的处理数和横行、直列单位组数先确定采用几阶拉丁方，再选择标准型拉丁方或非标准型拉丁方。此例因试验处理因素为氮肥用量，处理数为 5；将试验地块两个方向分别作为直列单位组因素和横行单位组因素，单位组数均为 5，即试验处理数、直列单位组数、横行单位组数均为 5，则应选取 5×5 阶拉丁方。本例选取前面列出的第 2 个 5×5 标准型拉丁方，即：

```
A B C D E
B A D E C
C E B A D
D C E B A
E D A C B
```

(2) 行、列随机排列。在选定拉丁方之后，如是非标准型时，则可直接按拉丁方中的字母安排试验方案。若是标准型拉丁方，还应对横行、直列和试验处理的顺序进行随机排列。从 1、2、3、4、5 这 5 个数中进行不复置随机抽签，设抽到的顺序为 5、3、2、4、1，按照这个顺序对标准拉丁方的行进行重新排列。再次抽签，设抽到的顺序为 4、2、5、1、3，按照这个顺序对拉丁方的列进行重排，结果如下：

1	A B C D E		5	E D A C B			C D B E A
2	B A D E C	按 5,3,2,4,1 进行	3	C E B A D	按 4,2,5,1,3 进行		A E D C B
3	C E B A D	→"行"随机化	2	B A D E C	→"列"随机化		E A C B D
4	D C E B A		4	D C E B A			B C A D E
5	E D A C B		1	A B C D E			D B E A C
	(1)(2)(3)(4)(5)			(1)(2)(3)(4)(5)			(4)(2)(5)(1)(3)

(3) 处理的随机化。再次从 1、2、3、4、5 这 5 个数中进行抽签，设抽到的顺序为 5，4，2，1，3，按这个顺序将 5 个氮肥用量分配给拉丁方中的字母。即：A=5=N5，B=4=N4，C=2=N2，D=1=N1，E=3=N3。

(4) 将第三步结果按照先行后列的次序，依次分配给 25 个试验单元。最后结果如表 2-5 所示。

表 2-5 小麦氮肥用量 5×5 拉丁方设计试验田间排列

C=2=N2	D=1=N1	B=4=N4	E=3=N3	A=5=N5
A=5=N5	E=3=N3	D=1=N1	C=2=N2	B=4=N4
E=3=N3	A=5=N5	C=2=N2	B=4=N4	D=1=N1
B=4=N4	C=2=N2	A=5=N5	D=1=N1	E=3=N3
D=1=N1	B=4=N4	E=3=N3	A=5=N5	C=2=N2

四、系统分组设计

试验中涉及两个或多个试验因素，且以专业知识可以认为各试验因素对观测指标的影响有主次之分，主要因素各水平下嵌套着次要因素，次要因素各水平下又嵌套着更次要的因素，这样的试验设计称为**系统分组设计**，又称为**嵌套设计或巢式设计**。此类设计有两种情形：

(1) 受试对象本身具有分组再分组的各种分组因素，处理（即最终的试验条件）是各因素各水平的全面组合，且因素之间在专业上有主次之分（如年龄与性别对心室射血时间的影响，性别的影响大于年龄）；

(2) 受试对象本身并非具有分组再分组的各种因素、处理（即最终的试验条件）不是各因素各水平的全面组合，而是各因素按其隶属关系系统分组，且因素之间在专业上有主次之分（如研究不同代次不同家庭成年男性的身高资料，不同家庭之间的差别大于同一个家庭内部不同代次之间的差别）。

系统分组设计主要应用于试验因素对观测指标的影响有主次之分的试验研究中，试验因素之间的主次关系要有专业依据，不能凭空想象而定。

五、裂区设计

在多因素试验中，如果因素的效应同等重要时，一般采用随机区组设计。两个因素的效应有主次或先后之分，往往采用裂区设计。

裂区设计（split-plot design）又称为分割设计，它是把一个或多个完全随机设计、随机区组设计或拉丁方设计结合起来的试验设计方法。其原理为先将受试对象作一级试验单位，再分为二级试验单位，分别施以不同的处理。试验单位分级是指当试验单位具有隶属关系时，高级试验单位包含低级试验单位。如小鼠接种不同的瘤株后，观察不同浓度的某注射液的抑瘤效果，这时接种瘤株的小鼠为一级单位，相应因素为一级处理，注射浓度为二级单位，相应因素为二级处理。当试验单位不存在明显的隶属关系时，试验单位分级可按因素的主次确定。

裂区设计和多因素的随机区组设计在小区的排列上有显著的差别，在多因素随机区组中，两个或更多因素的各个处理组合的小区都均等地排列在一区组内。而裂区设计首先要按第一个因素（次要因素）的水平数，将区组分成几个主区（整区），随机排列次要因素的各个水平（称为主处理）；再按第二个因素（主要因素）的水平数将主区划分成几个副区（裂区），随机安排主要因素的各个水平（称为副处理）。这种设计的特点是主处理分设在主区，副处理则分设在主区内的副区，因此在统计分析时，可分别估计主区与副区的试验误差。由于副区之间比主区之间更为接近，因而副区的比较也就比主区的比较更为精确。

裂区设计通常在下列情况下采用：

(1) 在一个因素的各个处理比另一因素的处理需要更大的面积时，为了实施和管理上的方便而应用裂区设计。如耕深、灌溉、施肥等栽培措施，一般要求小区面积要大，耕、溉、肥等处理亦设置为主区，而另一因素如品种、播种量等用较小的小区面积就够了，那么品种、播量可设置为副区。

(2) 试验中某一因素的效应更为重要，而要求更精确的比较，或两个因素间的交互作用比其主效更为重要，亦宜采用裂区设计，将要求更高精度的因素设置为副区，另一因素设置为主区。

(3) 根据以往研究，得知某些因素的效应比另一些因素的效应更大时，也需采用裂区设计，将可能表现较大差异的因素作为主处理。

(4) 当试验过程中自然形成两个或多阶段（有时称为工序），各阶段设计的试验因素彼此不同，但需要等整个试验过程结束后，才能观测定量指标的结果，就需要用到裂区设计。先进入的因素设置为主区。

下面以品种与施肥量两个因素的试验说明裂区设计的方法。如有 4 个品种，以 1、2、3、4 表示，有三种施肥量，以高、中、低表示，重复 2 次，则裂区设计的排列如图 2-4 所示，先对主处理（施肥量）随机，后对副处理（品种）随机，每一重复的主、副处理皆随机独立进行。

```
2  1 4 1 2  3 4 3 2  1 3  1
高     低     中     低    中     高
3  4 2 3 4  1 1 2  3 4  2  4
```

图 2-4 裂区设计排列图

小　结

本章主要介绍了试验的基本要素（如试验指标、试验因素及其水平、试验处理、全面试验概念）、试验方案（依试验因素的多少而分为单因素试验、多因素试验和综合性试验）、试验计划的拟定（包括 11 项内容）和试验方案的制定（需遵循 5 个原则）、试验误差的概念及其来源和控制途径、对试验进行评价的标准以及试验设计的基本原则、常用试验设计方法，这些内容都是本门课程的基础知识，在其他的章节中会经常用到。本章的重点在于熟悉试验的基本要素，理解并掌握试验设计的三个原则以及重复、随机排列、局部控制和试验单元在降低试验误差和估计试验误差中所起的作用。

习　题

1. 举例说明下列术语的含义：
   (1) 试验因素/水平；处理/试验方案；试验指标/试验单元（小区）/观察值。
   (2) 系统误差/随机误差。
2. 试验计划有哪些内容？
3. 如何制订正确的试验方案？
4. 试验误差来源有哪些？如何控制？
5. 简述试验设计基本原则及其相互关系。
6. 简述常用的试验设计方法。

第三章 资料（数据）的描述性统计分析

在生物学研究中，往往需要对某些特定条件下的具体事物或现象进行调查或试验，通过调查或试验获得的数据在生物统计文献中称为资料。在未整理之前，这些数据是一堆分散的、无规律可循的数字。要分析数据的特性和变化规律，就需要对数据整理并进行分类，然后制作统计表，绘制统计图，再进一步计算平均数、方差等特征数。

第一节 试验资料（数据）的整理

一、资料（数据）的类型

试验资料的分类是统计分析的基础，不分类就无法对一堆"杂乱无章"的资料进行系统化、条理化处理，不能体现试验本身的本质和规律。在生物调查或试验中，由于观测方法和研究性状特性不同，数据的性质也有所不同，根据生物的性状特征，可大致分为两大类：数量性和质量性，相应取得的资料也可以是定量的或定性的，因此这些资料可分为数量性状资料和质量性状资料。

1. 数量性状资料

数量性可以分为可量性和可数性。可量性是指可以通过测量、度量、称量等量测的方法表示出来的性质，相应取得的资料在一定范围内可以任意取值，可被称为连续性资料或计量资料。如小麦的株高、奶牛的奶产量、蛋白质含量、叶片不同时期的叶面积等。可数性是指只能用计数的方法统计个体数的性质，相应取得的资料可称为计数资料。如种群内的个体数、人的白细胞计数、不同血型的人数、鱼的数量等。

2. 质量性状资料

质量性状资料也称为属性资料或分类资料，是指对某种现象只能观察而不能测量或计数的资料，如水稻花药、人的血型、果蝇的长翅与残翅、植物叶的性状、动物的雄雌等。为了统计的方便，一般需要把质量性状资料数量化，这里介绍比较常用的两种方法。

（1）统计次数法。统计次数法是指在总体中，根据某一质量性状的类别统计其次数或频数，并以次数或频数作为该质量性状的数据。在分组统计时按照质量性状的类别进行分组，然后统计每个组出现的次数或频数。例如，在 800 株水稻构成的 F2 代群体中，统计得出有 600 株为紫色柱头，有 200 株为黄色柱头。

（2）等级评分法。等级评分法是指用数字级别来表示某种现象在表现程度上的差别。例如，植株的抗病能力可划分为 3（免疫）、2（高度抵抗）、1（中度抵抗）、0（易感染）四个等级；家畜肉质品质可以分为三级，好的评为 10 分，较好的评为 8 分，差的评为 5 分。

这样经过数量化的质量性状资料就可以按照数量性状资料的方法处理分析。

另外，资料也可以按收集方法及数据的取值特性进行分类，即分为连续型资料和离散型资料，而离散型资料可进一步分为计数资料和分类资料。

区分资料的类型是必要的，因为对不同类型的资料需要采用不同的统计方法来处理和分析。例如，对分类资料通常进行比例和比率分析、列联表分析和 χ^2 分析；对数量资料可以用更多的方法进行分析，如计算各种统计量、进行参数估计和检验等。

二、随机变量（数）的类型

随机变量的观测结果就是数据。根据随机变量数据的特征，可以将其分为两类：

1. 连续型随机变量

连续型随机变量是指可通过测量或度量方式得到数量性状数据的随机变量，即具有可量性的数据变量。连续型随机变量的取值是无穷多的、不可列的，并且充满整个区间，即随机变量的取值在某个区间上连续变化。如麦穗的粒重可以有 2.15g、3.12g、2.83g 等无穷个小数存在，类似的例子还有很多，植株的高度、作物的产量、玉米的蛋白质含量等。

2. 离散型随机变量

离散型随机变量是指可通过计数的方法得到数量数据的随机变量。在离散型随机变量中，每个观察值必须取整数，不允许出现小数，如生物的细胞数、昆虫的个数、细菌的个数、动物的头数等。当离散随机变量的取值很多时，也可以将离散变量当作连续变量来处理。

第二节 用图表描述资料

统计图表是展示资料的有效方式。在日常生活中，阅读报纸杂志，或者在看电视、浏览网络时都能看到大量的统计图表。看统计图表要比看那些枯燥的数字更有趣，也更容易理解，可以对数据分布的形状和特征有一个初步的了解。合理使用统计图表是做好统计分析的最基本技能。

一、统计表

统计表是用表格形式来表示数量关系，把杂乱无章的数据有条理地组织在一张简明的表格内，是统计资料的基本表现形式之一。常见的统计表有频数分布表，绘制该统计表需要对数据按数值大小排列分组，进而得到观察值的集中性和变异性。

1. 统计表的结构

在形式上，统计表由标题、标目、表体和表注构成。

标题即表的名称，位于表的上方，简明准确地说明表的内容。

标目包括横标目和纵标目，横标目位于表的左侧，说明每个横行的内容；纵标目位于表的上端，说明横标目各统计指标内容。

表体是指除了横纵标目之外，横行和纵行组成的含有数字的部分。

表注是对表内某些内容（如字母缩写、特殊符号等）的说明与解释。

2. 统计表的种类

根据横纵标目是否有分组可把统计表分为简单表和复合表。

简单表是由一组横标目和一组纵标目构成的统计表，即横纵标目都未分组。该表适用于比较简单的数据资料的统计分析。

复合表是指横纵标目中至少有一个被分成两组或两组以上的统计表。该表适用于复杂数据资料的统计分析，如表 3-1 所示。

表 3-1　两种药物治疗仔猪白痢在两个养殖场的疗效（单位：头）

药物	甲养殖场			乙养殖场			总体
	有效	无效	合计	有效	无效	合计	
A	60	10	70	65	5	70	140
B	40	30	70	45	25	70	140
合计	100	40	140	110	30	140	280

3. 频数分布表

频数分布（frequency distribution）是指变量的取值及其相应的频数形成的表。**频数分布表**（frequency distribution table）是展示变量的取值及其相应频数分布的表格。频数分布包含了很多有用的信息，通过它可以观察不同类型数据的分布状况。下面针对不同类型的数据资料分别介绍频数分布表。

（1）计数资料。计数资料一般采用单项式分组法整理，具体操作是按变量自然组进行分组，每组均用一个或多个变量值表示，分组时，将每个观测值归入相应的组内，然后制成次数分布表。

调查样本中观测值较少时，以每个变量值为一组，当观测值较多且变化范围较大时，为避免分组较多，看不出分布的规律性，通常以相邻几个数为一组，不仅可以减少组数，还能更明显地体现分布情况。

例 3.1　从某养鸡场调查 100 只芦花鸡每月产蛋数，观测数据结果如下。

15	17	12	14	13	14	12	11	14	13
16	14	14	13	17	15	14	14	16	14
14	15	15	14	14	14	11	13	12	14
13	14	13	15	14	13	15	14	13	14
15	16	16	14	13	14	15	13	15	13
15	15	15	14	14	16	14	15	17	13
16	14	14	14	15	14	14	14	14	16
12	13	12	14	12	15	16	14	15	14
13	14	16	15	15	15	13	13	14	14
13	15	17	14	13	14	12	17	14	15

由于每月产蛋量在 11~17 范围内变化，分为 7 组，统计得出各组次数，计算出频率和累积频率，得到如表 3-2 所示的次数分布表。

表 3-2 100 只芦花鸡每月产蛋数的频数分布表

每月产蛋数	频 数	频 率	累积频率
11	2	0.02	0.02
12	7	0.07	0.09
13	19	0.19	0.28
14	35	0.35	0.63
15	21	0.21	0.84
16	11	0.11	0.95
17	5	0.05	1.00

从频数分布表中很明显可以看出每月产蛋量为 14 的次数最大，频率最多。

（2）计量资料。计量资料一般采用组距式分组法，即在分组前确定极差、组数、组距、组中数及各组上下限，然后将观测值按大小归入相应的组。

例 3.2 下面以某种小麦单株产量资料为例说明计量资料的整理和步骤，观测数据如下：

14	17	8	13	14	15	16	15	11	15	13	18	9	14	14	15	15	16	12	20
19	17	17	9	13	19	16	21	9	15	8	13	22	13	15	18	13	19	13
17	21	19	9	12	15	23	11	11	13	14	15	16	10	16	21	12	17	21	11
20	13	9	9	12	14	17	15	16	13	10	10	14	16	16	17	10	19
14	15	13	20	18	9	11	15	16	11	18	11	15	15	19	11	25

（1）求极差：即最大值与最小值的差。最大值为 25，最小值为 8，即 $R = 25 - 8 = 17$。

（2）确定组数和组距：组数要根据样本观测值的多少来确定，同时还要达到既简化数据又不影响反映数据的规律性为原则。组数和组距之间关系密切，当分组多时，组距就小，这时统计数精确但不便于计算；反之，分组较少时，对应的组距就大，计算方便但统计数的精确度较差，因此，分组时组数太多或太少都不合适，一般可根据实际经验分组，也可参考如表 3-3 中的样本容量与分组数的关系来确定。

$$组距=极差/组数$$

表 3-3 样本容量大小与组数的关系

样本容量	30～60	60～100	100～200	200～500	500 以上
组 数	6～8	7～10	9～12	12～17	17～30

组数确定后，要确定组距，即每组的最大值和最小值之差，分组时要求每组的组距相等，组距由极差和组数确定。

例 3.2 中样本容量为 100，参考表 3-3，这里可分 8 组，则组距为：$\frac{17}{8} = 2.1$。

（3）确定组限。每个组变量的起止界限为组限，每个组有两个组限，组内最大值和最小值分别称为下限和上限，组中值为组内上下限的算术平均值。第一组组限确定后，其余组的组限也就相应地确定了。由于第一组应包括最小的观察值，并且为避免观测值太多，第一组组中值（组中值指每个组上下限的中间值）应接近或等于最小值。为计算方便，组限可以取

10分位或5分位数。另外，当组限取整数时，为避免重复，每组组限构成的区间为左闭右开区间。

表3-3中最小值为8，第一组下限可取7，上限为9.1，凡是大于7小于9.1的变量均属于第一组，下面依次类推。

（4）分组。统计每组所包含的观测值个数，形成频数分布表（见表3-4），包含次数最多的一组的组中值为该资料的众数。

表3-4 小麦单株产量的频数分布表

组 限	组中值	频 数	频 率	累积频率
(7.0, 9.1)	8.05	9	0.09	0.09
(9.1, 11.2)	10.15	13	0.13	0.22
(11.2, 13.3)	12.25	16	0.16	0.38
(13.3, 15.4)	14.35	23	0.23	0.61
(15.4, 17.5)	16.45	16	0.16	0.77
(17.5, 19.6)	18.55	12	0.12	0.89
(19.6, 21.7)	20.65	8	0.08	0.97
(21.7, 23.8)	22.75	2	0.02	0.99
(23.8, 25.9)	24.85	1	0.01	1.00

二、统计图

统计图是借助几何图形来表示数量关系，形象、直观、生动地表示数据资料的基本特征和变化趋势，便于人们理解和记忆。这里主要介绍的统计图有条形图（bar chart）、直方图（柱形图）（histogram）、饼图（pie chart）、折线图（broken-line chart）、散点图（scatter chart）、箱线图（box plot）等。

1. 条形图

条形图是用若干等宽平行的条形来表示数据多少的图形，用于表示离散性和分类资料的频数的多少或分布状况，条形图可以分为单式和复式两种。

只涉及一个测定指标的数据资料采用单式条形图，例如，对表3-3中的频数分布可用图3-1表示。涉及两个或两个以上的指标的数据资料则应采用复式条形图，如图3-2所示为甲、乙、丙、丁四个同学期中期末考试成绩分布图。

条形图目前是各种统计图形中应用最广泛的，但条形统计图所能展示的统计量比较贫乏，它只能以矩形条的长度展示原始数据，对数据没有任何概括和推断。

2. 直方图

直方图也称柱形图，是用于展示连续数据分布最常用的工具，它用矩形的宽度和高度（即面积）来表示频数（或频率）分布。直方图本质上是对密度函数的一种估计，通过直方图可以观察数据分布的大体形状，如分布是否对称。作图时，以横坐标表示各组的极限，纵坐标表示次数，根据各组组距大小和次数多少，分别绘制对应宽度和高度的长方形，各组之间一般没有距离，前一组上限和后一组下限重合，柱形图直观地反映了每一组的次数是多少，如图3-3所示。

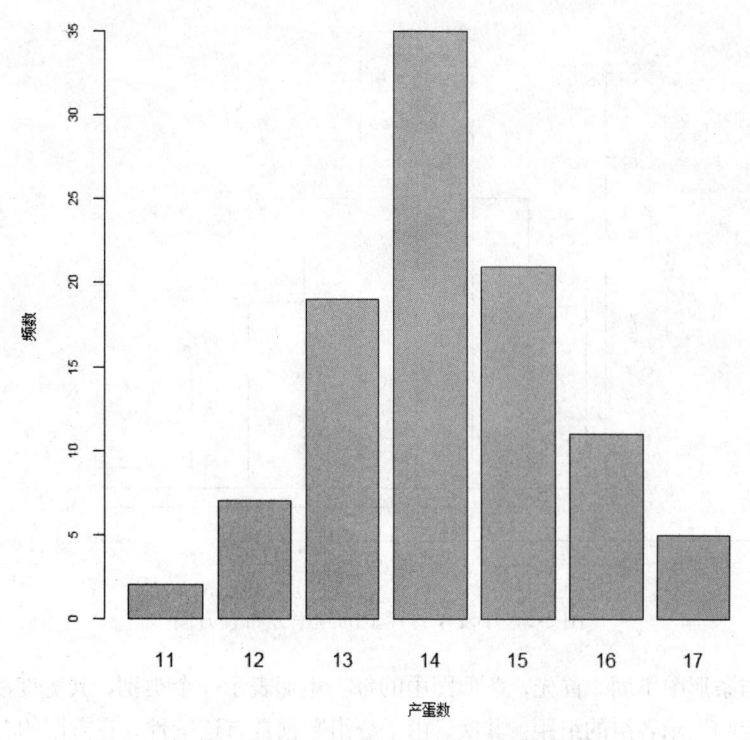

图 3-1　100 只芦花鸡每月产蛋数的条形图

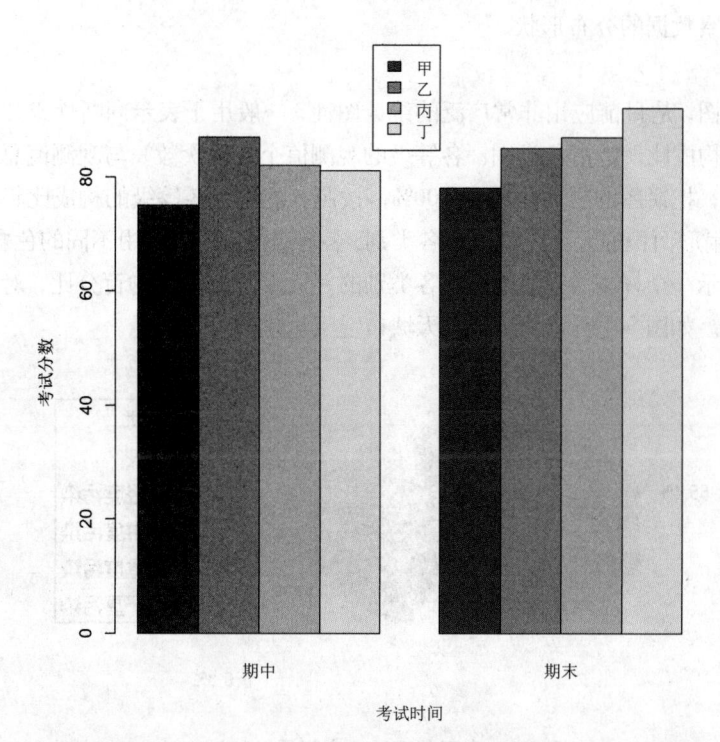

图 3-2　甲、乙、丙、丁四名同学期中期末考试成绩条形图

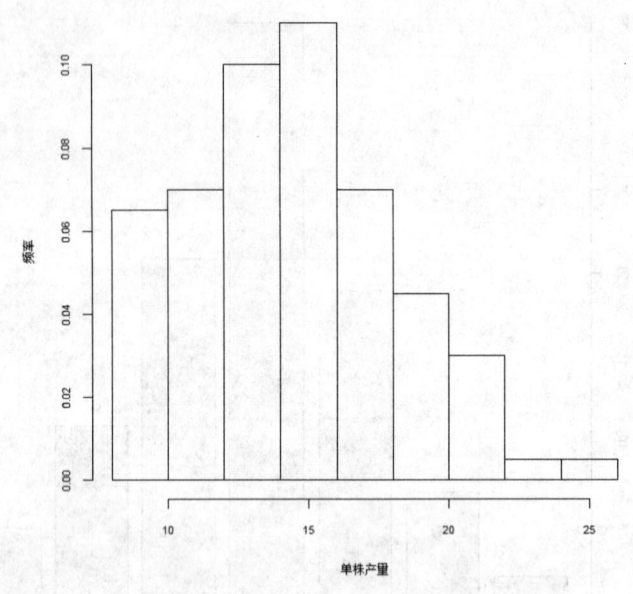

图 3-3　小麦单株产量的频率分布直方图

直方图与条形图不同。首先，条形图中的每一矩形表示一个类别，其宽度没有意义，而直方图的宽度则表示各组的组距。其次，由于分组数据具有连续性，直方图的各矩形通常是连续排列，而条形图则是分开排列。最后，条形图主要用于观察各类别中频数的多少，而直方图主要用于观察数据的分布形状。

3. 饼图

饼图也称圆图，是目前应用非常广泛的统计图性，一般用于表示间断性或分类数据资料的构成比。所谓构成比，是指各类别、各等级的观测值个数（次数）与观测值总个数（样本容量）的百分比，把饼图的总面积看成 100%，按照各类别、各等级的构成比将圆的面积分成若干份，每个扇形面积的大小分别表示各类别、各等级的比例，可用不同的色彩以示区别。饼图主要用于表示一个样本（或总体）中各类别的频数占全部频数的百分比，对于研究结构性问题十分重要。如图 3-4 所示为全国某天城市空气质量的饼图表示。

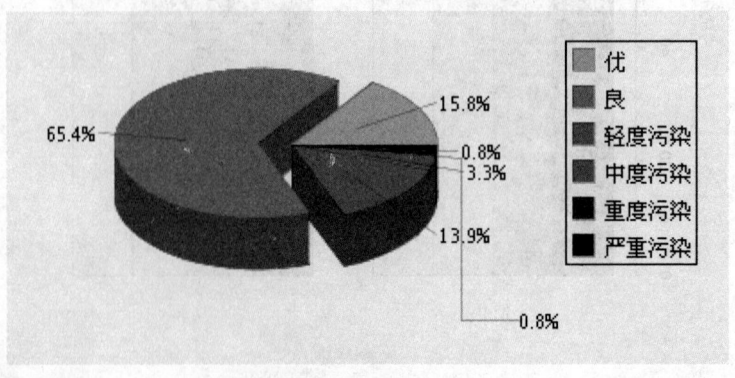

图 3-4　全国某天城市空气质量统计

尽管饼图应用广泛，但根据统计学家（主要是 Cleveland 和 McGill）和心理学家（Cleveland, 1985）的调查结果，这种以比例展示数据的统计图形实际上是很糟糕的可视化方式，因此，有些软件（R 软件）不推荐使用饼图，而是使用条形图或点图来代替。

4. 折线图

折线图也称多边形图，在直方图的基础上，将各组矩形顶边线的中点（即有组中值与频数或频率确定的坐标点）用直线连接起来，就形成折线图，如图 3-5 所示。

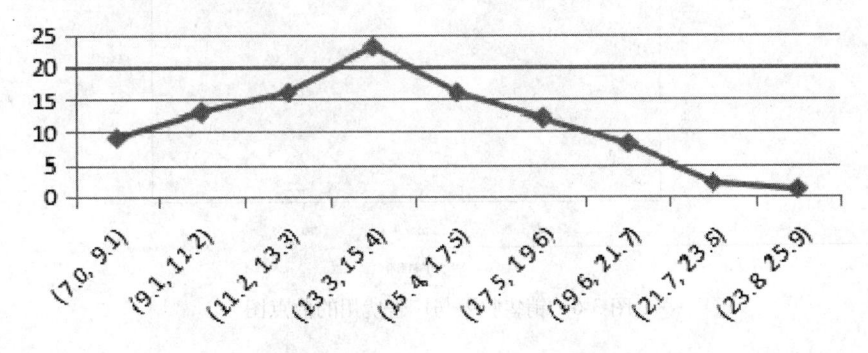

图 3-5 小麦单株产量的次数分布折线图

5. 散点图

散点图通常用来展示两个变量之间的关系，这种关系可能是线性或非线性的。它用二维坐标中两个变量各取值点的分布来展示两个变量之间的关系。设坐标横轴代表变量 x，纵轴代表变量 y（两个变量的坐标轴可以互换），每对数据 (x_i, y_i) 在坐标系中用一个点表示，n 对数据点在坐标系中构成的图就称为散点图。散点图中，散点所反映的趋势就是两个变量之间的关系，如图 3-6 所示。

例 3.3 随机抽取 20 家医药企业，得到销售收入和广告费用数据如表 3-5 所示。绘制销售收入与广告费用的散点图并观察二者之间的关系。

表 3-5 20 家医药企业销售收入和广告费用数据

企业编号	销售收入	广告费用	企业编号	销售收入	广告费用
1	4343	651	11	649	90
2	281	42	12	526	84
3	473	65	13	1072	153
4	1909	276	14	950	155
5	321	49	15	1086	178
6	2145	313	16	1642	237
7	341	53	17	1913	315
8	550	76	18	2858	471
9	5561	817	19	3308	571
10	410	64	20	5021	747

解 散点图如图 3-6 所示。

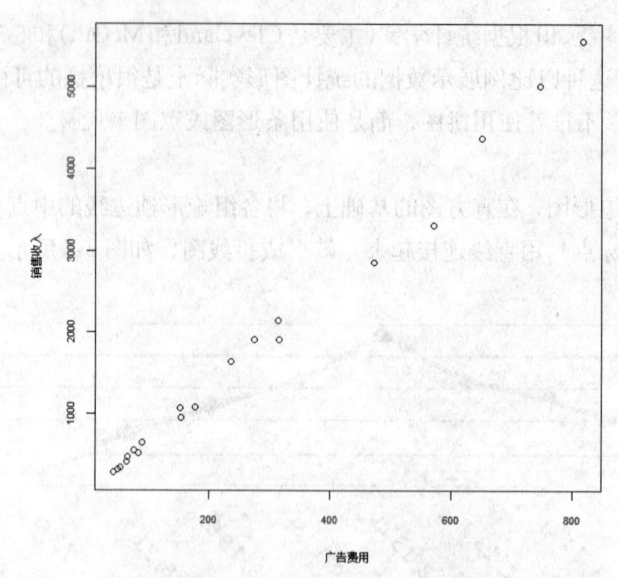

图 3-6 销售收入与广告费用的散点图

从图 3-6 中可以看出，随着广告费用的增加，销售收入也随之增加，二者的数据点分布在一条直线周围，因而具有正的线性相关关系。

6. 箱线图

箱线图是由一组数据的最大值、最小值、中位数及两个四分位数绘制而成的。它不仅可以反映一组数据的分布特征，如分布是否对称，是否存在异常值（离群点）等，还可以进行多组数据的分布特征的比较，这也是箱线图的优点之一。

绘制箱线图时，先找出一组数据中的最大值、最小值、中位数和两个四分位数，然后用两个四分位数画出箱子，再将最大值和最小值与箱子之间用直线相连，中位数在箱子里面。箱线图的一般形式如图 3-7 所示。

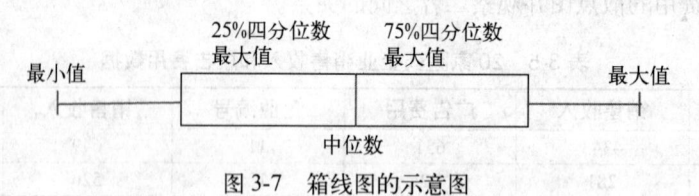

图 3-7 箱线图的示意图

例 3.4 有 A、B、C、D、E、F 六种杀虫剂，每种杀虫剂使用后的昆虫数目如表 3-6 所示（R 软件的 datasets 包 InsectSprays 数据集）。绘制箱线图分析昆虫数目分布的特征。

表 3-6 杀虫剂数据

A	B	C	D	E	F	A	B	C	D	E	F	A	B	C	D	E	F
10	11	0	3	3	11	7	17	1	5	5	9	20	21	7	12	3	15
14	11	2	6	5	22	14	16	1	4	3	15	12	14	2	3	6	16
10	17	1	5	1	13	23	17	3	5	1	10	17	19	0	5	3	26
20	21	1	5	2	26	14	7	4	2	6	24	13	13	3	4	4	13

解 箱线图如图 3-8 所示。不难看出，除了 B 和 D 对应的昆虫数据呈左偏形态外，其他组均有右偏趋势，看起来各组数据的平均水平差异比较明显；另外注意观察图中的两个离群点（以"×"表示）。总体来看，C 的效果最好。事实上，可以进一步对数据做方差分析（见方差分析一章），检验杀虫剂类型对昆虫数目是否有显著影响。

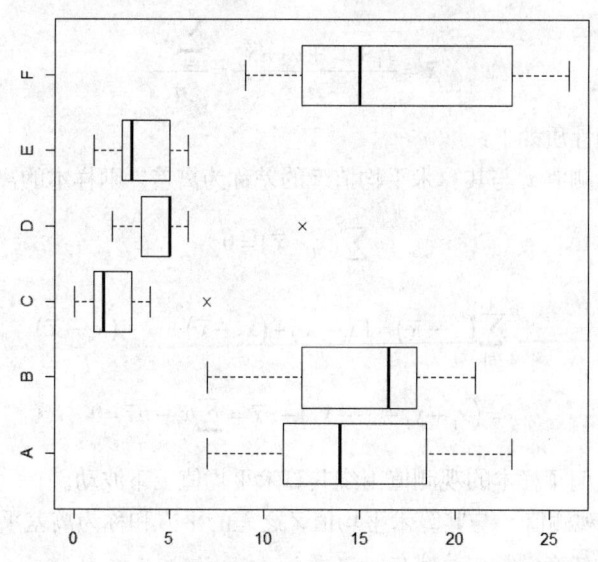

图 3-8 昆虫数目箱线图：六种杀虫剂下昆虫的数目分布

第三节 用统计量描述资料

利用图表可以对数据分布的形状和特征有一个大致的了解。但要进一步了解数据分布的一些数据特征，就需要用统计量进行描述。一般来说，一组样本数据分布的数值特征可以从三个方面进行描述：一是数据位置（也称为集中趋势或水平度量），反映全部数据的数值大小；二是数据的变异，反映各数据间的离散程度，刻画了不同数据间的差异性；三是分布的形状，反映数据分布的偏态和峰度。

反映数据集中趋势性特征的统计量是平均数，主要包括算术平均数、中位数、众数、几何平均数等，其中应用最广的是算术平均数。反映数据离散性特征的统计量是变异数，常用的有方差、标准差和变异系数等。此外，特征统计量还包括描述变量分布的偏度和峰度。

一、位置的描述

数据的位置是指其取值的大小。描述数据位置的统计量主要有平均数、中位数和四分位数和众数等。

1. 算术平均数（arithmetic mean）

资料中各观测值的总和除以观测值的个数所得的商，称为**算术平均数**，简称**平均数**、**均数**或**均值**。样本平均数是度量数据水平的常用统计量，在参数估计及假设检验中经常用到。

设一组样本数据为 $x_1,\cdots,x_n$,样本量(样本数据的个数)为 n,则样本平均数用 $\bar{x}$(读作 x-bar)表示,计算公式为:

$$\bar{x}=\frac{x_1+x_2+\cdots+x_n}{n}=\frac{\sum_{i=1}^{n}x_i}{n}$$

算术平均值的性质如下:

(1)样本各观测值 x_i 与其算术平均值 $\bar{x}$ 的差称为离差,则样本的离差和为零,即

$$\sum_{i=1}^{n}(x_i-\bar{x})=0$$

因为
$$\sum_{i=1}^{n}(x_i-\bar{x})=(x_1-\bar{x})+(x_2-\bar{x})+\cdots+(x_n-\bar{x})$$
$$=(x_1+x_2+\cdots+x_n)-n\bar{x}=\sum_{i=1}^{n}x_i-n\bar{x}=0$$

这一性质也表明了样本的观测值围绕其算术平均值上下波动。

(2)样本中各观测值 x_i 与其算术平均值 $\bar{x}$ 之差的平方和称为离差平方和。样本的离差平方和最小,即对于任意常数 a,都有

$$\sum_{i=1}^{n}(x_i-\bar{x})^2\leqslant\sum_{i=1}^{n}(x_i-a)^2$$

证明
$$\sum_{i=1}^{n}(x_i-a)^2=\sum_{i=1}^{n}[(x_i-\bar{x})+(\bar{x}-a)]^2$$
$$=\sum_{i=1}^{n}(x_i-\bar{x})^2+2\sum_{i=1}^{n}(x_i-\bar{x})(\bar{x}-a)+\sum_{i=1}^{n}(\bar{x}-a)^2 d$$
$$=\sum_{i=1}^{n}(x_i-\bar{x})^2+n(\bar{x}-a)^2$$

这一性质表明算术平均值可以作为资料数量或质量水平的代表。

2. 几何平均数(geometric mean)

设样本有 n 个观测值,将这 n 个观测值相乘后,再开 n 次方根所得的数值,称为几何平均数,记作 G,即 $G=\sqrt[n]{x_1x_2\cdots x_n}$。

几何平均数主要用于百分率、比例表示的数据资料,尤其在计算平均增长率方面。当数据以相关或成比例的形式变化时,或数据以比率、指数形式表示时,经过对数化处理后可以呈现对称的正态分布,这就需要用几何平均数来计算平均变化率。

3. 中位数(median)和四分位数(quartile)

一组数据按从小到大排序后,可以找出排在某个位置上的数值,用该数值可以代表数据取值的大小。这些位置上的数值就是相应的分位数,其中有中位数、四分位数、十分位数、

百分位数等。

将资料中 n 个观测值按从小到大的顺序排列，位于中间位置的观测值即为**中位数**，记作 M_e。中位数将全部数据等分成两部分，每部分包含 50%的数据，一部分数据比中位数大，另一部分比中位数小。中位数是用中间位置上的值代表数据的水平，其特点是不受极端值的影响，具有稳健性。

计算中位数时，要先对 n 个数据排序，确定中位数的位置，然后确定中位数的具体数值。设一组数据 $x_1, \cdots, x_n$，按从小到大排序后为 $x_{(1)}, \cdots, x_{(n)}$，则当 n 为奇数时，中位数为第 $\frac{n+1}{2}$ 位置上的值，当 n 为偶数时，中位数为第 $\frac{n}{2}$ 和第 $\frac{n}{2}+1$ 位置上值的算术平均数。计算公式可表示为：

$$M_e = \begin{cases} X_{\frac{n+1}{2}}, & n \text{为奇数} \\ \frac{1}{2}\left(X_{\frac{n}{2}}+X_{\frac{n}{2}+1}\right), & n \text{为偶数} \end{cases}$$

通过定义可以看出，中位数的确定仅取决于 n 个观测值中间的一个或两个值，所以中位数与算术平均数没有明确的关系，当观测值的分布相对对称时，两者相近；当观测值的分布较偏斜时，两者相差较大，此时用中位数来度量观测值的集中性更优。

与中位数类似的还有四分位数、十分位数（decile）和百分位数（percentile）等。它们分别是用 3 个点、9 个点和 99 个点将数据 4 等分、10 等分和 100 等分后各分为点上的值。

四分位数就是一组数据排序后处于 25%和 75%位置上的值。它通过 3 个点将全部数据等分为 4 部分，其中每部分包含 25%的数据。很显然，中间的四分位数就是中位数，因此通常所说的四分位数是指处在 25%位置上和处在 75%位置上的两个数值。

与中位数的计算方法类似，根据原始数据计算四分位数时，首先对数据进行排序，然后确定四分位数所在的位置，该位置上的数值就是四分位数。与中位数不同的是，四分位数位置的确定方法有几种，每种方法得到的结果可能会有一定差异，但差异不会很大。由于不同软件使用的计算方法可能不一样，因此，对同一组数据用不同软件得到的四分位数结果也可能有所差异，但不会影响对问题的分析。

设 25%位置上的四分位数为 $Q_{25\%}$，75%位置上的四分位数为 $Q_{75\%}$，四分位数位置的计算公式为：

$$Q_{25\%} \text{位置} = \frac{n+1}{4} \ ; \quad Q_{75\%} \text{位置} = \frac{3(n+1)}{4}$$

如果位置是整数，四分位数就是该位置对应的值；如果是在整数加 0.5 的位置上，则取该位置两侧值的平均数；如果是在整数加 0.25 或 0.75 的位置上，则四分位数等于该位置前面的值加上按比例分摊的位置两侧数值的差值。

4.众数（mode）

除平均数、中位数和四分位数外，有时候也会使用众数作为数据位置的度量。资料中出现次数最多的观测值或组中值（组的中点）称为**众数**，用 M_0 表示。一般情况下，只有在数据量较大时众数才有意义。若样本观测值中多个数出现次数相同时，则这些数都是众数；若所有数出现频数都相同时，没有众数。从分布的角度看，众数是一组数据分布的峰值点所对应的数值。如果数据的分布没有明显的峰值，众数也可能不存在；如果有两个或多个峰值，也可以有两个或多个众数。

在这几类平均数中，由于算术平均数具有较强的代表性，应用比较广泛，在教材未加说明的情况下，后面出现的平均数均指算术平均数。

例 3.5 为了研究泰山一号的植株小穗数的变异规律，在扬花期随机抽取 10 个典型代表性的植株的主穗，统计其小穗数按其大小顺序排列为：20, 20, 19, 18, 18, 18, 18, 17, 16, 16。计算其平均数，中位数，众数和几何平均数。

解 样本容量为 10。

（1）平均数：

$$\bar{x} = \frac{x_1 + x_2 + \cdots + x_n}{n} = \frac{20 + 20 + 19 + \cdots + 16}{10} = 18.$$

（2）中位数：由于 $n=10$ 为偶数，中位数为从小到大排列后第 5、6 两个观测值的算术平均数，即 $M_d = 18$。

（3）众数：观测值 18 出现的次数最多，因此众数 $M_0 = 18$。

（4）几何平均数：

$$G = \sqrt[n]{x_1 x_2 \cdots x_n} = \sqrt[10]{20 \times 20 \times 19 \times \cdots \times 16} = 17.95。$$

二、变异的描述

观测数据的分布具有集中性和离散性两个特征，一般地，变异程度大的数据平均数的代表性小，而变异程度小的数据其平均数的代表性大，所以只考查体现集中性的平均数是远远不够的，还必须计算变异数来度量变量的离散性。常用的变异数有极差、方差、标准差等。

1. 极差和四分位差

极差（range）又称为全距，指资料中观测值的最大值与最小值之差，记作 R，即

$$R = \max\{x_1, x_2, \cdots, x_n\} - \min\{x_1, x_2, \cdots, x_n\}$$

例 3.6 为了研究不同玉米品种的株高情况，在相同条件下种植两个不同的玉米品种，每个品种随机抽取 10 株，测其株高，整理排序后的资料如表 3-7 所示，试求其极差。

表 3-7 两个玉米品种的株高（单位：m）

品　种	株高										$\bar{x}$
A	1.81	1.82	1.83	1.89	1.93	2.01	2.10	2.19	2.23	2.29	2.01
B	1.79	1.79	1.83	1.94	1.94	2.0	2.06	2.19	2.21	2.35	2.01

解 从上表可知，A 品种最大值为 2.29，最小值为 1.81，故其极差 $R = 2.29 - 1.81 = 0.48$，同理可得 B 品种的极差 $R = 2.35 - 1.79 = 0.56$，由此说明，尽管两个品种种植的平均株高相

同，但 B 品种极差大，变异程度大，平均数的代表性不好，而 A 品种极差小，平均数的代表性好。

极差在一定程度上能说明样本观测值的波动性大小，由于它仅受两个极端值的影响，比较容易受到异常极端值的影响，因此具有一定的局限性。虽然极差在实际中很少单独使用，但它总是作为分析数据离散程度的一个参考值。

四分位差（quartile deviation）是一组数据 75%位置上的四分位数与 25%位置上的四分位数之差，也称为**内距**或**四分间距**（inter-quartile range）。用 Q_d 表示四分位差，其计算公式为：

$$Q_d = Q_{75\%} - Q_{25\%}$$

四分位差反映了中间 50%数据的离散程度，其数值越小，说明中间的数据越集中，数值越大，说明中间的数据越分散。四分位差不受极值的影响。此外，由于中位数处于数据的中间位置，因此，四分位差的大小在一定程度上也说明了中位数对一组数据的代表程度。

2. 方差（Variance）

为了度量观测值的变异情况，最自然的想法就是用观测值与平均数的离差之和来表示，又由于 $\sum_{i=1}^{n}(x_i - \bar{x}) = 0$，不能反映样本的总变异程度，离差平方和 $\sum_{i=1}^{n}(x_i - \bar{x})^2$ 就可以避免以上影响，度量样本数据的离散性，但离差平方和也有一个不足，就是随样本容量的变化而变化，为了方便比较，用离差平方和除以样本容量 n，得到平均离差平方和，即**方差**（variance）或**均方**（mean square）。

总体方差 σ^2 为：

$$\sigma^2 = E(X - \mu)^2$$

其中 μ 为总体平均数。

样本方差记作 S^2 或 MS，在总体方差未知的情况下，可以用样本方差来估计总体方差，其计算公式为：

$$S^2 = \frac{\sum_{i=1}^{n}(x_i - \bar{x})^2}{n-1}$$

求样本方差时，分母为 $n-1$ 而不是 n，这是由于样本的自由度为 $n-1$。在统计学中，自由度是指样本中独立而能自由变动不受约束的变量个数，记作 df。如给定一个样本，包括 5 个观测值，5，6，7，8，9，则 $\bar{x} = 7$。在这 5 个数值中，有 4 个观测值可以自由变动，由于受平均值的约束，一旦这 4 个值给定，第 5 个观测值也就确定了，因此样本自由度 df 为 $5-1=4$，同理，当样本容量为 n 时，其自由度 df $= n-1$。在有些统计分析中，存在 k 个约束条件，此时相关参数的自由度 df $= n-k$，可以证明，df $= n-1$ 时计算出来的样本方差是总体方差的无偏估计值。

3. 标准差

（1）在定义方差的计算中，离差均取了平方和，其单位和观测值的度量单位不同，为了消除这一影响，用方差的平方根来表示变异程度，称为**标准差**（standard deviation），记为 S，

标准差反映样本平均数的误差大小,也被称为**标准误**,其计算公式为:

$$S = \sqrt{\frac{\sum_{i=1}^{n}(x_i - \bar{x})^2}{n-1}}$$

相应地,总体标准差

$$\sigma = \sqrt{E(X-\mu)^2}$$

标准差具有量纲,它与原始数据的计量单位相同,其实际意义要比方差清楚。因此,在对实际问题进行分析时更多地使用标准差。

(2) 标准差的计算。按照上述公式计算标准差时需要先求出平均数,这样不仅麻烦,并且当 $\bar{x}$ 不精确时,会引起计算误差,因此,通常将 S 进行恒等变形:

由于 $\sum_{i=1}^{n}(x_i-\bar{x})^2 = \sum_{i=1}^{n}x_i^2 - \frac{\left(\sum_{i=1}^{n}x_i\right)^2}{n}$,这里习惯上称 $\frac{\left(\sum_{i=1}^{n}x_i\right)^2}{n}$ 为矫正数,记为 C,代入得:

$$S = \sqrt{\frac{\sum_{i=1}^{n}x_i^2 - C}{n-1}}$$

另外,在实际计算中,当数据较大(或较小)时,为了计算的方便,可将各观测值都减去(或加上)同一常数,所得的方差和标准差不变。

例 3.7 在某一地区随机抽取 9 名男子,测得前臂长(单位:cm)数据分别为:45,42,44,41,47,50,47,46,49,计算其标准差。

解 为了明确显示计算过程,数据如下:

前臂长 x	45	42	44	41	47	50	47	46	49	$\sum_{i=1}^{9}x_i = 411$
x^2	2025	1764	1936	1681	2209	2500	2209	2116	2401	$\sum_{i=1}^{9}x_i^2 = 18841$
$x' = x - 45$	0	-3	-1	-4	2	5	2	1	4	$\sum_{i=1}^{9}x_i' = 6$
x'^2	0	9	1	16	4	25	4	1	16	$\sum_{i=1}^{9}x_i'^2 = 76$

下面用两种方法求得:

$$S = \sqrt{\frac{\sum_{i=1}^{n}x_i^2 - C}{n-1}} = \sqrt{\frac{18841 - \frac{411^2}{9}}{9-1}} = 3.0$$

$$S = \sqrt{\frac{\sum_{i=1}^{n}x_i'^2 - C}{n-1}} = \sqrt{\frac{76 - \frac{6^2}{9}}{9-1}} = 3.0$$

比较两种算法，结果一样，但第二种更简便，因此，当样本观测值对应的数值较大时，用简化后的数据来求解标准差更可行。

4. 变异系数

标准差是反映数据离散程度的统计量，其数值的大小受原始数据取值大小的影响，数据的观测值越大，标准差的值通常也越大。此外，标准差与原始数据的计量单位相同，采用不同计量单位计量的数据，其标准差的值也不同。因此，对两个或多个样本离散程度进行比较时，若度量单位与平均数都相同，则可利用标准差来比较，但度量单位与平均数差异较大时，用标准差就很难说明不同样本的变异程度。为消除量纲的影响，这就要对其标准化。标准差与平均数的比值称为**变异系数**（coefficient of variation），也称**离散系数**，记为 CV。

$$CV = \frac{S}{\bar{x}} \times 100\%$$

变异系数是不带单位的数，主要用于比较不同样本数据的离散程度。变异系数大说明数据的相对离散程度大，变异系数小说明数据的相对离散程度也小。

例 3.8 某品种水稻在普通大田种植，平均穗粒数为 45，标准差为 17.9；在丰产田种植，平均穗粒数为 65，标准差为 18.3，问在哪种情况下水稻穗粒数变异程度较大？

解 分别求两种情况下对应的变异数：

普通大田：

$$CV = \frac{S}{\bar{x}} \times 100\% = \frac{17.9}{45} \times 100\% = 35.78\%$$

丰产田：

$$CV = \frac{S}{\bar{x}} \times 100\% = \frac{18.3}{65} \times 100\% = 28.15\%$$

即普通大田的变异程度较大，这也说明丰产田水稻穗粒数的整齐度优于普通大田。

三、分布形状的描述

前面介绍的特征数涵盖了数据资料的大部分信息，但当数据分布不规则时，需要用偏度和峰度描述统计量来描述其分布形态，反映数据对正态分布的偏离程度。由于偏度和峰度都是定义在矩的基础上，为此，先引入原点矩和中心矩的定义。

k 阶原点矩计算公式为：

$$v_k = \frac{1}{n}\sum_{i=1}^{n} x_i^k$$

k 阶中心矩计算公式为：

$$\mu_k = \frac{1}{n}\sum_{i=1}^{n} (x_i - \bar{x})^k$$

1. 偏度

偏度（skewness）描述统计量用来描述样本观测值分布的对称性，可以度量数据分布的偏斜程度和方向，其计算公式为：

$$g_1 = \frac{n}{(n-1)(n-2)S^3}\sum_{i=1}^{n}(x_i-\bar{x})^3 = \frac{n^2\mu_3}{(n-1)(n-2)S^3}$$

其中，S 为标准差，g_1 为不带单位的数，其绝对值大小表示曲线的偏斜程度，符号决定了偏斜方向。$g_1 < 0$ 时，数据分布呈负偏离，左边拖尾；$g_1 = 0$ 时，数据呈正态分布，两侧对称；$g_1 > 0$ 时，数据分布呈正偏离，右边拖尾，如图3-9所示。

2. 峰度

峰度（kurtosis）是度量数据分布的陡缓程度，也称为峭度。其计算公式为：

$$g_2 = \frac{n^2(n+1)\mu_4}{(n-1)(n-2)(n-3)S^4} - 3\frac{(n-1)^2}{(n-2)(n-3)}$$

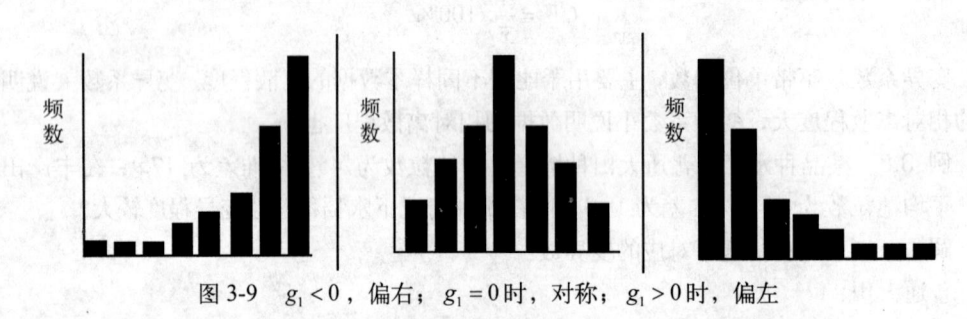

图3-9 $g_1 < 0$，偏右；$g_1 = 0$ 时，对称；$g_1 > 0$ 时，偏左

$g_2 = 0$ 时，数据呈正态分布；$g_2 < 0$ 时，曲线过于平坦，分布较分散，呈低峰态；$g_2 > 0$ 时，曲线过于陡峭，分布较集中，呈高峰态，如图3-10所示。

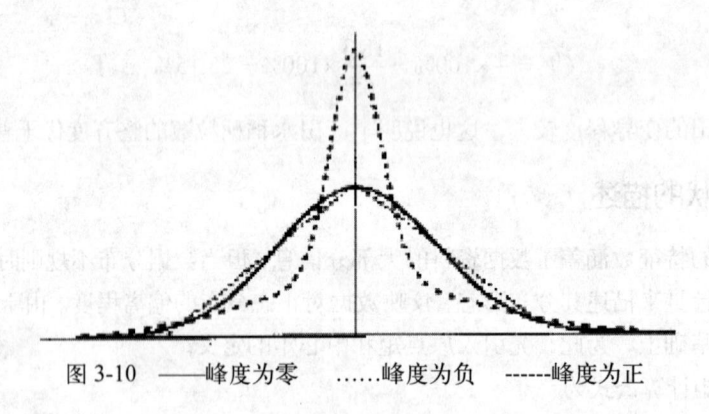

图3-10 ——峰度为零 ……峰度为负 ------峰度为正

习　题

1. 资料的类型有哪些？
2. 条形图和饼图各有什么用途？直方图与条形图有何区别？
3. 箱线图的主要用途是什么？散点图有什么用途？
4. 生物统计中常用的平均数有几种？分别在什么条件下使用？

5. 在统计分析中，平均数和标准差分别有什么特性？
6. 变异数和变异系数有什么区别？
7. 随机抽取6只母犬，调查它们的初次产仔数分别为：6、8、7、5、6、7。求它们的平均数、中位数、众数、极差、方差、标准差和变异系数。
8. 某地60例30~35岁健康男子血清胆固醇（单位：mol/L）测定结果如下：

4.8	3.4	6.1	4.0	3.6	4.2	4.3	4.7	5.7	4.1
4.6	4.4	5.4	6.3	5.2	7.2	5.5	3.9	5.2	6.5
5.2	5.7	4.8	5.1	5.2	5.1	4.7	4.7	3.5	4.7
4.4	4.9	6.3	5.3	4.5	4.6	3.6	4.4	4.4	4.3
4.0	5.9	4.1	3.4	4.1	4.8	5.3	5.0	3.2	4.0
5.2	5.1	5.9	4.8	5.3	4.2	4.3	6.4	4.8	6.4

根据以上数据绘制次数分布表。
根据习题5的数据计算中位数、平均数、标准差与变异系数。

第四章 概率论及常见分布

前面已经介绍了借助特征数来表示样本观测值的变异程度,并从次数分布表和次数分布图中直观地体现出来,但我们知道仅仅对样本进行统计描述是不够的,更需要的是,根据样本推断总体的特征和分布规律,即统计推断。由于抽样误差的存在,引起了统计推断的不确定性,也就是对总体的推断是概率性的,只有了解了总体的概率分布,才能进一步讨论总体的数量规律性。因此,这里先介绍统计分析的基础——概率论。

第一节 概率论基础知识

一、概念

1. 事件

在自然界中,有些现象在一定条件下必然会发生,这种现象称为必然事件,记作 S,如太阳东升西落,在标准大气压下水加热到 100℃ 时会沸腾等。与此相反,有些现象在一定条件下必然不会发生,这种现象称为不可能事件,记作 ϕ,如种子的发芽率超过 100%。另外,自然界中含有许多现象,它们在某种条件下可能发生也可能不发生,类似的现象称为随机事件,简称事件,如在田间随机抽取一株豌豆,可能有虫害,也可能无虫害。

2. 频率和概率

在 n 次重复试验中事件 A 发生了 m 次,比值 $\dfrac{m}{n}$ 称为事件 A 出现的频率,记作 $f_n(A)$,即 $f_n(A) = \dfrac{m}{n}$。

显然 $0 \leqslant f_n(A) \leqslant 1$,$f_n(S) = 1$,$f_n(\phi) = 0$。

例 4.1 抛硬币试验数据如下,n 表示试验总次数,n_A 表示出现正面的次数,$f_n(A)$ 表示正面对应的频率。

实验者	n	n_A	$f_n(n)$
德摩根	2048	1061	0.5181
蒲丰	4040	2048	0.5069
皮尔逊	12000	6019	0.5016
皮尔逊	24000	12012	0.5005

由以上数据可以看出,随着次数 n 的增大,$f_n(A)$ 呈现出一定的稳定性。即 n 逐渐增大

时，$f_n(A)$ 总是在 0.5 的附近波动，并稳定趋于 0.5，这种随着样本容量 n 逐渐增大时频率接近于某个常数称为频率的稳定性，由此得出概率的统计定义：

在大量重复试验中，如果事件 A 的频率稳定地在某个常数 p 附近波动，则称 p 为事件 A 出现的概率。

二、事件及事件间的关系

1. 和事件

事件 A 与 B 中至少有一个发生构成的事件称为事件 A 与 B 的和事件，记作 $A+B$ 或 $A \cup B$。类似地，事件 $A_1, A_2, \cdots, A_n$ 中至少有一个发生称为这 n 个事件的和事件，记作 $A_1 + A_2 + \cdots + A_n$ 或 $A_1 \cup A_2 \cup \cdots \cup A_n$。

2. 积事件

事件 A 与 B 同时发生构成的事件称为事件 A 与 B 的积事件，记作 AB 或 $A \cap B$。类似地，可定义 n 个事件的积事件，表示为 $A_1 A_2 \cdots A_n$ 或 $A_1 \cap A_2 \cap \cdots \cap A_n$。

3. 互斥事件

若事件 A 和 B 不可能同时发生，则称事件 A 和 B 互斥或互不相容，记作 $AB=\phi$，如豌豆开红花与开白花为互斥事件，这一定义可以推广到 n 个事件互斥。

4. 对立事件

若事件 A 和 B 满足 $A \cup B = S$ 且 $AB = \phi$，则称事件 A 和 B 互为对立事件。一般地，A 的对立事件记为 $\bar{A}$，于是 $\bar{A}=B, \bar{B}=A$，如新生儿的性别为男或女互为对立事件。

如果多个事件 $A_1 A_2 \cdots A_n$ 两两互斥，且每次试验必有一个发生，即 $A_1+A_2+\cdots+A_n=S$，$A_i A_j = \phi (i \neq j)$ 则称 $A_1 A_2 \cdots A_n$ 为样本空间的一个划分，也称为一个完备事件组。

5. 独立事件

若事件 A 的发生对事件 B 的发生没有影响，称事件 A 与事件 B 为独立事件。如两粒种子是否发芽之间没有关系，则这两粒种子是否发芽构成了独立事件。

三、概率的计算法则

1. 加法法则

对任意两个事件 A 与 B，有 $P(A+B) = P(A) + P(B) - P(AB)$。特别地，若事件 A 与 B 互斥，则 $P(A+B) = P(A) + P(B)$。

例 4.2 调查某一农田中玉米一穗株占 66.9%，二穗株占 31.2%，空穗株占 1.9%，计算一穗株和空穗株的概率。

解 设一穗株为事件 A，空穗株为事件 B，即 $P(A) = 0.669$，$P(B) = 0.019$，故需要计算的和事件的概率为：

$$P(A+B) = P(A) + P(B) = 0.669 + 0.019 = 0.688$$

推论1 对任意有限个互斥事件 $A_1 A_2 \cdots A_n$，则

$$P(A_1 + A_2 + \cdots + A_n) = P(A_1) + P(A_2) + \cdots + P(A_n)。$$

推论2 事件 A 的对立事件的概率 $P(\bar{A}) = 1 - P(A)$。

2. 乘法法则

设 A、B 是任意两个独立事件，则 $P(AB) = P(A)P(B)$。

例4.3 已知大豆种子的发芽率为80%，每穴播种两粒，求每穴两粒种子均发芽的概率和仅有一粒种子发芽的概率。

解 设第一、二粒种子发芽分别为事件 A 和 B，于是有 $P(A) = P(B) = 0.8$，则两粒种子均发芽的概率为：

$$P(AB) = P(A)P(B) = 0.8 \times 0.8 = 0.64$$

由 $P(\bar{A}) = P(\bar{B}) = 0.2$ 得仅有一粒种子发芽的概率为：

$$P(A\bar{B}) + P(\bar{A}B) = P(A)P(\bar{B}) + P(\bar{A})P(B)$$
$$= 0.8 \times 0.2 + 0.2 \times 0.8 = 0.32$$

推论3 若事件 $A_1 A_2 \cdots A_n$ 彼此独立，则

$$P(A_1 A_2 \cdots A_n) = P(A_1)P(A_2) \cdots P(A_n)$$

四、概率分布

由前面的学习我们知道，事件的概率表示的是一次试验中事件发生的可能性大小。也就是说，要了解一个随机现象，仅仅知道试验可能出现的结果是不够的，还需知道每种可能的结果对应的概率，即随机试验的概率分布，这就转化为讨论随机变量的概率。

随机变量表示的是随机试验中各种结果对应的量，由于试验结果本身可能是定量的，也可能是定性的，如动物的雄雌，为了便于处理，可以把试验结果量化，雄性用0表示，雌性用1表示。

根据随机变量的取值特点，可以把随机变量分为连续型随机变量和离散型随机变量。

1. 离散型随机变量的概率分布

离散型随机变量 X 的取值为有限个或可列无穷多个，即 X 可以一一列出，且 X 取每个值对应的概率都是确定的。

设随机变量 X 的一切可能的取值为 $x_i(i=1,2,\cdots)$，对应的概率为 p_i，则有 $P\{X=x_i\}=p_i, i=1,2,\cdots$。这种用随机变量的可能取值及相应概率来刻画其取值规律就称为随机变量的概率函数。

概率函数 p_i 应满足以下两个性质：

(1) $0 \leqslant p_i \leqslant 1(i=1,2,\cdots)$；

(2) $\sum_{i=1}^{\infty} p_i = 1$。

常用分布律来表示离散型随机变量的分布：

X	x_1	x_2	$\cdots$	x_n	$\cdots$
P	p_1	p_2	$\cdots$	p_n	$\cdots$

2. 连续型随机变量的概率分布

与离散型随机变量不同，连续型随机变量的取值充满一个或几个区间，不能一一列出。对连续型随机变量，我们认为在某个点取值的概率为 0，这并不意味着类似的事件不会发生，只是由于某些限制，在实际中讨论这种事件没有意义。因此，对连续型随机变量，只能研究在某个区间内取值的概率。

设随机变量 X 的概率密度函数为 $f(x)$，则 x 在区间 $[a,b]$ 内取值的概率为：

$$P\{a \leqslant x < b\} = \int_a^b f(x)dx。$$

对任一随机变量 X 落入 $(-\infty, x)$ 的概率 $F(x)$ 可表示为：

$$F(x) = \int_{-\infty}^{x} f(t)dt。$$

连续型随机变量的概率分布具有以下性质：

(1) $f(x) \geqslant 0$；

(2) $P\{-\infty < x < \infty\} = \int_{-\infty}^{\infty} f(x)dx = 1$。

第二节 几种常见的理论分布

分布函数用来反映随机变量的取值规律，可以分为离散型和连续型随机变量两种。常用的离散型随机变量对应的概率分布有二项分布、泊松分布等，连续型随机变量的分布主要有正态分布。

一、二项分布

1. 二项分布的概率函数

在生物学研究中，我们经常会遇到可以把对应资料分成两种类型的随机变量。如病人血样化验为阳性或阴性，试验是否成功，种子发芽与否等。出现上述结果的试验称为伯努利试验，该总体为二项总体，对应的概率分布为二项分布，重复进行 n 次独立的伯努利试验称为 n 重伯努利试验。从二项总体中随机抽取一个容量为 n 的样本，每次试验都具有如下特征：

（1）每次试验可能的结果只有两个，并且这两个结果相互对立，即 A 与 $\bar{A}$；
（2）重复性：每次试验都是在相同条件下进行的；
（3）独立性：每次试验结果都是相互独立的，不受其他试验结果的影响。

在 n 重伯努利试验中，用 X 表示事件 A 出现的次数，则 X 的所有可能的取值为 $0,1,\cdots,n$，事件 A 发生的概率记为 p，则不发生的概率 $q = 1 - p$，那么 n 次独立重复试验中事件 A 发生 k 次的概率为：

$$P\{X = k\} = C_n^k p^k q^{n-k}, k = 0, 1, \cdots, n$$

也称为二项分布的概率函数。

2. 二项分布的性质

（1）$P\{X = k\} = P_n(k) \geq 0$；

（2）二项分布的概率之和为 1，即 $\sum_{k=0}^{n} C_n^k p^k q^{n-k} = (p+q)^n = 1$。

3. 二项分布的数字特征

设随机变量 X 服从参数为 n 和 p 的二项分布，记作 $X \sim B(n, p)$，则二项分布对应的总体平均数为 $\mu = np$，总体方差为 $\sigma^2 = npq$。

二、泊松分布

1. 泊松分布的概率函数

在生物学和医学研究中，往往会出现有些事情发生的概率很小，而样本容量或试验次数很大的情况，也就是二项分布中 n 很大，p 很小时的一种极限分布，这类分布称为泊松分布，该分布描述的是随机发生在单位时间或空间内罕见事件的分布，如单位体积内水中细菌的数目分布，某些少见疾病的患者数分布等。

泊松分布作为一种典型的离散型随机变量的分布，其概率函数为：

$$P\{X = k\} = \frac{\lambda^k e^{-\lambda}}{k!}, k = 0, 1, 2, \cdots$$

其中，λ 为参数且 $\lambda > 0$，称 X 服从参数为 λ 的泊松分布，记为 $X \sim P(\lambda)$。

2. 泊松分布的性质

(1) $P\{X=k\} = P_n(k) \geq 0$；

(2) $\sum_{k=0}^{\infty} P\{X=k\} = 1$；

(3) 泊松分布的平均数和方差都相等，即 $\mu = \sigma^2 = \lambda$。

泊松分布的形状由参数 λ 确定，当 λ 较小时，泊松分布是偏态的，随着 λ 的增大，分布趋于对称。当 n 无限增大时，泊松分布就近似地服从正态分布。一般地，当 $n \geq 20$ 时，泊松分布的问题就可以用正态分布来解决。另外，当 n 很大，p 很小时，二项分布及转化为泊松分布，这里参数 $\lambda = np$。

三、正态分布（normal distribution）

正态分布又称为 Gauss 分布，是一种应用非常广泛的连续型随机变量的分布。许多生物学现象所产生的数据都服从或近似地服从正态分布，如小麦的株高、人体内的红细胞数，动物的体重等，该分布的特点是大部分数据集中在平均数左右，并在平均数两侧称对称分布，表现为中间多、两侧少。但在实际中，如果随机变量受到诸多无法控制的因素的影响，往往会呈现出正态分布。另外，试验误差也近似地服从正态分布，因此，不管在统计理论还是实际应用中，正态分布都占据着非常重要的地位。

1. 正态分布的概率函数

连续型随机变量的分布函数是通过概率密度函数来刻画的，正态分布的概率密度函数为

$$f(x) = \frac{1}{\sqrt{2\pi}\sigma} e^{-\frac{(x-\mu)^2}{2\sigma^2}}, -\infty < x < \infty$$

其中，μ 为总体平均数，σ^2 为总体方差，π 为圆周率，e 为自然对数的底，μ, σ 均为未知参数，π, e 为已知常数。

随机变量 X 服从均值为 μ，方差为 σ^2 的正态分布，记作 $X \sim N(\mu, \sigma^2)$。μ, σ^2 为正态分布的两个参数，μ 和 σ^2 一旦给定，正态分布就唯一确定。

正态分布的累积分布函数为

$$F(x) = \frac{1}{\sqrt{2\pi}\sigma} \int_{-\infty}^{x} e^{-\frac{(t-\mu)^2}{2\sigma^2}} dt$$

这里 $F(x)$ 表示随机变量 X 落入区间 $(-\infty, x)$ 内的概率，根据上式，可以方便得出随机变量 X 落在区间 $[a,b]$ 内的概率：

$$P\{a \leqslant x \leqslant b\} = \int_a^b f(x)dx = F(b) - F(a)。$$

2. 正态分布的特征

（1）密度函数曲线呈悬钟形，以 x 轴为渐近线，如图 4-1 所示。

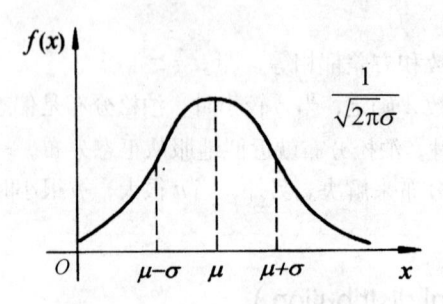

图 4-1 正态分布的密度函数曲线

（2）正态分布曲线关于 $x = \mu$ 对称；

（3）当 $x = \mu$ 时，$f(x)$ 取最大值 $\dfrac{1}{\sqrt{2\pi}\sigma}$，即曲线达到最高点（概率函数取最大值）；

（4）正态分布密度函数曲线与 x 轴围成的总面积为 1，即

$$P\{-\infty < x < \infty\} = \int_{-\infty}^{\infty} f(x)dx = 1；$$

（5）正态分布曲线由 μ 和 σ^2 来确定，μ 是位置参数，决定曲线在 x 轴上的中心位置，固定 σ，μ 增大时，曲线沿着 x 轴右移；μ 减小时，曲线沿着 x 轴左移，如图 4-2 所示。σ 为形状参数，决定曲线的展开程度，固定 μ，σ 增大时，数据较分散，曲线较平缓；σ 减小时，数据较集中，曲线较陡峭，不同的 μ 和 σ 对应不同的正态分布曲线，如图 4-3 所示。

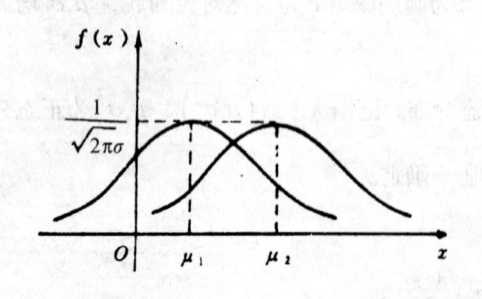

图 4-2 不同的 μ 对应的正态分布曲线

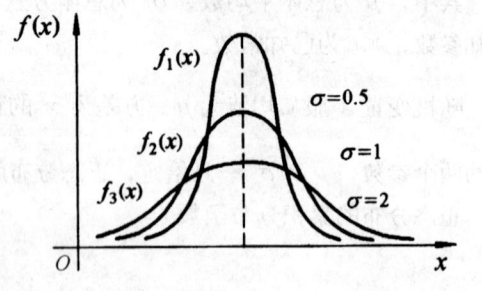

图 4-3 不同的 σ 对应的正态分布曲线

3. 标准正态分布

当 $\mu = 0$，$\sigma = 1$ 时，对应的正态分布称为标准正态分布，记作 $N(0,1)$，标准正态分布的概率密度函数和概率分布函数分别用 $\varphi(x)$ 和 $\Phi(x)$ 表示如下：

$$\varphi(x)=\frac{1}{\sqrt{2\pi}}e^{-\frac{x^2}{2}}$$

$$\Phi(x)=\int_{-\infty}^{x}\frac{1}{\sqrt{2\pi}}e^{-\frac{t^2}{2}}dt$$

由 $\varphi(x)$ 和 $\Phi(x)$ 的函数表达式来看，只有随机变量 X，没有未知参数，这就为计算标准正态分布中随机变量落入任意区间内的概率提供了方便，为了易于得到标准正态分布的概率函数值，在附录中已给出标准正态分布中随机变量 X 取不同值的概率值，借助此表就可以计算一般正态分布中 X 落入某区间内的概率值，即事件 $\{X \leq x\}$ 的概率对应着如图4-4所示阴影部分的面积。

随机变量 $X \sim N(\mu,\sigma^2)$，令 $Y=\dfrac{X-\mu}{\sigma}$ 称为 X 的标准化，且 $Y \sim N(0,1)$，

$$P\{X \leq x\}=P\left\{Y \leq \frac{x-\mu}{\sigma}\right\}=\Phi\left(\frac{x-\mu}{\sigma}\right)$$

利用标准正态密度函数的对称性可以得出，对于任意实数 x，有 $\Phi(-x)=1-\Phi(x)$，如图4-5所示。本书附表1列出了 $x \geq 0$ 时的 $\Phi(x)$，当 $x < 0$ 时，可利用等式 $\Phi(-x)=1-\Phi(x)$ 计算。

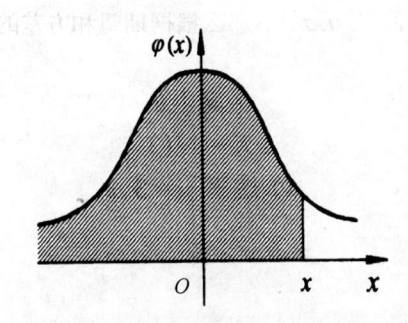

图4-4　事件 $\{X \leq x\}$ 的概率　　　　图4-5　$\Phi(x)$ 的对称关系

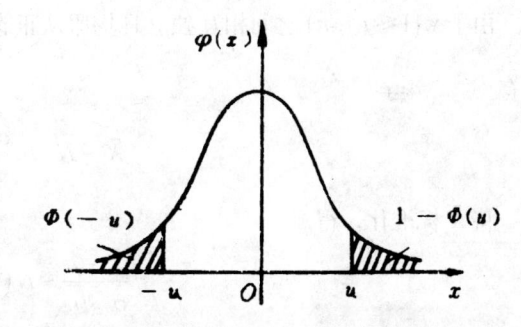

例4.4　已知某品种小麦的株高 X 服从正态分布 $N(146.2, 3.8^2)$，求

(1) $X \leq 150$ 的概率；
(2) $X \geq 155$ 的概率；
(3) X 在 142~155 的概率。

解　(1) $P\{X \leq 150\}=\Phi\left(\dfrac{150-146.2}{3.8}\right)=\Phi(1)=0.8413$；

(2) $P\{X \geq 155\}=1-\Phi\left(\dfrac{155-146.2}{3.8}\right)=1-\Phi(2.32)=1-0.9898=0.0102$；

(3) $P\{142 \leqslant X \leqslant 152\} = \Phi\left(\dfrac{152-146.2}{3.8}\right) - \Phi\left(\dfrac{142-146.2}{3.8}\right)$

$\qquad\qquad\qquad\qquad = \Phi(1.53) - \Phi(-1.11)$

$\qquad\qquad\qquad\qquad = 0.9370 - 0.1335 = 0.8035.$

第三节 抽样分布

统计推断是统计学的核心问题，其实质是根据样本对总体做出估计和推断，这里的样本不是样本本身，而是样本统计量，即样本的不含未知参数的函数。通过抽样试验，可以了解从总体中抽样形成的样本特点，按照一定的样本容量进行多次随机抽样，得到的样本函数的观察值也不相同，其取值具有一定的概率分布，即统计量也是随机变量，对应其分布，因而成为抽样分布。

1. 样本均值 $\bar{X}$ 的抽样分布

（1）假设总体服从正态分布 $N(\mu,\sigma^2)$，$x_1,x_2,\cdots,x_n$ 为从该总体中抽取的 n 个样本点，则样本均值为

$$\bar{x} = \dfrac{1}{n}\sum_{i=1}^{n}x_i$$

由于 $x_i(1\leqslant i\leqslant n)$ 之间相互独立且均服从正态分布 $N(\mu,\sigma^2)$，那么根据期望和方差的性质有

$$\bar{X} \sim N\left(\mu, \dfrac{\sigma^2}{n}\right)$$

将 $\bar{X}$ 标准化，得

$$\dfrac{\bar{X}-\mu}{\sigma/\sqrt{n}} \sim N(0,1)$$

因为样本均值又是统计量，$\dfrac{\bar{X}-\mu}{\sigma/\sqrt{n}}$ 也是统计量，在统计推断中常常会用到。

（2）如果被抽样总体不服从正态分布，但其均值和方差分别为 μ 和 σ^2，当样本容量 n 不断增大时，样本均值 $\bar{X}$ 的分布就越来越趋近于正态分布，并且均值为 μ，方差为 $\dfrac{\sigma^2}{n}$，这就是中心极限定理（central-limit theorem）。

中心极限定理表明，不论总体服从何种分布，只要样本容量足够大（一般 $n \geqslant 30$ 属于大样本），就可以认为样本均值 $\bar{X}$ 近似地服从正态分布。

在计算样本均值 $\bar{X}$ 的概率时，可先标准化 $\dfrac{\bar{X}-\mu}{\sigma/\sqrt{n}}$，再查正态分布表 $\phi\left(\dfrac{x-\mu}{\sigma}\right)$。

对样本均值 $\bar{X}$ 的分布，大致包括这两种情况：如果总体是正态分布，不论样本容量大

小，其标准化的样本均值 $\dfrac{\bar{X}-\mu}{\sigma/\sqrt{n}}$ 均服从标准正态分布；如果总体不服从正态分布，只有当样本容量 n 足够大时，其标准化后的样本均值 $\dfrac{\bar{X}-\mu}{\sigma/\sqrt{n}}$ 才服从标准正态分布。

2. t 分布

前面已经讨论了若 $X \sim N(\mu,\sigma^2)$，则 $\dfrac{\bar{X}-\mu}{\sigma/\sqrt{n}} \sim N(0,1)$。由数理统计的知识我们知道，当样本容量 n 足够大且总体方差 σ^2 未知时，可用样本方差 S^2 来估计总体方差 σ^2。但在实际应用中，经常会遇到总体方差 σ^2 未知并且样本为小样本 $(n<30)$ 的情况，这时如果再用 S^2 估计 σ^2 就不合理了，因为标准化变量 $\dfrac{\bar{X}-\mu}{S/\sqrt{n}}$ 不再服从正态分布，而服从自由度为 $n-1$ 的 t 分布。即

$$t = \dfrac{\bar{X}-\mu}{S/\sqrt{n}} \sim t(n-1)$$

其中，$S/\sqrt{n}$ 称为样本标准误差。

t 分布是英国统计学家 W·S·Gosset 于 1908 年在以笔名"Student"所发表的论文中提出的，因此 t 分布又称为学生氏 t 分布，t 分布的概率密度函数为：

$$f(t) = \dfrac{\Gamma\left(\dfrac{df+1}{2}\right)}{\sqrt{\pi df}\,\Gamma\left(\dfrac{df}{2}\right)} \left(1+\dfrac{t^2}{df}\right)^{-\dfrac{df+1}{2}}, t \in R$$

上式中 df 表示自由度 $n-1$，$\Gamma(\cdot)$ 表示 Γ 函数（见图 4-6）。

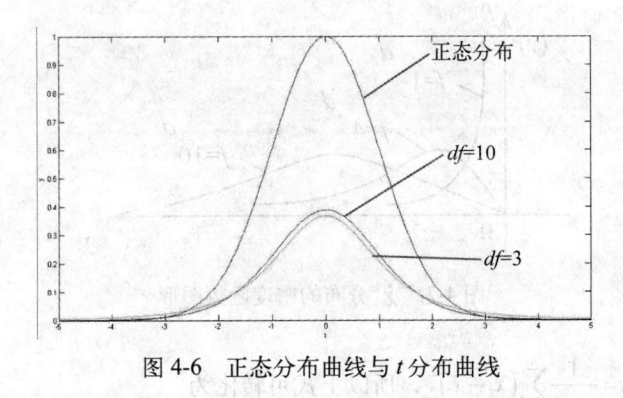

图 4-6 正态分布曲线与 t 分布曲线

根据 t 分布的概率密度函数可得该分布的特征参数：

均值 $\mu_t = 0\,(df>1)$；

方差 $\sigma_t^2 = \dfrac{df}{df-2}(df>2)$。

t 分布的概率密度函数图形如图4-6所示，由图可以看出，t 分布具有以下特点：

(1) t 分布关于对称，围绕平均值向两侧速降；

(2) 与正态分布相比，t 分布的顶端偏低，尾部偏高。当自由度充分大时，t 分布曲线近似于正态分布曲线。类似于正态分布，t 分布曲线与横轴所围成的面积也等于1。

不同自由度下的 t 值，可通过查附表得到。对给定的 α，$P\{|t|\leqslant t_\alpha(df)\}=1-\alpha$，如 $\alpha=0.05$，$t_{0.05}(10)=2.228$，表示 $P\{|t|\leqslant t_{0.05}(10)\}=1-\alpha=0.95$。

3. χ^2 分布（chi-square）

从正态总体 $N(\mu,\sigma^2)$ 中随机抽取 n 个观察值 $x_1,x_2,\cdots,x_n$，其标准化的离差平方和就称为 χ^2，即

$$\chi^2 = \sum_{i=1}^{n}\left(\frac{x_i-\mu}{\sigma}\right)^2 = \frac{1}{\sigma^2}\sum_{i=1}^{n}(x_i-\mu)^2$$

记作 $\dfrac{1}{\sigma^2}\sum_{i=1}^{n}(x_i-\mu)^2 \sim \chi^2(n)$，自由度 $df=n$。

χ^2 分布的概率密度函数为（见图4-7）：

$$f(x) = \frac{x^{\frac{df}{2}-1}}{2^{\frac{df}{2}}\Gamma\left(\dfrac{df}{2}\right)}e^{-\frac{1}{2}x}, 0\leqslant x<\infty$$

当正态总体的均值 μ 未知时，用样本均值 $\bar{x}$ 来估计，那么

$$\chi^2 = \frac{1}{\sigma^2}\sum_{i=1}^{n}(x_i-\bar{x})^2$$

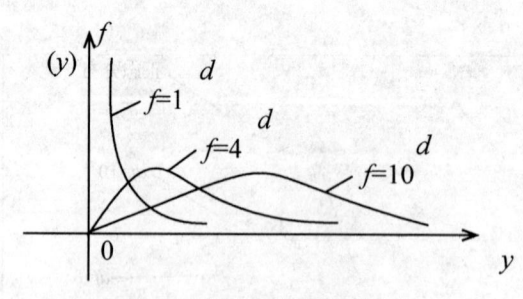

图4-7 χ^2 分布的密度函数图形

又样本方差 $S^2 = \dfrac{1}{n-1}\sum_{i=1}^{n}(x_i-\bar{x})^2$，所以上式可转化为

$$\chi^2 = \frac{(n-1)S^2}{\sigma^2} \sim \chi^2(n-1)$$

χ^2 分布具有可加性：

设 $\chi_1^2 \sim \chi^2(n_1)$，$\chi_2^2 \sim \chi^2(n_2)$，且它们相互独立，则 $\chi_1^2 + \chi_2^2 \sim \chi^2(n_1 + n_2)$。

χ^2 分布是连续型随机变量的分布，不同自由度对应不同的分布曲线，因此，χ^2 分布对应一族曲线。

附表 3 中列出了不同自由度下单尾概率的 χ^2 值，给定的 $\alpha(0 < \alpha < 1)$，$P\{\chi^2 > \chi_\alpha^2(n)\} = \alpha$，如 $\alpha = 0.05$，$\chi_{0.05}^2 = 16.92$，表示 $P\{\chi^2 > \chi_{0.05}^2\} = 0.05$。

4. F 分布

设随机变量 $U \sim \chi^2(n_1)$，$V \sim \chi^2(n_2)$，且 U, V 相互独立，则称 $F = \dfrac{U/n_1}{V/n_2}$ 服从自由度为 n_1 和 n_2 的 F 分布，记作 $F \sim F(n_1, n_2)$。

从一正态总体 $N(\mu, \sigma^2)$ 中随机抽取样本容量为 n_1 和 n_2 的两个独立的样本，对应的样本方差分别为 S_1^2 和 S_2^2，显然，根据 χ^2 分布的定义可知，

$$\frac{(n_1-1)S_1^2}{\sigma^2} \sim \chi^2(n_1-1), \frac{(n_2-1)S_2^2}{\sigma^2} \sim \chi^2(n_2-1),$$

则 $F = \dfrac{S_1^2}{S_2^2} \sim F(n_1-1, n_2-1)$。

F 分布的概率密度函数为：

$$f(x) = \left(\frac{df_1}{df_2}\right)^{\frac{df_1}{2}} \frac{\Gamma\left(\dfrac{df_1+df_2}{2}\right)}{\Gamma\left(\dfrac{df_1}{2}\right) \cdot \Gamma\left(\dfrac{df_2}{2}\right)} \frac{x^{\frac{df_1}{2}-1}}{\left(1+\dfrac{df_1}{df_2}x\right)^{\frac{df_1+df_2}{2}}}, 0 \leqslant x < \infty$$

类似于 χ^2 分布，对于 F 分布，自由度不同，分布曲线也不同，因而 F 分布的曲线也是一族曲线，如图 4-8 所示。

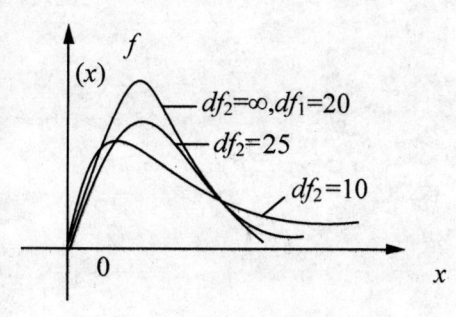

图 4-8 F 分布的密度函数图形

F 分布具有如下性质：

（1）若 $F \sim F(n_1, n_2)$，则 $\frac{1}{F} \sim F(n_2, n_1)$；

（2）若 $t \sim t(n)$，则 $t^2 \sim F(1, n)$。

附表 4 中列出了 F 分布的右侧（上侧）临界值，为了查表的方便，计算 F 值时，总是取方差大的作为分子，保证 F 值大于 1。

给定的 $\alpha(0 < \alpha < 1)$，$P\{F > F_\alpha(n_1, n_2)\} = \alpha$，如 $\alpha = 0.01$，$F_{0.01}(4, 20) = 4.43$，表示 $P\{F > 4.43\} = 0.01$。

习　题

1. 什么是必然事件？什么是不可能事件？试举例说明。
2. 对立事件和互斥事件有什么区别和联系？试举例说明。
3. 什么是概率？频率是如何转化为概率的？
4. 解释总体分布、样本分布和抽样分布的含义。
5. 二项分布、泊松分布和正态分布之间有什么联系？
6. χ^2 分布和 F 分布的图形分别有什么特点？

设某地区一常见病患者的自然康复率为 30%，分别计算 10 个患者中康复 2 人及以上，8 人及以下的概率。

从一个标准差为 5 的总体中抽取一个容量为 40 的样本，已知样本均值为 25，求样本均值的标准差为多少？

设随机变量 X 服从正态分布 $N(4, 2^2)$，

(1) 求 $P\{2 \leq X < 6\}$，$P\{-3 \leq X \leq 8\}$，$P\{|X| \geq 3\}$；

(2) 求 c，满足 $P\{X \geq c\} = P\{X < c\}$。

第五章 统计推断

前一章讨论了从总体到样本的问题，即抽样分布对应的样本统计量的分布规律。本章将讨论第二个方面，由样本到总体的问题。

在生物学研究中，对象往往是无限总体，由于个体太多，不可能一一进行研究，因此选取部分个体构成的样本来研究。那么如何由样本来推断总体呢？可以根据理论分布由样本所得的结果来推断总体的特征，即统计推断以各种统计量的抽样分布为基础。

统计推断主要包括参数估计和假设检验，这两种方法在实际中常常相互参照使用。另外，统计推断方法多种多样，除了本章要讲的均值和方差的推断外，后面章节还要介绍两种比较典型的方法：方差分析和回归分析。

第一节 假设检验概述

一、假设检验的原理

1. 定义

假设检验(significance test)，又称显著性检验(significance test)，根据总体的理论分布和小概率事件原理，对总体的分布函数形式或分布中某些未知参数做出两种对立的假设，然后抽取样本，构造适当的统计量，做出在一定概率意义下应接受的假设的推断过程。根据统计量不同，对应的假设检验也不同，常用的有 t 检验、F 检验和 χ^2 检验等。

2. 假设检验的原理

下面通过实例来介绍假设检验的基本原理。

例 5.1 外地一良种小麦，其亩产量（单位：kg）服从 $N(400, 25^2)$，引入本地试种，为了检验是否引种成功，收获时随机抽取 5 块地，其亩产量分别为 400，425，390，450，410，假设引种后亩产量 X 也服从正态分布，在方差不变的情况下，本地平均亩产量 μ 与原产地的平均亩产量 $\mu_0=400$ 有无显著变化？

根据题意可计算出样本平均亩产量为 415，总体均值为 400，它们之间相差 15，这是由随机误差引起的，还是试验中处理效应导致的真实差异？

结合抽样分布的知识，假定样本所代表总体的平均数 μ 与已知的样本平均数 μ_0 间无显著差异，这个假设称为零假设（null hypothesis）或无效假设（ineffective hypothesis）。记作 $H_0: \mu = \mu_0$，对应地，与零假设对应的假设称为备择假设（alternative hypothesis），记作 $H_1: \mu \neq \mu_0$。

下面需要计算在零假设下样本的概率，如果概率较大，可认为零假设成立，即本地亩产量与原地的平均亩产量无显著变化，总体与样本的差异 15kg 是由随机误差引起的；如果概率很小，则认为零假设不成立，即本地亩产量与原地的平均亩产量有显著变化。

在生物统计学中，一般认为不超过 0.05 的事件为小概率事件，判断零假设成立与否的根据是小概率原理，基本内容是：小概率事件在一次试验中几乎不可能发生。如果在零假设成立的前提下计算出事件发生的概率很小，说明事件在一次试验中是不可能发生的，这里竟然发生了，认为零假设不成立。

在零假设下，$\bar{X} \sim N\left(\mu_0, \dfrac{\sigma^2}{n}\right)$，统计量 $U = \dfrac{\bar{X} - \mu_0}{\sigma/\sqrt{n}} \sim N(0,1)$，$\bar{X}$ 的取值集中在 400 附近，即 $\bar{X} - \mu_0$ 的取值集中在 0 附近，那么判断 $|\bar{X} - 400|$ 是否较小就转化为判断 $\dfrac{|\bar{X} - 400|}{25/\sqrt{5}}$ 是否较小，对给定的正数 $\alpha \in (0,1)$，由于

$$P\left\{|u| < u_{\frac{\alpha}{2}}\right\} = P\left\{\dfrac{|\bar{X} - 400|}{25/\sqrt{5}} < u_{\frac{\alpha}{2}}\right\} = 1 - \alpha$$

$$P\left\{|u| \geq u_{\frac{\alpha}{2}}\right\} = P\left\{\dfrac{|\bar{X} - 400|}{25/\sqrt{5}} \geq u_{\frac{\alpha}{2}}\right\} = \alpha$$

因此，当 $|u| \geq u_{\frac{\alpha}{2}}$ 时是小概率事件，拒绝零假设，当 $|u| < u_{\frac{\alpha}{2}}$ 时，接受零假设。

二、假设检验的步骤

假设检验的过程可概括为以下 4 个步骤。

1. 提出假设

根据检验对象对总体提出两个对立的假设，一个是零假设或无效假设，记作 H_0，另一个是备择假设，记作 H_1，零假设是指抽取的样本所在总体与已知总体无差异，根据零假设可计算随机误差造成的样本结果的概率。

备择假设是与零假设相反的一种假设，该假设认为抽取的样本与已知总体存在差异，由于零假设和备择假设对立，检验结果只能有两种：接受 H_0，拒绝 H_1；拒绝 H_0，接受 H_1。

除了样本均值的假设检验外，也可根据试验目的对样本方差、频率和总体的分布提出相应的假设，并进行检验。

2. 确定显著水平

在提出零假设和备择假设后，就要确定一个拒绝 H_0 的概率标准，该概率标准就称为显著性水平（significance level），记作 α。α 是人为规定的小概率界限，统计学中常取 $\alpha = 0.05$ 或 $\alpha = 0.01$。在例 5.1 中，显著水平的含义是如果样本均值与已知总体均值的差异由随机误

差引起的概率小于给定的α，则认为这个差异是显著的真实差异，而不是随机误差造成的。

3. 计算概率

在H_0成立的前提下，计算样本均值的抽样分布由随机误差造成的概率。还是以例 5.1 为例计算：

在$H_0:\mu=\mu_0(=400)$的假定下，$U=\dfrac{\bar{X}-\mu_0}{\sigma/\sqrt{n}}=\dfrac{415-400}{25/\sqrt{5}}=1.342$。

查附表1，$P\{|u|>1.342\}=0.09012\times 2=0.18024$

即在$N(400,25^2)$的总体中，随机抽取 5 块地所得的本地平均亩产量与原产地的亩产量相差 15kg 以上的概率为 0.18024。

4. 推断是否接受假设

推断的根据是小概率原理，在一定的假设条件下，计算出事件A发生的概率很小，即在一次试验中小概率事件发生了，则认为假设不成立，拒绝该假设。一般把概率不大于 0.05 或 0.01 的事件称为小概率事件，如果计算出统计量的概率大于 0.05 或 0.01，则认为不是小概率事件，零假设H_0是成立的，应接受H_0，拒绝H_1；反之，拒绝H_0，接受H_1。

在例 5.1 中，$0.18024>0.05$，接受H_0，认为本地亩产量与原产地的亩产量无显著变化，其差值是由随机误差所致。实际中可简化计算过程，由$P\{|u|>1.96\}=0.05$，$P\{|u|>2.58\}=0.01$，用u检验时，如果$|u|>1.96$，就表示在$\alpha=0.05$水平上显著，同理，$|u|>1.96$表示在$\alpha=0.01$水平上显著，就不需计算统计量u值的概率。利用此法再计算例 5.1，$u=1.34<1.96$，所以差异不显著。

统计学中，通常把概率不大于 0.05 称为差异显著水平，或差异显著标准，不大于 0.01 叫做差异极显著水平。为了便于表示，一般差异达到显著水平时，在资料右上方标"*"，差异达到极显著水平时，在资料右上方标"**"，在本书后面章节中表示的含义相同。

三、双侧检验与单侧检验

在进行统计假设时，每个零假设都对应一个备择假设，备择假设为拒绝零假设时要接受的另一个假设，在实际应用中，根据试验要求的不同，备择假设的选取也不同，这里以样本均值的假设为例来说明。

零假设为$H_0:\mu=\mu_0$，其备择假设有三种：

(1) $H_1:\mu\neq\mu_0$。这时备择假设就有两种可能：$\mu>\mu_0$和$\mu<\mu_0$，这时在假设检验中，所考虑的拒绝域概率α是正态分布曲线左右两侧概率拒绝域的和，也就是说，拒绝域在正态分布的左右两侧$\left(u<-u_{\frac{\alpha}{2}}和u>u_{\frac{\alpha}{2}}\right)$，这种检验称为双侧检验或双尾检验。

(2) $H_1: \mu < \mu_0$，这是在 $\mu \geq \mu_0$ 不可能时的备择假设，如农药生产中一般要求农药中某成分的含量 μ 达到某一标准 μ_0，大于等于该标准都是合格的，此时备择假设只有一种情况：不达标，对应的拒绝域（概率为 α）在分布曲线的左侧，这种假设检验称为左侧检验。

(3) $H_1: \mu > \mu_0$，这是在 $\mu \leq \mu_0$ 不可能时的备择假设，如食品生产中要求有害物质的含量 μ 不能超过国家标准 μ_0，小于等于该标准都是合格的，此时备择假设只有一种情况：超标，对应的拒绝域（概率为 α）在分布曲线的右侧，这种假设检验称为右侧检验。

左侧检验和右侧检验统称为单侧检验。

在显著水平为 α 的 u 检验中对应的拒绝域分别如图 5-1 和图 5-2 所示。

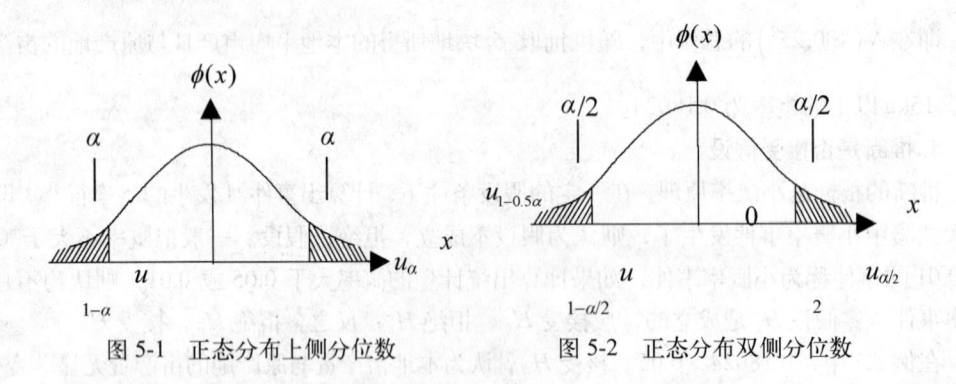

图 5-1　正态分布上侧分位数　　　图 5-2　正态分布双侧分位数

由图 5-1 和图 5-2 可得，双侧检验的临界值 $|u_{\frac{\alpha}{2}}|$ 大于单侧检验的临界值 $|u_\alpha|$，因此，单侧检验比双侧检验更易拒绝 H_0。在实际应用中，具体选择哪种统计检验方法应根据试验数据资料及试验目的而定，以提高假设检验的精确度和灵敏度。

四、假设检验的两类错误

假设检验是根据随机抽样对总体特征做出的推断，理论依据是小概率事件，由于抽样的随机性和小概率事件并不是一定不发生，因此，推断中可能会出现两类错误。

如果 H_0 是真实的，但统计量的观察值落入了拒绝域内，假设检验拒绝了 H_0，这类错误称为第 I 类错误或弃真错误。显著性水平 α 就是犯第 I 类错误的概率，即

$$P\{H_0 被拒绝 | H_0 为真\} = \alpha$$

如果 H_0 为假，但统计量的观察值落入了接受域，假设检验接受了 H_0，这类错误称为第 II 类错误或纳伪错误。犯第 II 类错误的概率记为 β，即

$$P\{接受 H_0 | H_0 为假\} = \beta$$

在实际检验中，我们希望这两类错误都很小，但在样本容量相同的情况下，减小犯第 I 类错误的概率 α 就会增加犯第 II 类错误的概率 β；反之，减小犯第 II 类错误的概率 β 就会导致犯第 I 类错误的概率 α 增大。

犯第Ⅰ类错误的概率 α 从 0.05 减小到 0.01，对应的拒绝域变小，接受域变大，从而 β 变大，控制试验误差和扩大样本容量可以减小总体误差，从而可使犯两类错误的概率都减小。

第二节　样本平均数的假设检验

一、单个样本平均数的假设检验

1. u 检验

当总体方差 σ^2 已知或总体方差 σ^2 未知但样本为大样本 ($n \geqslant 30$) 时，样本平均数的分布就服从正态分布，标准化后服从标准正态分布，用 u 检验法进行假设检验。

（1）总体方差 σ^2 已知的检验

在总体方差 σ^2 已知的情况下，不论样本容量大小，均可用 u 检验法。

例 5.2　据统计，某杏园中株产量（单位：kg）服从 $N(54, 3.5^2)$，整枝施肥后，收获时任取 10 株，产量结果如下：

$$59, 55.1, 58.1, 57.3, 54.7, 53.6, 55, 60.2, 59.4, 58.8$$

问本年度的产量是否有所提高？

分析　已知总体方差 $\sigma^2 = 3.5^2$，对样本平均数检验，故采用 u 检验，施肥后只有高于 54kg，才说明提高产量，故属于单侧检验。

解　① $H_0: \mu \leqslant \mu_0 (=54)$，　　$H_1: \mu > \mu_0$；

② 确定显著水平 $\alpha = 0.05$；

③ 计算统计量：

$$u = \frac{\bar{x} - \mu_0}{\sigma/\sqrt{n}} = \frac{57.12 - 54}{3.5/\sqrt{10}} = 2.8189$$

查附录得 $u_{0.05} = 1.645$；

④ 推断：由于 $u = 2.8189 > u_{0.05} = 1.645$，落入拒绝域内，拒绝 H_0，接受 H_1，即认为本年度的株产量比往年有所提高。

（2）总体方差 σ^2 未知的检验

当总体方差 σ^2 未知时，只要样本容量 $n \geqslant 30$，就可用样本方差 S^2 代替总体方差 σ^2，用 u 检验法。

例 5.3　已知荒漠甲虫光滑鳖甲的鞘翅长 9.38cm，对其抗冻蛋白基因进行了 RNA 干扰，幼虫孵化为成虫后，随机测量了 100 只成虫的鞘翅长，其平均长度为 9.55cm，标准差为 0.574cm，问 RNA 干扰后，光滑鳖甲的鞘翅长是否有显著变化？

分析　总体方差 σ^2 未知，但为大样本，可用 S^2 代替 σ^2 进行 u 检验，由于 RNA 干扰前后鞘翅长的影响未知，故为双侧检验。

解 ① $H_0: \mu = \mu_0 (= 9.38)$, $H_1: \mu \neq \mu_0$；

②确定显著水平 $\alpha = 0.05$；

③计算统计量：

$$u = \frac{\bar{x} - \mu_0}{S/\sqrt{n}} = \frac{9.55 - 9.38}{0.574/\sqrt{100}} = 2.962$$

查附录得 $u_{\frac{0.05}{2}} = 1.96$；

④推断：由于 $|u| = 2.962 > u_{\frac{0.05}{2}} = 1.96$，落入拒绝域内，拒绝 H_0，接受 H_1，即 RNA 干扰对光滑鳖甲的鞘翅长有显著影响。

2. t 检验

对总体方差 σ^2 未知时的小样本正态分布，用样本方差 S^2 代替总体方差 σ^2 时，对应的统计量服从 t 分布，因此应进行 t 检验。

例 5.4 已知某物质在某溶剂中的标准含量为 20.7mg/L，现重复测定该物质样品 11 次，对应的测量数据如下：20.99, 22.26, 20.41, 20.10, 20, 22.1, 20.91, 22.41, 20, 23, 22，问该方法测定的结果与实际是否有差别？

分析 总体方差 σ^2 未知，并且为小样本，用 S^2 代替 σ^2 进行 t 检验，这里检验某种方法与实际的区别，故为双侧检验。计算可得样本均值和标准差分别为 $\bar{x} = 21.037, S = 1.052$。

解 ① $H_0: \mu = \mu_0 (= 20.7)$, $H_1: \mu \neq \mu_0$；

②确定显著水平 $\alpha = 0.05$；

③计算统计量：

$$t = \frac{\bar{x} - \mu_0}{S/\sqrt{n}} = \frac{20.037 - 20.7}{1.052/\sqrt{11}} = 1.064$$

查附录得 $t_{\frac{0.05}{2}}(10) = 2.228$；

④推断：由于 $|t| = 1.064 < t_{\frac{0.05}{2}}(10) = 2.228$，无法在 $\alpha = 0.05$ 的水平下拒绝 H_0，故接受 H_0，即用这一方法测定的含量是可靠的。

二、两个样本平均数的假设检验

在生物学试验中，常常不指定一个总体，而是选取两个样本同时试验，从而得出不同处理效应的差异显著性。在检验两个样本统计量之间的差异显著性时，根据试验设计和试验目的的不同，可把两样本的统计假设检验分为成组数据比较和成对数据比较。

1. 成组数据平均数的比较

成组数据资料是两个样本中各个变量从各自总体中随机抽取，两样本之间的变量没有对应关系,即两样本相互独立。成组数据对两样本容量是否相等没有限制。根据检验两个样本平均数 $\bar{x}_1$ 和 $\bar{x}_2$ 所属总体平均数 μ_1 和 μ_2 是否相等,来推断其差异显著性。

当两总体方差 σ_1^2 和 σ_2^2 均为已知或两总体方差 σ_1^2 和 σ_2^2 未知,但两样本均为大样本时,可用 u 检验法进行检验,类似于单个样本平均数的 u 检验法,这里不再详述。接下来要讨论的是两总体方差 σ_1^2 和 σ_2^2 均未知且两样本为小样本时,要检验两组平均数的差异显著性用 t 检验法。方差的同质性,也称方差齐次,就是指各总体的方差相同。根据两样本方差是否同质可分为以下两种情况:

当两样本方差同质时,首先求出两样本平均数之差的方差:

$$S_{\bar{x}_1-\bar{x}_2}^2 = \frac{(n_1-1)S_1^2 + (n_2-1)S_2^2}{n_1+n_2-2}\left(\frac{1}{n_1}+\frac{1}{n_2}\right)$$

其中,S_1^2 和 S_2^2 分别为两样本的方差。

统计量 t 的计算公式为:

$$t = \frac{\bar{x}_1 - \bar{x}_2 - (\mu_1 - \mu_2)}{S_{\bar{x}_1-\bar{x}_2}}$$

在假设 $H_0: \mu_1 = \mu_2$ 的条件下,t 值为 $t = \frac{\bar{x}_1 - \bar{x}_2}{S_{\bar{x}_1-\bar{x}_2}}$,自由度 $df = (n_1-1)+(n_2-1) = n_1+n_2-2$。

例 5.5 研究人员研究了温室植物肥料在萝卜苗生长中的效果。随机选择了一些萝卜种子作为对照组,另外一些种植在铝盘中,种植者向其中添加颗粒肥料,两组的其他条件完全一致,出芽两周后植株高度数据如下。已知两样本均来自服从正态分布的总体,问肥料对苗高是否有显著效应?

对照组	3.4	4.4	3.5	2.9	2.7	2.6	3.7	2.7	2.3	2.0	1.8	2.3	2.4	2.5
(1)	1.6	2.9	2.3	2.8	2.5	2.3	1.6	1.6	3.0	2.3	3.2	2.0	2.6	2.4
肥料组	2.8	1.9	3.6	1.2	2.4	2.2	3.6	1.2	0.9	1.5	2.4	1.7	1.4	1.8
(2)	1.9	2.7	2.3	1.8	2.7	2.6	1.3	3.0	1.4	1.2	2.6	1.8	1.7	1.5

分析 由于两个总体的方差 σ_i^2 均未知,但它们必须相等,才能得出合并的方差 $S_{\bar{x}_1-\bar{x}_2}^2$,为了判断方差是否同质,这里使用 F 双侧检验,若方差不相等,则不能使用成组数据的 t 检验,而应使用下面所介绍的方法进行检验,可以判断两方差是同质的(具体分析见本章第四节)。

通过计算可得两样本均值和方差分别为

$\bar{x}_1 = 2.5821$, $S_1^2 = 0.4282$;$\bar{x}_2 = 2.0393$, $S_2^2 = 0.5196$。

解 ① $H_0: \mu_1 = \mu_2$, $H_1: \mu_1 \neq \mu_2$;
②确定显著水平 $\alpha = 0.05$;
③计算统计量:

$$t = \frac{\overline{x}_1 - \overline{x}_2}{\sqrt{\frac{(n_1-1)S_1^2 + (n_2-1)S_2^2}{n_1+n_2-2}\left(\frac{1}{n_1}+\frac{1}{n_2}\right)}} = \frac{2.5821 - 2.0393}{\sqrt{\frac{11.5614+14.02652}{54} \cdot \frac{2}{28}}} = 2.95$$

查附录得 $t_{\frac{0.05}{2}}(26) = 2.006$；

④推断：由于 $|t| = 2.95 > t_{\frac{0.05}{2}}(26) = 2.006$，在 $\alpha = 0.05$ 的水平下拒绝 H_0，即肥料对苗高有显著的效应。

另一种是两样本方差未知且不同质的情况，自然要用两样本方差 S_1^2 和 S_2^2 分别去估计 σ_1^2 和 σ_2^2，统计量近似服从 t 分布，标准误差为 $S_{\overline{x}_1-\overline{x}_2}^2 = \frac{S_1^2}{n_1} + \frac{S_2^2}{n_2}$，与两样本方差同质的区别是自由度要通过系数 R 计算，计算公式为

$$R = \frac{S_1^2/n_1}{S_1^2/n_1 + S_2^2/n_2}, \quad df = \frac{1}{\frac{R^2}{n_1-1} + \frac{(1-R)^2}{n_2-1}}$$

统计量 t 的计算公式为：

$$t = \frac{\overline{x}_1 - \overline{x}_2}{S_{\overline{x}_1-\overline{x}_2}}$$

例 5.6 为研究 NaCl 在种子萌发阶段对灰绿藜幼苗生长的影响，将在蒸馏水中萌发 5 天的幼苗随机分成 2 组，一组作为对照继续进行蒸馏水处理，另一组用 100mmol/L 的 NaCl 溶液处理，第 10 天时各随机抽取 10 株幼苗检测下胚轴长度（单位：cm），结果如表 5-1 所示。问低浓度的 NaCl 对盐生植物灰绿藜的幼苗下胚轴生长是否有促进作用？

表 5-1 两种处理的灰绿藜幼苗下胚轴长度测定结果（单位：cm）

处理方法	幼苗下胚轴长度									
蒸馏水处理	1.0	1.1	1.2	1.0	1.1	1.0	1.2	1.0	1.1	1.1
NaCl 溶液处理	1.9	1.8	2.1	1.7	1.4	1.7	1.5	1.6	1.8	1.7

分析 在本题中，两样本的总体方差 σ_i^2 均未知，且样本容量小于 30，所以需先检验方差的同质性。这里可以判断两种处理的灰绿藜幼苗下胚轴长度的变异不具有同质性（具体分析见本章第四节）。用近似 t 检验，计算可得两样本均值和方差分别为

$\overline{x}_1 = 1.08$，$S_1^2 = 0.00622$；$\overline{x}_2 = 1.72$，$S_2^2 = 0.03956$。

解 ① $H_0: \mu_1 \geq \mu_2$，$H_1: \mu_1 < \mu_2$；

②确定显著水平 $\alpha = 0.05$；

③计算统计量：

$$R = \frac{S_1^2/n_1}{S_1^2/n_1 + S_2^2/n_2} = \frac{0.0062/10}{0.0062/10 + 0.0395/10} = 0.1357$$

$$df = \frac{1}{\frac{R^2}{n_1-1} + \frac{(1-R)^2}{n_2-1}} = \frac{1}{\frac{0.1357^2}{10-1} + \frac{(1-0.1357)^2}{10-1}} = 11.75 \approx 12$$

$$t = \frac{\bar{x}_1 - \bar{x}_2}{S_{\bar{x}_1-\bar{x}_2}} = \frac{1.08 - 1.72}{\sqrt{0.0062/10 + 0.0395/10}} = 9.467$$

查附录得 $t_{0.05}(12) = 2.179$；

④推断：由于 $|t| = 9.467 < t_{0.05}(12) = 2.179$，在 $\alpha = 0.05$ 的水平下拒绝 H_0，即认为低浓度 NaCl 能够显著促进盐生植物灰绿藜幼苗下胚轴的生长。

2. 成对数据平均数的比较

在生物学试验中，为了明确表示两样本对应的总体之间的具体差异，在试验设计中往往使两样本之间的每一重复配成对子，并在外界条件尽可能一致的情况下进行试验，从而形成成对数据资料。同一配对内两个供试单位的试验条件非常接近，又消除了不同配对间的条件差异，因而可控制试验误差，具有较高的精确度。

检验成对数据时，只需假设两样本所属的总体的平均数相等，即 $H_0: \mu_1 = \mu_2$，而不必要求两样本所属总体的方差相等。需要注意的是，即使成组数据的样本容量相等，也不能用成对数据的方法来分析，因为成组数据中每一个变量都是独立的，没有配对的基础。因此，为加强试验条件，做成成对数据再比较效果更好。

设两样本的成对观测值分别为 (x_{1i}, x_{2i})，$i = 1, 2, \cdots, n$，共 n 对数据，各对数据的差数为 $d_i = x_{1i} - x_{2i}$，则样本差数的平均数为

$$\bar{d} = \frac{\sum_{i=1}^{n} d_i}{n} = \frac{\sum_{i=1}^{n}(x_{1i} - x_{2i})}{n}$$

样本差数的方差为

$$S_d^2 = \frac{\sum_{i=1}^{n}(d_i - \bar{d})^2}{n-1} = \frac{1}{n-1}[\sum_{i=1}^{n} d_i^2 - \frac{\left(\sum_{i=1}^{n} d_i\right)^2}{n}]$$

统计量 t 的计算为

$$t = \frac{\bar{d}}{S_d/\sqrt{n}} \sim t(n-1)$$

$|t| \geq t_\alpha(n-1)$ 时，在显著水平 α 下拒绝 H_0。

例 5.7 在研究饮食中缺乏维生素 E 与肝中维生素 A 的关系时，将试验动物性别、体重等配成 8 对，并将每对中的两头试验动物用随机分配法分配在正常饲料组和维生素 E 缺乏组，然后杀死试验动物，测定其肝中的维生素 A 的含量，结果如表 5-2 所示，试检验两组饲料对

试验动物肝中维生素A含量的作用是否有显著差异。

表 5-2 不同饲料饲养下试验动物肝中的维生素A含量

动物配对	正常饲料组	维生素E缺乏组	差数 d	d^2
1	3550	2450	1100	1210000
2	2000	2400	-400	160000
3	3000	1800	1200	1440000
4	3950	3200	750	562500
5	3800	3250	550	302500
6	3750	2700	1050	1102500
7	3450	2500	950	902500
8	3050	1750	1300	1690000
Σ			6500	7370000

分析 该题为成对数据，由于两组饲料对试验动物肝中维生素A含量的作用大小未知，事先并不明确，故用双侧检验。

解 ① $H_0 : \mu_d = 0$ $H_1 : \mu_d \neq 0$ ；
② 确定显著水平 $\alpha = 0.01$ ；
③ 计算统计量：

$$\bar{d} = \frac{\sum_{i=1}^{n} d_i}{n} = \frac{6500}{8} = 812.5$$

$$S_d^2 = \frac{1}{n-1}[\sum_{i=1}^{n} d_i^2 - \frac{\left(\sum_{i=1}^{n} d_i\right)^2}{n}] = \frac{7370000 - \frac{6500^2}{8}}{8-1} = 398392.857$$

$$t = \frac{\bar{d}}{S_d/\sqrt{n}} = \frac{812.5}{\sqrt{298392.857/8}} = 4.207$$

查附录得 $t_{0.005}(7) = 4.029$ ；

④ 推断：由于 $|t| = 4.207 > t_{0.005}(7) = 4.029$ ，在 $\alpha = 0.01$ 的水平下拒绝 H_0 ，接受 H_1 ，即两组饲料对试验动物肝中维生素A含量的作用有极显著差异，用正常饲料饲养的试验动物肝中的维生素A含量极显著高于维生素E缺乏组饲养的试验动物肝中的维生素A含量。

第三节 样本频率的假设检验

在科研和生产实践中，有许多数据资料是用频率（或百分率）来表示。如种子的发芽率，药物处理后害虫的死亡率，某种动物繁殖后代的雄雌比例等，这些频率是通过计数具有某个属性的个体，然后计算其所占的百分比得到的，类似的总体或样本中的个体具有两种属性，通常称这类总体服从二项分布，可看作二项总体。在二项总体中随机抽样，样本中某种属性出现的情况可用频率表示，那么频率的假设检验就可以按照二项分布来检验，由于大样本下，二项分布近似于正态分布，因而可将频率资料作正态分布处理，然后进行近似检验。

一、单个样本频率的假设检验

检验单个样本频率 $\hat{p}$ 与总体频率 p_0 的差异显著性，在假设 $H_0: p = p_0$ 下，用正态分布近似检验，采用 u 检验法。

总体频率的方差为

$$\sigma_p^2 = \frac{p_0(1-p_0)}{n}$$

统计量 u 的计算公式为

$$u = \frac{\hat{p} - p_0}{\sigma_p}$$

例 5.8 为了研究豌豆花色遗传，选择花色不同（红色和白色）的两个豌豆纯系品种为材料。用红花豌豆与白花豌豆进行有性杂交，所得 F_1 代植株均为红花。自交 F_2 代群体共 300 株，其中红花 210 株，白花 90 株。如果花色遗传受一对等位基因控制，则根据遗传学原理，F_2 代红花植株与白花植株的分离比为 3∶1。试问该试验中的豌豆花色遗传是否服从一对等位基因的遗传规律？

分析 假定豌豆花色遗传符合一对等位基因的遗传规律，则在 F_2 代，红花植株的比例应为 $p = \frac{3}{4} = 0.75$，白花植株比例 $q = 1 - p = \frac{1}{4} = 0.25$。由于样本容量很大，$np, nq$ 均大于 5，因此可以用 u 检验。

解 ① $H_0: p = p_0 = 0.75 \quad H_1: p \neq p_0 = 0.75$；
② 确定显著水平 $\alpha = 0.01$；
③ 计算统计量：
样本中红花植株的百分比为 $\hat{p} = 210/300 = 0.70, n = 300$，已知 $p = 0.75, q = 0.25$，因此

$$u = \frac{\hat{p} - p_0}{\sigma_p} = \frac{0.70 - 0.75}{\sqrt{\frac{0.75 \times 0.25}{300}}} = -2.0$$

查附录得 $u_{0.005} = 2.58$；

④ 推断：由于 $|u| = 2 < u_{0.005} = 2.58$，在 $\alpha = 0.01$ 的水平下接受 H_0，即豌豆花色遗传符合一对等位基因的遗传模式。

二、两个样本频率的假设检验

由于在抽样试验中，总体频率往往未知，就不能将样本频率与其进行比较，只能进行两个样本频率的比较，这就是对两个样本频率 $\hat{p}_1$ 和 $\hat{p}_2$ 的检验，一般在假设两个总体方差相等

$\left(\sigma_1^2 = \sigma_2^2\right)$ 的前提下，检验 $\hat{p}_1$ 和 $\hat{p}_2$ 的差异显著性，即 $H_0: p_1 = p_2$。

因为两样本频率之差 $\hat{p}_1 - \hat{p}_2$ 近似服从正态分布 $N\left(p_1 - p_2, \sigma_{p_1-p_2}^2\right)$，所以可用 u 检验法对两个样本对应的总体进行检验，统计量 u 的计算公式为

$$u = \frac{(\hat{p}_1 - \hat{p}_2) - (p_1 - p_2)}{\sigma_{p_1-p_2}}$$

其中 $\sigma_{p_1-p_2} = \sqrt{\dfrac{p_1(1-p_1)}{n_1} + \dfrac{p_2(1-p_2)}{n_2}}$。

设 x_1, x_2 为两样本中某属性出现的次数，记

$$\bar{p} = \frac{n_1\hat{p}_1 + n_2\hat{p}_2}{n_1 + n_2} = \frac{x_1 + x_2}{n_1 + n_2}$$

在 $H_0: p_1 = p_2$ 的假设下，统计量 u 的计算公式为

$$u = \frac{\hat{p}_1 - \hat{p}_2}{\sigma_{p_1-p_2}}$$

其中 $\sigma_{p_1-p_2} = \sqrt{\bar{p}(1-\bar{p})\left(\dfrac{1}{n_1} + \dfrac{1}{n_2}\right)}$。

例 5.9 研究地势对小麦锈病发病的影响，调查低洼地麦田 378 株，其中锈病株 342 株，调查高坡地麦田 396 株，其中锈病株 313 株，试比较两块麦田锈病发病率是否有显著性差异。

分析 由于 np, nq 均大于 30，事先不知道两块麦田的锈病发病率的大小，故应进行双侧检验。

解 ① $H_0: p_1 = p_2$ $H_1: p_1 \neq p_2$；
② 确定显著水平 $\alpha = 0.01$；
③ 计算统计量：

$$\hat{p}_1 = \frac{x_1}{n_1} = \frac{342}{378} = 0.905,$$

$$\hat{p}_2 = \frac{x_2}{n_2} = \frac{313}{396} = 0.79,$$

$$\bar{p} = \frac{x_1 + x_2}{n_1 + n_2} = \frac{342 + 313}{378 + 396} = 0.846,$$

$$\bar{q} = 1 - \bar{p} = 1 - 0.846 = 0.154,$$

$$\sigma_{p_1-p_2} = \sqrt{\bar{p}(1-\bar{p})\left(\frac{1}{n_1} + \frac{1}{n_2}\right)} = \sqrt{0.846 \times 0.154 \times \left(\frac{1}{378} + \frac{1}{396}\right)} = 0.026,$$

$$u = \frac{\hat{p}_1 - \hat{p}_2}{\sigma_{p_1-p_2}} = \frac{0.905 - 0.79}{0.026} = 4.423,$$

查附录得 $u_{0.005} = 2.58$；

④推断：由于 $|u| = 4.423 > u_{0.005} = 2.58$，在 $\alpha = 0.01$ 的水平下拒绝 H_0，接受 H_1，即认为两块麦田锈病发病率有极显著差异。

第四节 样本方差的假设检验

均值和方差是度量随机变量变异程度最常用的特征数，前面已经讨论了样本平均数和频率的检验，但在实际应用中，也往往需要对样本方差进行检验，对样本平均数和频率做出假设，就是基于方差的同质性，否则假设检验的结论不成立。方差的同质性检验，即指通过样本方差来推断其总体方差是否相同。

一、单个样本方差的假设检验

设 $X \sim N(\mu, \sigma^2)$，由 χ^2 分布的定义有

$$\chi^2 = \sum_{i=1}^{n}\left(\frac{x_i - \mu}{\sigma}\right)^2 = \frac{1}{\sigma^2}\sum_{i=1}^{n}(x_i - \mu)^2 \sim \chi^2(n) \tag{5.1}$$

但总体均值 μ 未知时，要检验 $H_0: \sigma^2 = \sigma_0^2$，用样本均值 $\bar{x}$ 去估计总体均值 μ，则

$$\chi^2 = \frac{1}{\sigma^2}\sum_{i=1}^{n}(x_i - \bar{x})^2$$

样本方差 $S^2 = \dfrac{\sum_{i=1}^{n}(x_i - \bar{x})^2}{n-1}$，那么式（5.1）可变为 $\chi^2 = \dfrac{(n-1)S^2}{\sigma^2} \sim \chi^2(n-1)$。

在上述统计量中，分子样本离差平方和表示样本的离散程度，而分母不变，因此，统计量太大或太小都说明两者有显著差异，在给定显著水平 α 下，假设 $H_0: \sigma^2 = \sigma_0^2$ 对应的拒绝域为 $\chi^2 < \chi^2_{1-\frac{\alpha}{2}}(n-1)$ 和 $\chi^2 > \chi^2_{\frac{\alpha}{2}}(n-1)$。

例 5.10 啤酒生产企业采用自动生产线灌装啤酒，每瓶的装填量为 640mL，但由于受某些不可控因素的影响，每瓶的装填量会有差异。此时，不仅每瓶的平均装填量很重要，装填量的方差 σ^2 同样很重要，如果 σ^2 很大，会出现装填量太多或太少的情况，这样可能出现生产企业不划算，或者消费者不满意。假定生产标准规定每瓶装填量的标准差不应超过和不应低于 4ml。企业质检部分抽取了 10 瓶啤酒进行检验，得到的样本标准差为 $s = 3.8$mL。试以 0.1 的显著性水平检验装填量的标准差是否符合要求。

分析 对样本标准差的检验，等价于样本方差的检验，应采用 χ^2 检验，装填量高于或低于要求事先未知，故属于双侧检验。

解 ① $H_0: \sigma^2 = 4^2$　　$H_1: \sigma^2 \neq 4^2$；

②确定显著水平 $\alpha = 0.01$；

③计算统计量：

$$\chi^2 = \frac{(10-1)\times 3.8^2}{4^2} = 8.1225$$

查附录得 $\chi^2_{0.05}(10-1) = 16.9190$，$\chi^2_{0.95}(10-1) = 3.32511$；

④推断：由于 $\chi^2_{0.95}(9) = 3.32511 < \chi^2 = 8.1225 < \chi^2_{0.05}(9) = 16.9190$，在 $\alpha = 0.01$ 的水平下接受 H_0，即认为填装量的标准差符合要求。

二、两个样本方差的假设检验

设 $X_1 \sim N(\mu_1, \sigma_1^2)$，$X_2 \sim N(\mu_2, \sigma_2^2)$，分别抽取样本容量为 n_1 和 n_2 的两样本，它们的方差分别为 S_1^2 和 S_2^2（这里习惯把数值大的记为 S_1^2），当检验两总体方差是否同质时，可用 F 检验法，由于两样本是随机抽取并相互独立，在零假设 $H_0: \sigma_1^2 = \sigma_2^2$ 下，F 统计量为

$$F = \frac{S_1^2}{S_2^2} \sim F(n_1-1, n_2-1)$$

在生物学试验中，一般进行右侧检验而不是双侧检验或左侧检验，在显著水平 α 下，拒绝域 $F > F_\alpha(n_1-1, n_2-1)$。即 $F < F_\alpha(n_1-1, n_2-1)$ 时，接受 H_0，拒绝 H_1，认为两总体方差同质；$F > F_\alpha(n_1-1, n_2-1)$，拒绝 H_0，接受 H_1，认为两总体方差不同质。

例 5.11 分析本章第二节的例 5.6 中方差是否同质（见表 5-1）。

表 5-1 两种处理的灰绿藜幼苗下胚轴长度测定结果（单位：cm）

处理方法	幼苗下胚轴长度									
蒸馏水处理	1.0	1.1	1.2	1.0	1.1	1.0	1.2	1.0	1.1	1.1
NaCl 溶液处理	1.9	1.8	2.1	1.7	1.4	1.7	1.5	1.6	1.8	1.7

分析 本题中，两样本的总体方差 σ_1^2 和 σ_2^2 均未知，且样本容量小于 30，所以应先进行 F 检验。这里可以判断两种处理的灰绿藜幼苗下胚轴长度的变异不具有同质性，计算可得两样本均值和方差分别为 $\bar{x}_1 = 1.08$，$S_1^2 = 0.00622$；$\bar{x}_2 = 1.72$，$S_2^2 = 0.03956$。

解 ① $H_0: \sigma_1^2 = \sigma_2^2$，$H_1: \sigma_1^2 \neq \sigma_2^2$；
② 确定显著水平 $\alpha = 0.05$；
③ 计算统计量：

$$F = \frac{S_1^2}{S_2^2} = \frac{0.0395}{0.00622} = 6.35$$

查附录得 $df_1 = df_2 = 9$，$F_{0.05} = 3.179$；

④推断：由于 $F = 6.35 > F_{0.05}(9,9) = 3.179$，在 $\alpha = 0.05$ 的水平下拒绝 H_0，即两种处理

的灰绿藜幼苗下胚轴长度的变异不具有同质性。

三、多个样本方差的假设检验

要检验 3 个或 3 个以上样本方差的同质性，前面提到的 F 统计量不再适用，一般采用 Bartlett 检验，该方法是由 Bartlett 在 1937 年提出的，这是一种近似的 χ^2 检验。

零假设 $H_0: \sigma_1^2 = \sigma_2^2 = \cdots = \sigma_k^2$，即 k 个样本方差同质，$H_1: \sigma_1^2, \sigma_2^2, \cdots, \sigma_k^2$ 不全相等，由 k 个独立的样本方差 $S_1^2, S_2^2, \cdots, S_k^2$ 得其合并方差 S_p^2，矫正数 C 如下：

$$S_p^2 = \frac{\sum_{i=1}^{k} S_i^2(n_i-1)}{\sum_{i=1}^{k}(n_i-1)}$$

$$C = 1 + \frac{1}{3(k-1)}\left[\sum_{i=1}^{k}\frac{1}{n_i-1} - \frac{1}{\sum_{i=1}^{k}(n_i-1)}\right]$$

则 Bartlett 检验中 χ^2 统计量为

$$\chi^2 = \left[\ln S_p^2 \sum_{i=1}^{k}(n_i-1) - \sum_{i=1}^{k}(n_i-1)\ln S_i^2\right]\bigg/ C \sim \chi^2(k-1)$$

其中，n_i 为第 i 个样本的样本容量。

在给定的显著水平 α 下，拒绝域为 $\chi^2 > \chi_\alpha^2(k-1)$。即 $\chi^2 < \chi_\alpha^2(k-1)$ 时，接受 H_0，拒绝 H_1，认为 k 个样本方差同质；$\chi^2 > \chi_\alpha^2(k-1)$，拒绝 H_0，接受 H_1，认为这 k 个样本方差不同质。

例 5.12 假设有 3 个样本方差 $s_1^2 = 4.2, s_2^2 = 6, s_3^2 = 3.1$，其自由度分别为 $df_1 = 4$，$df_2 = 5$，$df_3 = 11$，检验它们的方差是否同质。

分析 该题为 3 个方差的同质性检验，零假设 $H_0: \sigma_1^2 = \sigma_2^2 = \sigma_3^2$，备择假设 H_1：3 个方差不全相等，这里不能用不等号表示，因为如果零假设被拒绝，只能说明这 3 个方差至少有两个不相等，而具体是哪两个不相等或者三个都不相等不能确定。为了方便计算，下面的表格给出了同质性检验的计算：

i	s_i^2	df_i	$df_i s_i^2$	$\ln s_i^2$	$df_i \ln s_i^2$
1	4.2	4	16.8	1.43508	5.74032
2	6	5	30	1.79176	8.9588
3	3.1	11	34.1	1.1314	12.4454
Σ	13.3	20	80.9	4.35824	27.14452

由表可得：

$$s_p^2 = 80.9/20 = 4.045$$

$$df_e s_p^2 = 20 \times 1.39748 = 27.9496$$

$$C = 1 + (1/4 + 1/5 + 1/11 - 1/20)/[3 \times (3-1)] = 1.0818$$

解 ① $H_0: \sigma_1^2 = \sigma_2^2 = \sigma_3^2$, H_1: 3个方差不全相等;
②确定显著水平 $\alpha = 0.05$;
③计算统计量:

$$\chi^2 = (27.9496 - 27.14452)/1.0818 = 0.744$$

查附录得 $df = k - 1 = 2$, $\chi_{0.05}^2(2) = 5.99$;

④推断: 由于 $\chi^2 = 0.744 < \chi_{0.05}^2(2) = 5.99$, 在 $\alpha = 0.05$ 的水平下接受 H_0, 说明3个方差的估计值是同质的。

第五节 参数估计

前几节主要讨论了假设检验问题,接下来介绍参数统计推断的另一个方面:参数估计(estimation of parameter),参数估计是指在一定的概率水平下,通过样本统计量对总体参数作出的估计。参数估计主要包括点估计(point estimation)和区间估计(interval estimation)。

一、参数估计的原理

参数估计是建立在中心极限定理和大数定律的基础上的一种统计推断方法。只要样本为大样本,不论其总体是否服从正态分布,样本平均数都近似服从正态分布,$\bar{X} \sim N\left(\mu, \dfrac{\sigma^2}{n}\right)$,当显著水平 α 给定时,置信度(degree of confidence)为 $1 - \alpha$,即

$$P\left\{\left|\frac{\bar{x} - \mu}{\sigma/\sqrt{n}}\right| \leq u_{\frac{\alpha}{2}}\right\} = 1 - \alpha$$

$$P\left\{\bar{x} - \frac{\sigma}{\sqrt{n}} u_{\frac{\alpha}{2}} \leq \mu \leq \bar{x} + \frac{\sigma}{\sqrt{n}} u_{\frac{\alpha}{2}}\right\} = 1 - \alpha$$

其中,n 为样本容量,$u_{\frac{\alpha}{2}}$ 为正态分布下置信度为 $1 - \alpha$ 时的临界值,上式表明,总体平

均数 μ 落在区间 $\left(\bar{x}-\dfrac{\sigma}{\sqrt{n}}u_{\frac{\alpha}{2}}, \bar{x}+\dfrac{\sigma}{\sqrt{n}}u_{\frac{\alpha}{2}}\right)$ 内的概率为 $1-\alpha$，该区间称为 μ 的置信度为 $1-\alpha$ 的置信区间 (confidence interval)，区间的上下限分别称为置信下限和置信上限，用 L_1 和 L_2 表示，记为 (L_1, L_2)，也可记为 $L = \bar{x} \pm \dfrac{\sigma}{\sqrt{n}}u_{\frac{\alpha}{2}}$。

区间 (L_1, L_2) 表示总体平均数 μ 的置信度为 $1-\alpha$ 的区间估计，$L = \bar{x} \pm \dfrac{\sigma}{\sqrt{n}}u_{\frac{\alpha}{2}}$ 表示样本平均数 $\bar{x}$ 对总体平均数 μ 的置信度为 $1-\alpha$ 的点估计。

参数的区间估计也可作假设检验，根据小概率原理，如果对参数所做的假设落在该区间内，接受 H_0；反之，如果对参数所做的假设落在该区间外，为小概率事件，故拒绝 H_0，接受 H_1。

显然，在显著水平 α 确定的情况下，置信区间越小，估计的精确度越高。

二、单个总体平均数的估计

当总体方差 σ^2 已知或总体方差 σ^2 未知且样本为大样本时，总体平均数 μ 的置信度为 $1-\alpha$ 的区间估计为 $\left(\bar{x}-\dfrac{\sigma}{\sqrt{n}}u_{\frac{\alpha}{2}}, \bar{x}+\dfrac{\sigma}{\sqrt{n}}u_{\frac{\alpha}{2}}\right)$。

当总体方差 σ^2 未知且样本为小样本时，总体平均数 μ 的置信度为 $1-\alpha$ 的区间估计为 $\left(\bar{x}-\dfrac{S}{\sqrt{n}}t_{\frac{\alpha}{2}}, \bar{x}+\dfrac{S}{\sqrt{n}}t_{\frac{\alpha}{2}}\right)$。

例 5.13 随机抽取 5 年生的杂交杨树 25 株，得平均树高 9.36m，样本标准差 1.36m，以 95% 的置信度计算这批杨树高度的置信区间。

分析 总体方差 σ^2 未知，且为小样本，用 S^2 估计 σ^2，当 $df = 25-1 = 24$ 时，$t_{0.025} = 2.064$。

解 杨树高度的区间估计为：

$$L_1 = \bar{x} - \dfrac{S}{\sqrt{n}}t_{\frac{\alpha}{2}} = 9.36 - \dfrac{1.36}{\sqrt{25}} \times 2.064 = 8.799$$

$$L_2 = \bar{x} + \dfrac{S}{\sqrt{n}}t_{\frac{\alpha}{2}} = 9.36 + \dfrac{1.36}{\sqrt{25}} \times 2.064 = 9.921$$

即杨树高度有 95% 的可能在 8.799~9.921 之间。

三、两个总体平均数差数的估计

1. 成组数据平均数的比较

平均数差数的区间估计是在一定的概率水平下，由两样本均值之差来估计两总体均值之差的取值范围，这里只讨论两总体方差 σ_1^2, σ_2^2 未知，又为小样本时，且 $\sigma_1^2 = \sigma_2^2$ 的情况，由于

$$t = \dfrac{\bar{x}_1 - \bar{x}_2 - (\mu_1 - \mu_2)}{S_{\bar{x}_1 - \bar{x}_2}} \sim t(n_1 + n_2 - 2)$$

其中 $S_{\bar{x}_1-\bar{x}_2} = \sqrt{\dfrac{(n_1-1)S_1^2 + (n_2-1)S_2^2}{n_1+n_2-2}\left(\dfrac{1}{n_1}+\dfrac{1}{n_2}\right)}$，则 $\mu_1-\mu_2$ 的置信区间为：

$$(\bar{x}_1-\bar{x}_2) \pm t_{\frac{\alpha}{2}}(n_1+n_2-2)S_{\bar{x}_1-\bar{x}_2}$$

例 5.14 对例 5.5 中的数据进行置信度为 95%时两组处理对萝卜苗植株高度差数的区间估计。

分析 在例 5.5 中，已经计算得到两样本的均值和方差分别为

$\bar{x}_1 = 2.5821$，$S_1^2 = 0.4282$；$\bar{x}_2 = 2.0393$，$S_2^2 = 0.5196$，$S_{\bar{x}_1-\bar{x}_2} = \sqrt{\dfrac{11.5614+14.02652}{54} \times \dfrac{2}{28}} = 0.18397$

查附录得 $t_{\frac{0.05}{2}}(26) = 2.006$；

解 萝卜苗植株高度差数的区间估计为：

$L_1 = (\bar{x}_1-\bar{x}_2) - t_{\frac{\alpha}{2}}(n_1+n_2-2)S_{\bar{x}_1-\bar{x}_2} = (2.5821-2.0393) - 2.006 \times 0.18397 = 0.1738$

$L_2 = (\bar{x}_1-\bar{x}_2) + t_{\frac{\alpha}{2}}(n_1+n_2-2)S_{\bar{x}_1-\bar{x}_2} = (2.5821-2.0393) + 2.006 \times 0.18397 = 0.9118$

即 $\bar{x}_1-\bar{x}_2$ 的置信度为 99%的置信区间为 0.1738~0.9118。

2. 成对数据平均数的比较

当两样本为成对数据时，在置信度为 $1-\alpha$ 时，那么两总体平均数差数 $\mu_1-\mu_2$ 的置信区间可估计为：

$$\bar{d} \pm t_{\frac{\alpha}{2}}(n-1)S_{\bar{d}}$$

其中

$$S_{\bar{d}} = \dfrac{S_d}{\sqrt{n}} = \sqrt{\dfrac{\sum_{i=1}^{n}(d_i-\bar{d})^2}{n(n-1)}}$$

例 5.15 已知 A 法处理病毒在番茄上产生的病痕数要比 B 法平均减少 $\bar{d} = -8.3$，$S_{\bar{d}} = 1.997$，求 $\mu_1-\mu_2$ 的置信度为 99%的置信区间。

解 查表得 $t_{0.005}(6) = 3.707$，那么 $\mu_1-\mu_2$ 的置信度为 99%的置信区间为：

$L_1 = \bar{d} - t_{\frac{\alpha}{2}}(n-1)S_{\bar{d}} = -8.3 - 3.707 \times 1.997 = -15.7$

$L_2 = \bar{d} + t_{\frac{\alpha}{2}}(n-1)S_{\bar{d}} = -8.3 + 3.707 \times 1.997 = -0.9$

即 A 法处理病毒在番茄上产生的病痕数要比 B 法减少 0.9~15.7 个，此估计的置信度为 99%。

四、单个总体频率的估计

在置信度为 $1-\alpha$ 时，一个总体频率 p 的区间估计为：

$$\hat{p} \pm u_{\frac{\alpha}{2}} \sigma_{\hat{p}}$$

例 5.16 对例 5.8 中，求出红花植株的比例的置信度为 95% 的置信区间的估计。

解 $\hat{p} = 0.75$，$\sigma_{\hat{p}}$ 未知，用 $S_{\hat{p}}$ 来估计 $\sigma_{\hat{p}}$。

$$S_{\hat{p}} = \sqrt{\hat{p}\hat{q}/n} = \sqrt{0.75 \times 0.25/300} = 0.025$$

当 $\alpha = 0.05$ 时，$u_{0.025} = 1.96$。于是，置信度为 95% 的红花植株比例的区间估计为：

$$L_1 = \hat{p} - u_{\frac{\alpha}{2}} \sigma_{\hat{p}} = 0.75 - 1.96 \times 0.025 = 0.701$$

$$L_2 = \hat{p} + u_{\frac{\alpha}{2}} \sigma_{\hat{p}} = 0.75 + 1.96 \times 0.025 = 0.799$$

因此，红花植株比例为 0.701~0.799 之间时，这个估计的置信度为 95%。

五、两个总体频率差数的估计

在进行两个总体频率差数的区间估计时，一般应明确两个频率有显著差异才有意义。在置信度为 $1-\alpha$ 时，两总体频率差数 $p_1 - p_2$ 的区间估计为：

$$(\hat{p}_1 - \hat{p}_2) \pm u_{\frac{\alpha}{2}} \sigma_{\hat{p}_1 - \hat{p}_2}$$

例 5.17 利用例 5.9 的结果，进行置信度为 99% 的两块麦田锈病发病率差数的区间估计。

分析 在例 5.9 中已计算出：$\hat{p}_1 = 0.905, \hat{p}_2 = 0.79, S_{\hat{p}_1 - \hat{p}_2} = 0.026$，由于 np, nq 均大于 30，所以可用 $S_{\hat{p}_1 - \hat{p}_2}$ 来估计 $\sigma_{\hat{p}_1 - \hat{p}_2}$，当 $1-\alpha = 0.99$ 时，$\alpha = 0.01$，查表得 $u_{0.005} = 2.58$。

解 置信度为 99% 的两块麦田锈病发病率差数的区间估计为：

$$L_1 = (\hat{p}_1 - \hat{p}_2) - u_{\frac{\alpha}{2}} \sigma_{\hat{p}_1 - \hat{p}_2} = (0.905 - 0.79) - 2.58 \times 0.026 = 0.0479$$

$$L_2 = (\hat{p}_1 - \hat{p}_2) + u_{\frac{\alpha}{2}} \sigma_{\hat{p}_1 - \hat{p}_2} = (0.905 - 0.79) + 2.58 \times 0.026 = 0.1821$$

即低洼地麦田锈病率比高坡地高 0.0479~0.1821，这个估计的置信度为 99%。

习 题

1. 统计推断包括哪两种？其含义分别是什么？
2. 假设检验中的两类错误指什么？如何降低犯两类错误的概率？
3. 什么是双侧检验？单侧检验？分别在什么条件下应用？
4. 叙述区间估计和点估计的含义，并说明两者之间的关系。
5. 某饲养场规定，当肉用鹅平均体重在 3kg 及其以上时方可上市。根据历年的观察可知，鹅体重的方差一般为 1，现从鹅群中随机抽取 10 只，平均体重 2.8kg，标准差 0.4kg。问这批鹅可否上市？若要保证某样本鹅平均体重与规定重量的偏离值大于 0.2kg 时，这批鹅不达标，那么至少要求鹅样本量为多少？

6. 按食品配方规定，每 1000 kg 某种食品中维生素 C 的含量不得少于 246 g，现从某食品厂的某批产品中随机抽测了 12 个样品，测得其维生素 C 的含量如下：255、260、262、248、244、245、250、238、246、248、258、270 g/1000 kg，若样品的维生素 C 含量服从正态分布，问此批产品是否符合规定要求？并求维生素 C 含量的置信度为 95%的置信区间。

7. 假说："北方动物比南方动物具有较短的附肢。"为验证这一假说，调查了鸟翅长（单位：mm）资料如下：

北方的：120, 113, 125, 118, 116, 114, 119；

南方的：116, 117, 121, 114, 116, 118, 123, 120。

试检验这一假说。

8. 为比较两种饲料喂猪的效果，某猪场从 12 窝长白猪的仔猪中，每窝抽出性别相同、体重接近的仔猪 2 头，将每窝两头仔猪随机地分配到两个饲养组，进行饲料对比试验，试验时间为 30 天，增重结果如表 5-3 所示，试检验两种饲料喂养的仔猪平均增重差异是否显著？

表 5-3　不同饲料对长白猪仔猪增重的影响 (单位：kg)

窝号	1	2	3	4	5	6	7	8	9	10	11	12
饲料 I	10.6	11.2	12.5	10.5	11.2	9.8	10.8	12.5	12	9.9	11.5	12.5
饲料 II	9.8	10.5	11.8	9.5	12	8.8	9.9	11.2	11.2	9.2	8.9	10.4

9. 某地调查了一种危害树木昆虫的两个世代的每卵块所含的卵粒数，第一代调查了 128 块，$\bar{x}_1 = 47.3$，$S_1 = 25.4$，第二代调查了 69 块，$\bar{x}_2 = 74.9$，$S_2 = 46.8$，试检验两个世代每卵块平均卵数的差异显著性（$\alpha = 0.05$）。

10. 用两种饲料喂养同一品种甲鱼，一段时间后，测得甲鱼的体重增加量（单位：g）为：

A 饲料，130.5、128.9、133.8；B 饲料，147.2、149.3、150.2、151.4。试检验两种饲料间方差的同质性。

11. 某鸭场种蛋常年孵化率为 6%，现有 100 枚种蛋进行孵化，得小鸭 90 只，问该批种蛋的孵化结果与常年孵化率有无显著差异？

12. 研究甲、乙两种药对某猪病的治疗效果，甲药治疗病猪 80 例，治愈 55 例；乙药治疗病猪 76 例，治愈 64 例，问两种药的治愈率是否有显著差异？并计算两种药物治愈率总体百分率的 95%、99%的置信区间。

13. 从两个正态总体中分别抽取两个独立的随机样本，它们的均值和标准差如表 5-4 所示。

表 5-4　不同饲料对长白猪仔猪增重的影响（单位：kg）

来自总体 1 的样本	来自总体 2 的样本
$\bar{x}_1 = 25$	$\bar{x}_2 = 23$
$S_1^2 = 16$	$S_2^2 = 20$

(1) 设 $n_1 = n_2 = 100$，求 μ_1 在 95%置信水平下的置信区间；

(2) 设 $n_1 = n_2 = 10$，$\sigma_1^2 = \sigma_2^2$，求 $\mu_1 - \mu_2$ 在 95%置信水平下的置信区间；

(3) 设 $n_1 = n_2 = 10$，$\sigma_1^2 \neq \sigma_2^2$，求 $\mu_1 - \mu_2$ 在 95%置信水平下的置信区间。

14. 某地为研究正常成年男女血液中红细胞平均数的差异，随机从该地抽查成年男子 156 名，成年女子 74 名，计算男子血液中红细胞的平均数为 465.13 万/mm^3，样本标准差为 54.8 万/mm^3，女子血液中红细胞平均数为 422.16 万/mm^3，样本标准差为 49.2 万/mm^3，试问该地正常成年人血液中红细胞平均数是否与性别有关？并计算男女血液中红细胞平均数在 95%置信水平下的置信区间。

第六章 非参数统计

在前面的章节中,我们讨论了参数统计方法,这类方法是在总体分布形式已知的情况下,对总体参数进行参数估计或假设检验。但是在许多实际问题中,我们往往不知道总体分布或是无从对总体分布作出某种假定,这种情况下就需要用非参数统计方法。

非参数统计方法是在总体分布任意情况下,对总体情况(如分布、随机变量的独立性等)进行统计推断的方法。它是现代统计推断的一个重要分支。

相对于参数统计而言,非参数统计有以下几个突出的优点:

(1) 非参数统计方法对于总体分布条件较少,效率高,结果虽然往往显得保守,但具有较好的稳健性,即不会由于总体分布与数据之间不一致导致发生大的结论性错误。

(2) 非参数统计方法可以处理所有类型的数据,因为其对总体分布条件较少,因而具有广泛的适用性。一般而言,参数统计方法主要针对定量数据,然而在实际问题中,当数据是定性数据时,很多常用的参数方法将无能为力,只能用非参数方法解决。即使对于定量数据而言,有时传统的统计推断也未必适用,尝试采用非参数方法,可能会获得更为理想的结果。

(3) 非参数思想容易理解,具有计算简便、直观、易于掌握的特点。

但需要强调的是,当数据资料符合参数检验条件时,即总体分布确定时,参数统计方法是优于非参数统计方法的。这是因为非参数统计方法既没有利用已知的总体分布信息,也没有充分利用样本提供的信息,所以检验效率较低,而参数方法具有更强的针对性。

非参数统计方法很多,几乎对于每一种参数统计方法,都有相应的非参数统计方法。本章仅介绍符号检验、秩和检验以及建立在 χ^2 分布上的适合性检验和独立性检验。

第一节 符号检验

符号检验(sign test)是非参数统计中最古老的方法之一,这种检验方法所关心的信息只与两类观测值有关,如果用符号"+"和"−"加以区分,这种检验就是通过符号"+"和"−"的个数来进行统计推断的,故称为符号检验。

一、单个样本的符号检验

设有一分布未知的总体,其中位数为 ξ。从该总体中随机抽取 n 个观察值 x_1, x_2,…, x_n,则有 $\frac{1}{2}$ 的 $(x_i-\xi)>0$ (记为"+"号)和 $\frac{1}{2}$ 的 $(x_i-\xi)<0$ (记为"−"号)。在这些差数中,n 个"+"(即 0 个"−"),$n-1$ 个"+"(即 1 个"−"),$n-2$ 个"+"(即 2 个"−"),…,0 个"+"

（即个"−"）的概率分布，与 $p=q=\frac{1}{2}$ 时 $(p+q)^n$ 的展开相对应。依次可以准确地计算出各种符号组合出现的概率。从而若根据试验数据检验未知总体分布的中位数位置，可据此做出所需的假设检验。

其检验步骤如下：

(1) 提出原假设和备择假设。

若检验总体的中位数 ξ 是否等于常数 C（C 为已知常数），则

$$H_0: \xi=C, \quad H_A: \xi \neq C.$$

(2) 确定检验的显著性水平 α。一般取 $\alpha=0.05$；

(3) 计算差值并赋予符号。

计算各观察值与 C 之差，差值为正值时赋予"+"符号，差值为负值时赋予"−"符号；

(4) 统计正负号频数。

用 n_+ 表示"+"符号出现频数，用 n_- 表示"−"符号出现频数，显然有 $n=n_+ + n_-$，记 $S=\min\{n_+, n_-\}$，则根据 S 值进行统计推断。

(5) 统计推断。

对于显著性水平 α，查附表 9，可得符号检验的临界值 $S_\alpha(n)$（双尾概率）。若 $S \leq S_\alpha(n)$，则拒绝 H_0，否则接受 H_0。

例 6.1 一批玉米种子规定其发芽率为 90% 即为合格。现随机抽取 10 袋，各取 20 粒做发芽试验，得发芽的种子数分别为 168、171、179、181、175、178、183、169、185、182 粒。试检验该批种子是否符合规定的发芽标准？

解 检验该批种子是否符合规定的发芽标准，即

$$H_0: \xi=200 \times 0.9=180, \quad H_A: \xi \neq 180,$$

取 $\alpha=0.05$。

将上述 10 个观察值分别减去 180 粒，得符号分别为：

−，−，−，+，−，−，+，−，+，+。

有 $n_+=4$，$n_-=6$，$S=\min\{n_+, n_-\}=4$。查附表 9，$S_{0.05}(10)=1$，因为 $S=4>1$，故接受 H_0，即认为该批种子发芽率是合格的。

需要说明的是，若记 $S=\min\{n_+, n_-\}$，以 $S_\alpha(n)$ 表示显著性水平为 α 时 n_+ 或 n_- 的最低临界值，则 $S_\alpha(n)$ 仅需要满足条件

$$2\sum_{i=0}^{S_\alpha(n)} C_n^i (\frac{1}{2})^n \leq \alpha \tag{6.1}$$

利用式（6.1）可算出相应的 $S_\alpha(n)$，并构建符号检验临界值表（附表 9）。因此，在进行符号检验时，只要直接将 S 和表中的 $S_\alpha(n)$ 相比较就可以了。附表 9 给出的双侧检验临界值表，用作单侧检验时，应将符号检验表中的概率 α 除以 2。

二、两个样本的符号检验

两个样本情况下，符号检验主要用于配对的试验数据。此时符号检验是利用各对数据之

差的符号来检验两个总体分布的差异性。显然,如果两个总体分布相同,考虑到试验误差的存在,正负号出现的次数相差不应该太大。如果相差太大,超过一定的临界值,就认为两个样本所属总体的分布有显著差异,这就是两个样本情况下符号检验的基本思想。

两个样本的符号检验步骤如下:

(1) 提出原假设和备择假设。

H_0:A、B两总体分布位置相同,H_A:A、B两总体分布位置不同。

(2) 确定检验的显著性水平α。一般取$\alpha = 0.05$。

(3) 计算配对样本每对数据之差,并根据差值的正负赋予符号。

例如,第i对数据,如果$x_{iA} > x_{iB}$,则差值为正,赋予"+"符号,反之差值为负,赋予"-"符号,注意计算差值时对于所有的n对数据计算规则要前后统一。如果$x_{iA} = x_{iB}$,差值为0,直接将其删去。

(4) 统计正负号频数。

用n_+表示"+"符号出现频数,用n_-表示"-"符号出现频数,显然有$n = n_+ + n_-$,记$S = \min\{n_+, n_-\}$,则根据S值进行统计推断。

(5) 统计推断。

对于显著性水平α,查附表9,可得符号检验的临界值$S_\alpha(n)$(双尾概率)。若$S \leq S_\alpha(n)$,则拒绝H_0,否则接受H_0。

例 6.2 12名评审员对两种面包用百分制评分,结果如表6-1所示。试用符号检验比较两种面包制品品质有无显著差异。

表6-1 两种面包制品品质专家评分结果

编 号	1	2	3	4	5	6	7	8	9	10	11	12
A面包	78	69	74	71	72	75	76	69	74	73	76	75
B面包	79	74	72	72	75	75	78	73	75	75	79	76

解 评分结果为配对的试验数据,利用符号检验比较两种面包制品品质有无显著差异,则

H_0:两种面包品质差异不显著,H_A:两种面包品质差异显著。

确定显著性水平$\alpha = 0.05$,对每对数据计算差值,计算A面包评分减去B面包评分的差并赋予符号,则得到12对评分结果对应的符号分别为:

$-,-,+,-,-, 0,-,-,-,-,-,-$,

第6个评审员评分结果相同,差值为0,直接删除。所以$n_+ = 1$,$n_- = 10$,$n=11$(0不计入)。

$S = \min\{n_+, n_-\} = 1$,查附表9,$S_{0.05}(11)=1$,因为$S=1 \leq 1$,故拒绝H_0,即认为两种面包制品品质差异显著。

需要说明的是,利用附表9进行符号检验时,记$S = \min\{n_+, n_-\}$,如果$S > S_{0.05}(n)$,则接受H_0,认为两个试验处理差异不显著;如果$S_{0.01}(n) < S \leq S_{0.05}(n)$,则拒绝$H_0$,认为两个试验处理差异显著;如果$S \leq S_{0.01}(n)$,则拒绝$H_0$,认为两个试验处理差异极显著(注意:

当 S 恰好等于临界值 $S_\alpha(n)$ 时，其确切概率常小于附表 9 中列出的相应概率）。

例 6.3 为了检验 A、B 两种果汁的酸味强度是否有差异，选择 8 位评审员，用 1~5 的尺度进行评分，结果如表 6-2 所示。试用符号检验测验两种果汁的酸味强度是否有差异。

表 6-2 两种果汁的酸味评分结果

编 号	1	2	3	4	5	6	7	8
A 果汁	4	3	3	4	5	5	3	4
B 果汁	2	2	4	4	4	3	4	3

解 评分结果为配对的试验数据，利用符号检验比较两种果汁的酸味强度有无差异，则 H_0：两种果汁的酸味差异不显著，H_A：两种果汁的酸味差异显著。

确定显著性水平 $\alpha = 0.05$，对每对数据计算差值，计算 A 果汁评分减去 B 果汁评分的差并赋予符号，则得到 8 对评分结果对应的符号分别为：

$$+, +, -, 0, +, +, -, +,$$

第 4 个评审员评分结果相同，差值为 0，直接删除。所以 $n_+ = 5$，$n_- = 2$，$n = 7$（0 不计入）。

$S = \min\{n_+, n_-\} = 2$，查附表 9，$S_{0.05}(7) = 0$，因为 $S = 2 > S_{0.05}(7)$，故接受 H_0，即认为两种果汁的酸味强度无差异显著。

三、需要说明的几个问题

1. 大样本的正态化近似

附表 9 列出 n 从 1~90 相应的临界值 $S_\alpha(n)$。当 $n > 90$ 时，根据 $S = \min\{n_+, n_-\} \sim B(n, 0.5)$，$E[\min\{n_+, n_-\}] = \dfrac{n}{2}$，$D[\min\{n_+, n_-\}] = \dfrac{n}{4}$，由中心极限定理有：

$$U = \frac{S - \dfrac{n}{2}}{\sqrt{n/4}} \overset{近似}{\sim} N(0,1) \tag{6.2}$$

则可根据样本值由式（6.2）计算 U 值，进行大样本情况下的近似 U 检验。也有人建议，当 $n > 25$ 时，便可进行正态化近似。

而当 n 不够大时，可以对 U 进行正态性修正，如下式：

$$U = \frac{S + C - \dfrac{n}{2}}{\sqrt{n/4}} \overset{近似}{\sim} N(0,1) \tag{6.3}$$

一般，当 $S < \dfrac{n}{2}$ 时，$C = \dfrac{1}{2}$；当 $S > \dfrac{n}{2}$ 时，$C = -\dfrac{1}{2}$。

例 6.4 将例 6.1 的资料按照正态分布近似计算。

解 （1）提出原假设和备择假设。

$$H_0: \xi = 200 \times 0.9 = 180, \quad H_A: \xi \neq 180$$

(2) 计算统计量 U。

在 H_0 正确的假设下，进行正态化近似计算，n 较小，需要修正，

$$U = \frac{S + 0.5 - \frac{n}{2}}{\sqrt{n/4}} = \frac{4.5 - 5}{1.5811} = -0.3162$$

(3) 统计推断。

作双侧检验。查附表 1，$\alpha = 0.05$，$U_{\frac{0.05}{2}} = 1.96$，$|U| = 0.3162 < 1.96$，故接受 H_0，认为该批种子发芽率是合格的，推断结果同例 6.1。

2. 与参数统计方法结果的比较

符号检验作为一种非参数统计方法，与其对应的是参数统计方法中的 t 检验过程（总体方差未知情形）。在同样的显著性水平 α 下，对于同一问题，符号检验和 t 检验往往得到看似相反的结论，原因是两种方法采取的假设陈述本身就不一样，t 检验（参数方法）考虑的是总体的均值，而符号检验（非参数方法）考虑的是总体的中位数，这表示二者对问题的理解角度是不同的，不同的理解完全有可能导致不同的结论。

比如，在某个具体问题中，如果总体的分布形式不能确定，在显著性水平 α 下，利用样本信息，进行 t 检验。若计算后 t 值在接受域里，结论是不能拒绝原假设，此时并不表明接受原假设，它仅仅说明要拒绝原假设还需要收集更多的证据。而对于同一问题，若进行符号检验，有可能得到完全相反的拒绝原假设的结论，则在显著性水平 α 下，说明此决策的风险至少是小于 α 的（如 $\alpha = 0.05$，则此决策的风险至少小于 0.05），说明已收集到的数据对于当下结论的可靠性信息是充分的。

t 检验是在假设了正态总体的前提下得到不能拒绝原假设的结论，信息不充分是可能原因，但也有可能是因为对总体分布的假定不适当造成的。由于符号检验的结果说明了信息的充分性，于是对总体分布的假定不适当才是 t 检验没有成功的原因，所以此时有理由认为 t 检验在这里不合适，符号检验的结果较 t 检验的结果更为可信。

但是当可以确定数据资料来自于正态总体时，符号检验的结果往往较为保守，而 t 检验过程更具有针对性，此时认为 t 检验的结果更为可信。

3. 符号检验的特点

符号检验作为一种非参数统计方法，具有下列特点：

(1) 用于检验的数据资料可以是定量的，也可以是非定量的；
(2) 两个样本配对资料的检验中，两个样本可以是相关的，也可以是独立的；
(3) 在检验时，对于分布的形式、方差等都不作限定。

上述特点说明符号检验方法对于数据资料的要求不高，所以在处理实际问题时，具有适用性更为广泛、简单直观、计算快捷、易于掌握的优点。

但是，利用该方法进行分析时不是直接用样本观察值，而是用观察值与中位数之间差的正负号，或是用配对观察值之差的正负号检验两总体分布是否有差异，仅使用了差数正负的个数，而忽略了数值差异的大小。因此该方法的缺点是信息利用不充分，会使一部分试验信

息损失掉，导致结果比较粗放。需要注意的是，若采用该方法分析，通常要求 n 必须大于 4。当 $n \leqslant 4$ 时，由于 $(\frac{1}{2})^4 > 0.05$，则永无可能拒绝 H_0。

第二节　秩和检验

在总体分布任意的情形下，检验配对的试验数据所在总体的分布位置有无显著差异，往往可以利用符号检验的方法实现。但是符号检验只考虑差数的正负号，而不考虑差数的绝对值差异，会导致部分试验信息损失，结果较为粗略。为了避免符号检验方法的这一缺陷，Wilcoxon 提出了一种改进方法，称为 Wilcoxon 秩和检验（rank sum test）。这种方法同时考虑了差异的方向和差异的大小，较之符号检验更为有效。而对于成组的试验数据所在总体的分布位置有无差异，也可以采用类似的方法进行检验。

秩和检验是通过将所有观察值（或每对观察值差的绝对值）按照从小到大的次序排列，每一观察值（或每对观察值差的绝对值）按照次序编号，称为秩（或秩次）。对两组观察值（配对设计下根据观察值差的正负分为两组）分别计算秩和进行检验。除了比较各对数据差的符号外，这种方法还进一步比较了各对数据差值大小的秩次高低，因此其检验效率较符号检验为高。

一、成组数据比较的秩和检验

从两个分布未知的总体中，分别独立抽取容量为 n_1 和 n_2 的两组样本（不妨设 $n_1 < n_2$），并将两组样本的数据放在一起，按照取值从小到大的顺序排列，并依次编号，每个数据对应的编号即为秩（或称为秩次）。

例如，有两个总体 A、B，分别独立抽取容量为 3 和 4 的两组样本（$n_1 = 3$，$n_2 = 4$，$n_1 < n_2$），结果如下：

| A | 25 | 35 | 30 | |
| B | 17 | 26 | 22 | 29 |

将两组样本的数据放在一起，按照取值从小到大的顺序排列，得到每个数据对应的秩。结果如下：

| B | 17 | 26 | 22 | 29 | A | 25 | 35 | 30 |
| 秩 | 1 | 4 | 2 | 5 | 秩 | 3 | 7 | 6 |

若将每组数据对应的秩全部相加，则得到每组样本的秩和。

在科学试验中，两个总体即为两个不同的试验处理，如果目的是检验两处理效果有无显著差异，即检验两组样本所属总体的位置有无显著差异，设 ξ_1、ξ_2 分别为两总体的中位数，则问题的原假设和备择假设为：

$$H_0: \xi_1 = \xi_2, \quad H_A: \xi_1 \neq \xi_2,$$

如果 H_0 成立，即两组样本所属总体的位置无显著差异，那么对应于第一组样本的秩和与对应于第二组样本的秩和应该大致相等。反之，如果两组样本的秩和差别较大，则说明两组样本所属总体的位置差异显著。通常可计算样本容量较小的那一组数据对应的秩和，并以此为依据进行秩和检验。

综上所述，成组数据比较的秩和检验具体步骤如下：

（1）将两组样本数据混合，按照从小到大的顺序排列并编秩。若其中有两个或多个数据相等，则它们的秩等于其所占位置对应的秩的平均值。

（2）将秩按照所属样本不同分开，计算样本容量较小的那一组数据对应的秩和，记为 T。若 $n_1 = n_2$，则计算样本平均数较小的那组的秩和，记为 T。

（3）确定检验的显著性水平 α，查秩和检验表（附表10），得到相应的临界值（单尾概率）。

例如检验的显著性水平为 0.05，双侧检验，查附表10，取 $\alpha = 0.025$，可分别得到临界值 T_1、T_2。

（4）统计推断。

如果 $T_1 < T < T_2$，则接受 H_0，即认为两组样本所属总体的位置无显著差异；如果 $T \leqslant T_1$ 或 $T \geqslant T_2$，则拒绝 H_0，接受 H_A，认为两组样本所属总体的位置差异显著。

例 6.5 研究乙酸对水稻幼苗生长的影响。乙酸处理种植了 7 盆，正常条件下（对照）种植 5 盆。每盆均为 4 株。幼苗在溶液中生长 7 天后，测定茎叶干重（g/盆），结果如下，试检验乙酸处理对水稻幼苗生长是否有显著影响。

| 对照 A | 4.32 | 4.38 | 4.10 | 3.99 | 4.25 | | |
| 乙酸 B | 3.85 | 3.78 | 3.91 | 3.94 | 3.86 | 3.75 | 3.82 |

解：H_0：$\xi_1 = \xi_2$，即认为乙酸处理对水稻幼苗生长无显著影响；

H_A：$\xi_1 \neq \xi_2$，即认为乙酸处理对水稻幼苗生长有显著影响。

将对照和乙酸处理两组样本数据混合，按照从小到大的次序排列，并赋予每个观察值相应的秩，样本的秩及每组样本的秩和结果如下：

对照 A	4.32	4.38	4.10	3.99	4.25			秩和
秩	11	12	9	8	10			50
乙酸 B	3.85	3.78	3.91	3.94	3.86	3.75	3.82	秩和
秩	4	2	6	7	5	1	3	31

因为 $n_1 = 5 < n_2 = 7$，对照处理 A 的样本容量较小，所以取 $T = 50$。

确定检验的显著性水平 $\alpha = 0.05$，双侧检验，查附表10，得到临界值 $T_1 = 20$，$T_2 = 45$。

因为 $T = 50 > T_2 = 45$，所以拒绝 H_0，即认为乙酸处理对水稻幼苗生长有显著影响。

例 6.6 利用原有仪器 A 和新仪器 B 分别测得某物质 30min 后的溶解度结果如下。

| A | 55.7 | 50.4 | 54.8 | 52.3 | |
| B | 53.0 | 52.9 | 55.1 | 57.4 | 56.6 |

试判断两台仪器测试结果是否一致。

解：H_0：$\xi_1 = \xi_2$，即认为两台仪器测试结果一致；

H_A：$\xi_1 \neq \xi_2$，即认为两台仪器测试结果不一致。

将两组数据混合后，按照从小到大的次序排列，并赋予每个观察值相应的秩，样本的秩及每组样本的秩和结果如下：

A	55.7	50.4	54.8	52.3		秩和
秩	7	1	5	2		15
B	53.0	52.9	55.1	57.4	56.6	秩和
秩	4	3	6	9	8	30

因为 $n_1 = 4 < n_2 = 5$，处理 A 的样本容量较小，所以取 $T = 15$。

确定检验的显著性水平 $\alpha = 0.05$，双侧检验，查附表 10，得到临界值 $T_1 = 12$，$T_2 = 28$。因为 $T_1 = 12 < T = 15 < T_2 = 28$，所以接受 H_0，即认为两台仪器测试结果一致。

二、配对数据比较的秩和检验

对于配对试验设计得到的数据资料，也可利用秩和检验方法比较两总体位置有无显著差异。

若要比较两个任意分布的总体位置有无显著差异，配对试验设计，在小样本情况下，可直接做配对比较的秩和检验。基本思想是，从两总体中随机独立抽取两两成对的 n 对（$n < 30$）样本，计算每对观察值的差数，分别记为 d_i（$i = 1, 2, \cdots, n$）。然后将这些差数按照绝对值大小从小到大排列，并依次赋予秩次 $1, 2, \cdots, n$。再分别统计差数为正的秩和 T_+ 及差数为负的秩和 T_-。如果两总体位置无显著差异，则正负秩和的值应相差不大，否则，可以认为两总体位置有显著差异。对于取定的显著性水平 α，可查附表 11 确定相应问题的接受域范围，通过将 T_+ 和 T_- 与此范围作比较做出统计推断。具体的检验过程下面以实例叙述之。

例 6.7 一位医学研究者想知道某项新型的锻炼方式对 60~80 岁之间的妇女脉搏速率是否有影响，随机抽取该年龄段的妇女 12 人，分别在 2 个月的锻炼前后测量她们的脉搏，测验结果如下：

编 号	1	2	3	4	5	6	7	8	9	10	11	12
锻炼前	75	81	73	75	70	74	82	64	79	83	73	82
锻炼后	71	83	70	60	75	67	85	65	69	71	65	76

解：本例题属于配对试验设计的数据比较，$n = 12$。

（1）提出原假设与备择假设。

H_0：$\xi_1 = \xi_2$，即认为锻炼前后脉搏率无显著差异；

H_A：$\xi_1 \neq \xi_2$，即认为锻炼前后脉搏速率有显著差异。

（2）计算每对观察值的差数并根据绝对值大小排序，并赋予秩次。

上述观察值的差值及对应的秩结果如下：

编 号	1	2	3	4	5	6	7	8	9	10	11	12
差值 d_i	4	−2	3	15	−5	7	−3	−1	10	12	8	6
$\|d_i\|$	4	2	3	15	5	7	3	1	10	12	8	6
秩	5	2	3.5	12	6	8	3.5	1	10	11	9	7

注意在计算秩时，若差数为 0，则直接舍去；若恰好其中有两个或多个差值的绝对值相等，则它们的秩等于其所占位置对应的秩的平均值。如本例中，编号为 3 和 7 的观察值差值的绝对值均为 3，而按照绝对值从小到大顺序排列两者次序分别是 3、4，则秩均为 $\frac{3+4}{2}=3.5$。

(3) 计算秩和。

统计正（$d_i>0$）的秩和：$T_+ = 5+3.5+12+8+10+11+9+7 = 65.5$；

统计负（$d_i<0$）的秩和：$T_- = 2+6+3.5+1 = 12.5$。

(4) 确定检验的显著性水平、查临界值并做统计推断。

取 $\alpha=0.05$，查附表 11，得接受域范围：13~65，计算出的秩和 T_+ 和 T_- 不在此范围内，因此拒绝 H_0，即锻炼前后脉搏速率有显著差异。

三、需要说明的几个问题

1. 大样本的正态化近似

对于成组的资料，利用附表 10 进行秩和检验，只适用于 $n_1 \leq 10$，$n_2 \leq 7$ 的情况，当 n_1、n_2 都大于 10 时，其秩和 T 的抽样分布接近正态分布，可以利用正态分布近似检验。正态分布的平均数 $\mu_T = \frac{n_1(n+1)}{2}$（$n_1+n_2=n$），标准差 $\sigma_T = \sqrt{\frac{n_1 n_2(n+1)}{12}}$，因此有：

$$U = \frac{T-\mu_T}{\sigma_T} = \frac{T-\frac{n_1(n+1)}{2}}{\sqrt{\frac{n_1 n_2(n+1)}{12}}} \sim N(0,1) \tag{6.4}$$

若没有并列的秩次，则据式（6.4）可做出单侧或双侧 U 检验。

当存在 m_i 个并列秩的数据时，要利用式（6.4）进行近似的 U 检验，需要对标准差 σ_T 进行矫正，矫正后的 σ_T 为：

$$\sigma_T = \sqrt{\frac{n_1 n_2(n^3-n-\sum C_i)}{12n(n-1)}}$$

其中，C_i 是并列秩数据 m_i 的函数：$C_i = (m_i-1)m_i(m_i+1)$。

对于成对的资料，从总体中随机抽取成对样本，计算每对观察值的差数并根据绝对值从小到大的顺序排列，并赋予秩次。计算差数为正或差数为负的秩和，记为 T。若不断重复抽样，就可以得到一个间断的、左右对称的 t 分布，且平均数 $\mu_T = \frac{n(n+1)}{4}$，标准差

$$\sigma_T = \sqrt{\frac{n(n+1)(2n+1)}{24}}。$$

大样本情况（$n>30$）下，若没有并列的秩次，可利用正态分布近似检验，检验的统计量为：

$$U = \frac{T - \mu_T}{\sigma_T} = \frac{T - \dfrac{n(n+1)}{4}}{\sqrt{\dfrac{n(n+1)(2n+1)}{24}}} \sim N(0,1) \tag{6.5}$$

利用式（5.5）可对 $n>30$ 的成对资料做单侧或双侧的秩和检验。

当相同的差值绝对值较多，如存在 m_i 个并列秩的数据时，要利用式（6.5）进行近似的 U 检验，需要对标准差 σ_T 进行矫正，矫正后的 σ_T 为：

$$\sigma_T = \sqrt{\frac{n(n+1)(2n+1)}{24} - \frac{\sum(m_i^3 - m_i)}{48}}$$

其中，m_i 为第 i 个相同差值的个数。

2. 多个样本比较的秩和检验

上面介绍了两组独立样本及两配对设计样本的秩和检验方法，若实际问题中出现多个独立样本，对多个总体位置的比较，也可以通过非参数统计方法实现，如克鲁斯凯-沃利斯检验(kruskal-wallis test)，这里不再详细描述。

3. 与参数统计方法结果的比较

秩和检验的效率优于符号检验，但仍然低于 t 检验，其效率大约为 t 检验的 96%。但在总体分布形式任意（或未知）且小样本的情况下，秩和检验的结果更为稳健，对于两个总体的比较，不失为一种较好的做法。

第三节　χ^2 统计量及 χ^2 检验

对于计数资料或质量性状资料，即来自离散型总体的数据资料的假设检验，可以利用二项分布的概率计算来进行，也可通过将次数转化为频率再计算概率来进行，还可以采用 χ^2 统计量来进行 χ^2 检验（chi-square test）。此时，针对不同问题，χ^2 检验一般有两种类型，即适合性检验和独立性检验。

一、χ^2 检验的基本原理

从第 4 章中我们知道，若有正态总体 $Y \sim N(\mu, \sigma^2)$，从中抽取容量为 n 的样本（$y_1, y_2, \cdots, y_n$），则有：

$$\chi^2 = \sum_{i=1}^{n} \left(\frac{y_i - \mu}{\sigma}\right)^2 = \frac{1}{\sigma^2} \sum_{i=1}^{n}(y_i - \mu)^2 \sim \chi^2(n) \tag{6.6}$$

若 μ 未知，用样本均值 $\bar{y}$ 估计 μ，有：

$$\chi^2 = \sum_{i=1}^{n}(\frac{y_i-\overline{y}}{\sigma})^2 = \frac{1}{\sigma^2}\sum_{i=1}^{n}(y_i-\overline{y})^2 \tag{6.7}$$

由于样本方差 $s^2 = \frac{1}{n-1}\sum_{i=1}^{n}(y_i-\overline{y})^2$，则式（6.7）可写成：

$$\chi^2 = \sum_{i=1}^{n}(\frac{y_i-\overline{y}}{\sigma})^2 = \frac{1}{\sigma^2}\sum_{i=1}^{n}(y_i-\overline{y})^2 = \frac{(n-1)s^2}{\sigma^2} \tag{6.8}$$

此时独立的正态离差个数为 $n-1$ 个，故样本方差 s^2 的函数 $\frac{(n-1)s^2}{\sigma^2}$ 服从自由度为 $n-1$ 的 χ^2 分布。这是随自由度 $df=n-1$ 而变化的连续性随机变量的分布。

对于计数资料或质量性状资料进行 χ^2 检验，其基本原理是根据实际问题中样本对应的实际次数 A_i (actual frequency) 与相应的理论次数 T_i 之间的偏差来决定 χ^2 值的大小。实际次数由样本值可以统计，而理论次数的计算建立在假定原假设 H_0 成立的基础上。从而两者之间偏差越大，说明原假设 H_0 成立的可能性越小；两者偏差越小，说明原假设 H_0 成立的可能性越大；若两者完全相等，说明观察值与原假设 H_0 成立时的理论值完全符合。所以在进行假设检验时，最直接的想法是计算 $|A_i-T_i|$ 的大小。由于 A_i-T_i 有正有负，计算 $\sum|A_i-T_i|$ 比较困难，故考虑计算 $\sum(A_i-T_i)^2$。但在实际问题中，这个绝对差异数还不足以表示相差程度，对于多组资料，还需采用 $\sum\frac{(A_i-T_i)^2}{T_i}$ 使其转化为相对比值进行计算。

英国统计学家 K.Pearson（1900）根据上述思想，从质量性状的分布推导出用于次数资料分析的 χ^2 统计量

$$\chi^2 = \sum_{i=1}^{m}\frac{(A_i-T_i)^2}{T_i} \tag{6.9}$$

其中，A_i 为实际次数，T_i 为理论次数，m 为分组数。统计量服从自由为 df 的 χ^2 分布。其中自由度 df 的确定分为两种情况：

（1）若已知各组的理论概率，可直接计算出各组的理论次数。为满足各理论次数之和等于实际次数之和这个约束条件，自由度 $df=m-1$，其中 m 为分组数。

（2）若总体分布中含有 k 个未知参数需要用样本统计量估计，则自由度 $df=m-k-1$，其中 m 为分组数，k 是总体分布中需要用样本估计的未知参数的个数。

在非参数情况下，可用式（6.9）对计数资料或质量性状资料的次数分布或独立性进行 χ^2 检验。

二、χ^2 检验中需要注意的问题

需要说明的是，由于 χ^2 分布是连续的，而计数资料或质量性状资料是离散的，故上述 χ^2 统计量只是近似服从 χ^2 分布，近似程度取决于样本容量和分组数。事实上，对计数资料进行 χ^2 检验时利用连续型随机变量 χ^2 分布计算出的对应概率常常偏低，尤其是分布的自由度

为 1 时更明显。因此，在进行 χ^2 检验时，为使检验结果更精确，一般要求：

(1) 每组的理论次数 T_i 不少于 5，即 $T_i \geqslant 5$；若某些组的理论次数过少，且在实际问题中相邻组合并起来是有实际意义的，可将相邻组合并以产生较大的理论次数。合并后的统计量仍近似服从 χ^2 分布，自由度根据组数做相应的调整。

(2) 当自由度为 1 时，需要进行连续性矫正（correction for continuity），矫正后的统计量为：

$$\chi_c^2 = \sum_{i=1}^{m} \frac{(|A_i - T_i| - 0.5)^2}{T_i} \tag{6.10}$$

此时，需要用式（6.10）中的统计量进行 χ^2 检验。

第四节 适合性检验

适合性检验（test for goodness of fit）是用来检验实际观察数与依照某种假设或模型计算出来的理论数之间是否一致的一种方法，又称为吻合度检验或拟合优度检验。应用这种方法可利用样本信息对未知的总体分布形式做出推断，检验总体是否服从某种理论分布（如正态分布或二项分布）。其方法是将样本依据实际情况或次数分布分成 m 个互不相交的组，统计每组样本观察值的实际次数，然后在假定总体服从某种理论分布的前提下计算每一组的理论次数，再比较实际次数与理论次数的分配是否相符。在具体的检验过程中，可通过计算本章第三节式（6.9）中的 χ^2 统计量进行 χ^2 检验。

一、适合性检验的理论基础及主要步骤

若假设总体 Y 的分布未知，目的是检验总体 Y 是否服从某种理论分布，可从总体中独立抽取容量为 n 的样本，由样本观察值的信息进行 χ^2 检验。若依据问题的实际分类或次数分布把所有的样本观察值分为了 m 组，而在假设总体 Y 服从此理论分布的基础上可以计算第 i 组的理论概率，记为 p_i（$i=1,2,\cdots,m$），显然每组的理论次数 $T_i = np_i$，则式（6.9）中的 χ^2 统计量可等价写成如下形式：

$$\chi^2 = \sum_{i=1}^{m} \frac{(A_i - np_i)^2}{np_i} \tag{6.11}$$

统计量式（6.11）服从自由为 $df=m-k-1$ 的 χ^2 分布，其中 k 是总体分布中需要用样本估计的未知参数的个数。若理论分布中无需要估计的未知参数，取 $k=0$ 即可。

综上所述，适合性检验的主要步骤如下：

(1) 提出原假设与备择假设。

原假设 H_0：总体服从某种设定的分布；

备择假设 H_A：总体不服从某种设定的分布。

(2) 确定检验的显著性水平 α

一般常取 $\alpha=0.05$ 或取 $\alpha=0.01$。

(3) 计算理论次数及理论分布。

假设 H_0 成立，总体服从某种设定的分布，以此为基础可计算每组对应的理论概率 p_i ($i=1,2,\cdots,m$)，每组的理论次数 $T_i = np_i$。需要注意的是，若某些组计算出的理论次数 $T_i < 5$，在有实际意义的前提下，需要将其与相邻组合并，组数 m 也需做相应的调整。

(4) 求 χ^2 统计量的值。

一般情况下，χ^2 统计量的值利用式 (6.11) 计算；但是当 χ^2 分布的自由度 $df = 1$ 时，需要进行连续型矫正，矫正后的统计量为：

$$\chi_c^2 = \sum_{i=1}^{m} \frac{(|A_i - np_i| - 0.5)^2}{np_i} \tag{6.12}$$

(5) 确定 χ^2 分布的自由度。

自由度 $df = m-k-1$，其中 k 是总体分布中需要用样本估计的未知参数的个数。若理论分布中无需要估计的未知参数，则 $k=0$。

(6) 统计推断。

根据确定的显著性水平 α，查相应的 χ^2 分布临界值 (附表 3) $\chi_\alpha^2(df)$，若 χ^2 （或 χ_c^2） > $\chi_\alpha^2(df)$，则拒绝 H_0，认为总体不服从理论分布；否则，接受 H_0，认为总体服从理论分布。

一般根据所设定的总体服从的理论分布类型不同，适合性检验可分为离散型分布的适合性检验和连续型分布的适合性检验。

二、离散型分布的适合性检验

在实际问题中，经常会遇到检验计数资料或质量性状资料次数的分配是否符合已知属性分配的问题，此时可认为问题中的总体是服从某种离散型分布的。下面以具体实例介绍这种情况下适合性检验的具体做法。

例 6.8 研究大豆蛋白质型类的遗传，蛋白质型类 A 与蛋白质型类 B 杂交产生的第一代 (F_1 代) 为型类 AB，F_1 代自交产生 F_2 代共分离成 A 型类 24 次，AB 型类 35 次，B 型类 21 次，是检验这种现象是否符合孟德尔 1:2:1 的遗传分离定律？

解：(1) 提出原假设与备择假设。

原假设 H_0：符合孟德尔 1:2:1 的遗传分离定律；

备择假设 H_A：不符合孟德尔 1:2:1 的遗传分离定律。

若认为蛋白质型类为总体，总体为离散型的，则在 H_0 成立的假定下，可认为总体的分布如表 6-3 所示。

表 6-3 蛋白质型类的理论分布

型类	A	AB	B
理论概率 p_i	$\frac{1}{4}$	$\frac{1}{2}$	$\frac{1}{4}$

检验是否符合孟德尔 1:2:1 的遗传分离定律即为检验离散型总体是否服从如上分布。

(2) 确定检验的显著性水平 α。取 $\alpha=0.05$ 即可。

(3) 计算理论次数及理论分布。

由题中的条件可知，组数 $m=3$，每组的实际次数分别为：
$$A_1 = 24, \ A_2 = 35, \ A_3 = 21,$$
观察值总数 $n = A_1 + A_2 + A_3 = 80$，每组的理论概率分别为：
$$p_1 = \frac{1}{4}, \ p_2 = \frac{1}{2}, \ p_3 = \frac{1}{4},$$
则每组的理论次数分别为：
$$T_1 = np_1 = 20, \ T_2 = np_2 = 40, \ T_3 = np_3 = 20。$$

(4) 求 χ^2 统计量的值。
$$\chi^2 = \sum_{i=1}^{m} \frac{(A_i - np_i)^2}{np_i} = \frac{(24-20)^2}{20} + \frac{(35-40)^2}{40} + \frac{(21-20)^2}{20} = 1.475。$$

(5) 确定 χ^2 分布的自由度。

自由度 $df = m-k-1$，本例总体的理论分布中无待估的未知参数，$k=0$，所以自由度为 $df = 3-0-1 = 2$；自由度不为1，无须进行连续性矫正。

(6) 统计推断

$\alpha=0.05$，$df=2$，查附表 3，得相应的临界值 $\chi^2_{0.05}(2) = 5.99$，因为 $\chi^2 = 1.475 < \chi^2_{0.05}(2) = 5.99$，所以接受 H_0，认为总体服从理论分布，即符合孟德尔 1∶2∶1 的遗传分离定律。

例 6.9 根据以往调查，消费者对 2 种不同原料的饮料 A、B 的喜欢程度分别是 48% 和 52%。现随机选择 80 位消费者评定该 2 种不同原料的饮料，从中选出各自喜欢的产品，结果选 A 的为 34 人，选 B 的为 46 人。试问消费者对 2 种饮料的喜欢程度是否有变化？

解：(1) 提出原假设与备择假设。

原假设 H_0：消费者对 2 种饮料的喜欢程度无变化；

备择假设 H_A：消费者对 2 种饮料的喜欢程度有变化。

(2) 确定检验的显著性水平 α，取 $\alpha=0.05$ 即可。

(3) 计算理论次数及理论分布。

由题中的条件可知，组数 $m=2$，每组的实际次数分别为：
$$A_1 = 34, \ A_2 = 46$$
观察值总数 $n = 80$，若假设 H_0 成立，则每组的理论概率分别为：
$$p_1 = 0.48, \ p_2 = 0.52$$
则每组的理论次数分别为：
$$T_1 = np_1 = 38.4, \ T_2 = np_2 = 41.6$$

(4) 确定 χ^2 分布的自由度。

自由度 $df = m-k-1$，本例总体的理论分布中无待估的未知参数，$k=0$，所以自由度为 $df = 2-0-1 = 1$；自由度为1，需进行连续性矫正。

(5) 求统计量的值。进行连续性矫正后统计量的值为：
$$\chi^2_c = \sum_{i=1}^{m} \frac{(|A_i - np_i| - 0.5)^2}{np_i} = \frac{(|34-38.4|-0.5)^2}{38.4} + \frac{(|46-41.6|-0.5)^2}{41.6} = 0.7617$$

(6) 统计推断。

$\alpha=0.05$,$df=1$,查附表 3,得相应的临界值 $\chi^2_{0.05}(1)=3.84$,因为 $\chi^2_c = 0.7617 < \chi^2_{0.05}(1)=3.84$,所以接受 H_0,认为消费者对 2 种饮料的喜欢程度无显著变化。

三、连续型分布的适合性检验

当总体分布形式未知时,适合性检验还经常用来检验试验数据的次数分布是否符合某种理论分布(如正态分布、二项分布等),以推断实际的次数分布属于哪一种分布类型。在实际问题中最常遇见的是检验试验数据是否来自于正态总体的情况,此时可归为对连续型总体分布的适合性检验问题。

例 6.10 为调查泰山一号小麦的株高分布情况,在试验田测得 300 株泰山一号小麦的株高(单位:cm),并将原始数据整理成如下所示的次数分布表。

分组	$(-\infty,79]$	$(79,81]$	$(81,83]$	$(83,85]$	$(85,87]$	$(87,89]$	$(89,91]$	$(91,93]$	$(93,95]$	$(95,97]$	$(97,\infty)$
次数	1	5	17	23	44	61	55	48	29	12	5

已知 300 株小麦的平均株高为 88.96,标准差为 4.428,试检验株高是否符合正态分布。

解:(1)提出原假设与备择假设。

原假设 H_0:株高符合正态分布;

备择假设 H_A:株高不符合正态分布。

(2)确定检验的显著性水平 α。取 $\alpha=0.05$ 即可。

(3)计算理论次数及理论分布。

记株高为总体 Y,若假设 H_0 成立,则 Y 服从正态分布。正态分布的参数 μ、σ 未知,分别用样本统计量 $\bar{y}=88.96$ 和 $s=4.428$ 估计,即认为总体 $Y \sim N(88.96, 4.428^2)$,据此可计算每组的理论概率:

$$p_1 = P\{Y \leq 79\} = \Phi(-2.2493) = 0.00754,$$
$$p_2 = P\{79 < Y \leq 81\} = \Phi(-1.7977) - \Phi(-2.2493) = 0.02492,$$
$$\cdots$$
$$p_{11} = P\{Y > 97\} = 1 - \Phi(1.8157) = 0.02314。$$

总数 $n=300$,每组的理论次数 $T_i = np_i$,分别为:

$$T_1 = 300 \times 0.00754 = 2.262, \cdots, T_{11} = 300 \times 0.02314 = 6.942。$$

注意到第一组的理论次数 $T_1 = 2.262 < 5$,需要将前两组合并,组数变为 $m=10$,合并后的每组的理论概率及理论次数及计算如表 6-4 所示。

表 6-4 合并后的理论概率及理论次数

分 组	实际次数 A_i	理论概率 p_i	理论次数 T_i
$(-\infty,81]$	6	0.03246	9.738
$(81,83]$	17	0.05258	15.774
$(83,85]$	23	0.09822	29.466
$(85,87]$	44	0.14324	42.972
$(87,89]$	61	0.17402	52.206

分　　组	实际次数 A_i	理论概率 p_i	理论次数 T_i
(89,91]	55	0.17325	51.975
(91,93]	48	0.14135	42.405
(93,95]	29	0.09449	28.347
(95,97]	12	0.05254	15.762
(97,∞)	5	0.02314	6.942

(4) 确定 χ^2 分布的自由度。

自由度 $df=m-k-1$，本例总体的理论分布中有 2 个未知参数需要估计，$k=2$，所以自由度为 $df=10-2-1=7$；自由度不为 1，无须进行连续性矫正。

(5) 求 χ^2 统计量的值。

$$\chi^2 = \sum_{i=1}^{m}\frac{(A_i-np_i)^2}{np_i} = \frac{(6-9.738)^2}{9.738}+\cdots+\frac{(5-6.942)^2}{6.942} = 6.8165。$$

(6) 统计推断。

$\alpha=0.05$，$df=7$，查附表 3，得相应的临界值 $\chi^2_{0.05}(7)=14.067$，因为 $\chi^2=6.8165<\chi^2_{0.05}(7)=14.067$，所以接受 H_0，认为泰山一号小麦株高符合正态分布。

需要说明的是，χ^2 检验用于进行次数分布的适合性检验时具有一定的近似性，为使检验结果更为精确，一般应注意以下几点：

(1) 总观察次数应较大，一般不少于 50。
(2) 分组数最好在 5 组以上。
(3) 每组理论次数应不小于 5，尤其是首尾组。若理论次数小于 5，应与相邻组合并。
(4) 当自由度 $df=1$ 时，需要对 χ^2 值进行连续性矫正。

第五节　独立性检验

独立性检验（test of independence）是用来检验两个或两个以上随机变量之间彼此是否相互独立的非参数统计方法，其结果可以反映它们之间的相互关联程度。在进行独立性检验时常利用列联表（contingency table）来进行分析，通过计算 χ^2 统计量的值进行 χ^2 检验。

列联表是一种将观察值按照两个或多个随机变量分类的表。若检验两个随机变量 X 和 Y 的独立性，则可用 $n\times m$ 二维列联表，其中 n 为表的行数，说明行所代表的随机变量共分为 n 个等级（或 n 类）；m 为表的列数，说明列所代表的随机变量共分为 m 个等级（或 m 类）。表 6-5 即为 $n\times m$ 二维列联表的一般化形式。

表 6-5　$n\times m$ 二维列联表的一般化形式

X \ Y	1	2	⋯	m	$A_{i\cdot}=\sum_{j=1}^{m}A_{ij}$
1	A_{11}	A_{12}	⋯	A_{1m}	$A_{1\cdot}$

续表

X \ Y	1	2	⋯	m	$A_{i\bullet}=\sum_{j=1}^{m}A_{ij}$
2	A_{21}	A_{22}	⋯	A_{2m}	$A_{2\bullet}$
⋮	⋮	⋮		⋮	⋮
n	A_{n1}	A_{n2}	⋯	A_{nm}	$A_{n\bullet}$
$A_{\bullet j}=\sum_{i=1}^{n}A_{ij}$	$A_{\bullet 1}$	$A_{\bullet 2}$	⋯	$A_{\bullet m}$	$A=\sum_{i=1}^{n}\sum_{j=1}^{m}A_{ij}$

其中，A_{ij} 是行变量取第 i 等级（或第 i 类）且列变量取第 j 等级（或第 j 类）时观察值出现的实际次数，$A_{i\bullet}$ 是行变量取第 i 等级（或第 i 类）时观察值的次数，$A_{\bullet j}$ 是列变量取第 j 等级（或第 j 类）时观察值的次数，A 是试验的总次数（$i=1,2,\cdots,n$，$j=1,2,\cdots,m$）。

一、独立性检验的基本原理及一般程序

以上述一般情况下的 $n\times m$ 二维列联表为例说明独立性检验的基本原理及主要步骤。

目的为检验两个随机变量 X 和 Y 的独立性，假定已将试验中各类观察值出现的频数整理成表 6-5 的形式，则独立性检验的主要步骤如下：

（1）提出原假设和备择假设。

原假设 H_0：X 和 Y 相互独立，即两者之间无关联。

备择假设 H_A：X 和 Y 不独立，即两者之间有关联。

（2）确定检验的显著性水平 α。一般取 $\alpha=0.05$。

（3）计算理论次数 T_{ij}。

在表 6-5 中，根据两个随机变量对应样本值的不同类别或不同等级，所有样本观察值共分为 $n\times m$ 组。每组的实际次数 A_{ij} 根据试验数据可知，已整理在列联表中。在假设 H_0 成立的基础上，可计算每组的理论次数 T_{ij}，基本做法如下：

若 H_0 成立，即随机变量 X 和 Y 相互独立，设 p_{ij} 表示 X 取第 i 等级（或第 i 类）且 Y 取第 j 等级（或第 j 类）的概率，$p_{i\bullet}$ 表示 X 取第 i 等级（或第 i 类）的概率，$p_{\bullet j}$ 表示 Y 取第 j 等级（或第 j 类）的概率，则由两随机变量独立的定义，

$$p_{ij}=p_{i\bullet}\times p_{\bullet j} \tag{6.13}$$

对所有的 i,j（$i=1,2,\cdots,n$，$j=1,2,\cdots,m$）都成立。

大样本情形下，用频率近似估计概率，则有：

$$\frac{T_{ij}}{A}=\frac{A_{i\bullet}}{A}\times\frac{A_{\bullet j}}{A} \tag{6.14}$$

整理得：

$$T_{ij}=\frac{A_{i\bullet}\times A_{\bullet j}}{A} \tag{6.15}$$

据式（6.15）即可计算每组的理论次数。

将每组理论次数整理到列联表中，则得到表 6-6。

表 6-6 计算理论次数后的 $n \times m$ 二维列联表

X \ Y	1	2	⋯	m	$A_{i\cdot} = \sum_{j=1}^{m} A_{ij}$
1	A_{11}（T_{11}）	A_{12}（T_{12}）	⋯	A_{1m}（T_{1m}）	$A_{1\cdot}$
2	A_{21}（T_{21}）	A_{22}（T_{22}）	⋯	A_{2m}（T_{2m}）	$A_{2\cdot}$
⋮	⋮	⋮	⋮	⋮	⋮
n	A_{n1}（T_{n1}）	A_{n2}（T_{n2}）	⋯	A_{nm}（T_{nm}）	$A_{n\cdot}$
$A_{\cdot j} = \sum_{i=1}^{n} A_{ij}$	$A_{\cdot 1}$	$A_{\cdot 2}$	⋯	$A_{\cdot m}$	$A = \sum_{i=1}^{n}\sum_{j=1}^{m} A_{ij}$

上表中括号里的值为每组的理论次数。

（4）确定 χ^2 分布的自由度。

注意到 $n \times m$ 的二维列联表共有 n 行 m 列，而每一行的理论次数受该行总频数的约束，每一列的理论次数受该列总频数的约束，所以自由度

$$df = (n-1)(m-1)$$

（5）计算 χ^2 统计量的值。

$$\chi^2 = \sum_{i=1}^{n} \sum_{j=1}^{m} \frac{(A_{ij} - T_{ij})^2}{T_{ij}} \tag{6.16}$$

注意当 χ^2 分布的自由度 $df=1$ 时，需要进行连续型矫正，矫正后的统计量为：

$$\chi_c^2 = \sum_{i=1}^{n} \sum_{j=1}^{m} \frac{(|A_{ij} - T_{ij}| - 0.5)^2}{T_{ij}} \tag{6.17}$$

（6）统计推断。

根据确定的显著性水平 α，查相应的 χ^2 分布临界值（附表3）$\chi_\alpha^2(df)$，若 χ^2（或 χ_c^2）$> \chi_\alpha^2(df)$，则拒绝 H_0，认为 X 和 Y 不独立，两者之间有相互关联；否则，接受 H_0，认为 X 和 Y 独立，两者之间无关联，即不同的分类方式确实产生了不同的效果。

二、2×2 列联表的独立性检验

若检验两个随机变量 X 和 Y 的独立性，且两个随机变量 X 和 Y 均各只有 2 个等级（或分为 2 个类别），则用二维的 2×2 列联表进行分析。

例 6.11 在棉花花期喷萘乙酸 10ppm，进行减少落铃试验，同时以喷等量清水作为对照，得试验结果如下：

喷萘乙酸的棉花共 220 个，其中落铃 22 个，未落铃 198 个；

喷清水的棉花共 260 个，其中落铃 58 个，未落铃 202 个。

试检验喷萘乙酸对减轻棉花落铃是否有显著作用？

解： 问题可看成是检验是否喷萘乙酸与棉花是否落铃两者之间是否独立，可利用 22 列

联表进行独立性检验。

(1) 提出原假设和备择假设。

原假设 H_0：是否喷萘乙酸与棉花是否落铃两者之间独立，即喷萘乙酸对减轻棉花落铃无作用；

备择假设 H_A：两者之间不独立，即喷萘乙酸对减轻棉花落铃有作用。

(2) 确定检验的显著性水平 α，取 $\alpha = 0.05$。

(3) 计算理论次数 T_{ij}。

本例中试验结果对应的列联表如表 6-7 所示。

表 6-7　棉花落铃试验结果的 2×2 列联表

X \ Y	落铃个数	未落铃个数	$A_{i\cdot}$
喷萘乙酸	22	198	220
喷清水	58	202	260
$A_{\cdot j}$	80	400	$A = 480$

2×2 列联表两行两列共 4 组，每组的实际次数如表 6-6 所示，每组的理论次数可根据式 (6.15) 计算得到，分别为：

$$T_{11} = \frac{220 \times 80}{480} = 36.6 \approx 37，T_{12} = \frac{220 \times 400}{480} = 183，$$

$$T_{21} = \frac{260 \times 80}{480} = 43，T_{22} = \frac{260 \times 400}{480} = 217。$$

具体结果如表 6-8 所示。

表 6-8　含有理论次数的 2×2 列联表

X \ Y	落铃个数	未落铃个数	$A_{i\cdot}$
喷萘乙酸	22 (37)	198 (183)	220
喷清水	58 (43)	202 (217)	260
$A_{\cdot j}$	80	400	$A = 480$

上表中括号里的值为每组的理论次数。

(4) 确定 χ^2 分布的自由度。

自由度 $df = (2-1)(2-1) = 1$，因此需要注意 2×2 列联表在计算 χ^2 值时必须进行连续型矫正。

(5) 计算 χ^2 统计量的值。

自由度 $df = 1$ 时，需要进行连续型矫正，矫正后的统计量为：

$$\chi_c^2 = \frac{(|22-37|-0.5)^2}{37} + \cdots + \frac{(|202-217|-0.5)^2}{217} = 12.69$$

(6) 统计推断。

显著性水平 $\alpha = 0.05$，查相应的 χ^2 分布临界值（附表 3） $\chi^2_{0.05}(1) = 6.63$，$\chi^2_c = 12.69 > \chi^2_{0.05}(1) = 6.63$，拒绝 H_0，认为 X 和 Y 不独立，即喷萘乙酸对减轻棉花落铃有显著作用。

三、n×m 列联表的独立性检验

若检验两个随机变量 X 和 Y 的独立性，其中随机变量 X 共分为 n 个等级（或 n 类），随机变量 Y 共分为 m 个等级（或 m 类），则需用二维的 n×m 列联表进行独立性检验。

例 6.12 考察不同的灌溉方式对水稻叶子衰老情况的影响，试验共有深水、浅水和湿润三种灌溉方式，叶子衰老的情况分为绿叶、黄叶和枯叶三种结果，观测结果如表 6-9 所示，试检验叶子衰老程度与灌溉方式是否有关？

表 6-9 水稻灌溉试验的观测结果

灌溉方式	绿 叶	黄 叶	枯 叶	$A_{i\bullet} = \sum_{j=1}^{m} A_{ij}$
深水	146	7	7	160
浅水	183	9	13	205
湿润	152	14	16	182
$A_{\bullet j} = \sum_{i=1}^{n} A_{ij}$	481	30	36	$A = 547$

解：若认为灌溉方式为随机变量 X，水稻叶子的情况为随机变量 Y，则问题即为检验两个随机变量的独立性。

（1）提出原假设和备择假设。

原假设 H_0：X 和 Y 相互独立，即叶子衰老程度与灌溉方式无关；

备择假设 H_A：X 和 Y 不独立，即叶子衰老程度与灌溉方式有关。

（2）确定检验的显著性水平 α，取 $\alpha = 0.05$。

（3）计算理论次数 T_{ij}。

表 6-9 共 3 行 3 列分为 9 组，其中每组的实际次数如表所示，每组的理论次数 T_{ij} 由式(6.15)计算可得，分别为：

$$T_{11} = \frac{160 \times 481}{547} = 141, \quad T_{12} = \frac{160 \times 30}{547} = 9, \quad T_{13} = \frac{160 \times 36}{547} = 11,$$

$$T_{21} = \frac{205 \times 481}{547} = 180, \quad T_{22} = \frac{205 \times 30}{547} = 11, \quad T_{23} = \frac{205 \times 36}{547} = 14,$$

$$T_{31} = \frac{182 \times 481}{547} = 160, \quad T_{32} = \frac{182 \times 30}{547} = 10, \quad T_{33} = \frac{182 \times 36}{547} = 12 \text{。}$$

具体结果如表 6-10 所示。

表 6-10 含有理论次数的观测结果

灌溉方式	绿 叶	黄 叶	枯 叶	$A_{i\cdot} = \sum\limits_{j=1}^{m} A_{ij}$
深水	146 (141)	7 (9)	7 (11)	160
浅水	183 (180)	9 (11)	13 (14)	205
湿润	152 (160)	14 (10)	16 (12)	182
$A_{\cdot j} = \sum\limits_{i=1}^{n} A_{ij}$	481	30	36	$A = 547$

上表括号里的值为每组的理论次数。

(4) 确定 χ^2 分布的自由度。

$$df = (3-1)(3-1) = 4。$$

(5) 计算 χ^2 统计量的值。

$$\chi^2 = \sum_{i=1}^{3}\sum_{j=1}^{3} \frac{(A_{ij} - T_{ij})^2}{T_{ij}} = \frac{(146-141)^2}{141} + \cdots + \frac{(16-12)^2}{12} = 5.47。$$

(6) 统计推断。

显著性水平 $\alpha = 0.05$，查相应的 χ^2 分布临界值（附表 3） $\chi^2_{0.05}(4) = 9.49$，因为 $\chi^2 = 5.47 < \chi^2_{0.05}(4) = 9.49$，所以接受 H_0，认为 X 和 Y 相互独立，即据现有资料，不能认为水稻叶子衰老程度与灌溉方式有关。

四、两个需要说明的问题

1. 独立性检验与适合性检验的区别

虽然两者都是利用式 (6.11) 进行 χ^2 检验，但两种检验方法有明显的区别，主要表现在以下几个方面：

(1) 两者的研究目的不同。适合性检验是检验实际的观察值分类与已知的理论或假设分类是否一致，而独立性检验是研究两个随机变量之间是否有相互关联。

(2) 两者涉及的随机变量个数不同。适合性检验只按照一个随机变量的属性进行分组，而独立性检验是同时按照行变量和列变量两个随机变量的属性进行分组。

(3) 理论次数的计算方式不同。适合性检验中每组理论次数是在随机变量服从理论或假设分布的基础上得到的，而独立性检验中每组理论次数是在假设两随机变量独立的基础上得到的。

(4) 自由度的确定方式不同。适合性检验在确定自由度时，因为有各理论次数之和等于实际次数之和这一约束条件，所以自由度 $df = m - k - 1$；而独立性检验时，列联表的每行每列的各理论次数之和是不变的，受这一条件制约，则自由度 $df = (n-1)(m-1)$。

2. 特殊情况下的列联表分析方法

对于 2×2 列联表，当总观察次数 $n < 40$，或任意一组中的理论次数 $T_{ij} < 1$，此时上述独立性检验方法将不再适用，需改用列联表的 Fisher 精确检验法。该方法是 R．A．Fisher (1934)

习 题

1. 参数统计、非参数统计的含义是什么？非参数统计有什么优缺点？
2. 什么是秩和？已有数据资料，如何计算每个观察值的秩及这组资料的秩和？
3. 简述独立性检验与适合性检验的相同点与不同点。
4. χ^2 检验时，什么时候需要进行连续型矫正？为什么？如何进行连续型矫正？
5. 已知成年人的身高为对称分布，现随机抽测 10 名成年男性的身高，分别为：168，172，174，175，177，179，187，192，195（单位：cm）。假定成年男性身高中位数为 176cm，试用符号检验方法推断调查得到的数据是否支持这一假定？
6. 将新培育出的小麦品种与当地原推广品种分别同时种在 8 个土壤条件相同的小区上，测得的产量见下表（单位：kg/hm²）。试用符号检验法检验新品种小麦的产量是否与当地推广品种有显著差异？

小区	1	2	3	4	5	6	7	8
新品种	3135	3000	2655	2535	2385	2805	2535	2970
原品种	2265	2520	2205	2460	2490	2640	2535	2820

7. 采用配对试验设计试验两种烟草花叶病毒的致病力差异。随机选取 8 株某品种烟草作供试株，在每株的第二叶片上半叶接种甲病毒，另半片叶上接种乙病毒。待发病后，记录每半片叶子上产生的病斑数目见下表。试用符号检验法和秩和检验法分别检验两种烟草花叶病毒的致病力是否有显著差异？并将其结果与 t 检验作比较。

植株号	1	2	3	4	5	6	7	8
病毒甲	9	17	31	18	7	8	20	10
病毒乙	10	11	18	14	6	7	17	5

8. 测验两地点土壤耕层的 pH 值如下表所示，试用秩和检验法检验两个地点的 pH 值是否有显著差异？

地点 A	7.85	7.73	7.58	7.40	7.35	7.30	7.27	7.27	
地点 B	8.53	8.52	8.01	7.99	7.93	7.89	7.85	7.82	7.80

9. 某品种花卉，白花亲本和红花亲本杂交，F1 代开粉红色花。根据孟德尔遗传原理，粉红色花植株自交，F2 代将产生 1：2：1 比例的红花、粉红花和白花植株。遗传工作者自交 100 个粉红色花植株，获得 23 株开红花、55 株开粉红和 22 株开白花。试检验是否符合 1：2：1 的比例？

10. 为了研究慢性气管炎与吸烟量的关系，调查了 405 人，结果见下表：

类　型	1支/日	10支/日	20支/日
患　病	26	147	57
健　康	30	123	22

问慢性气管炎是否与吸烟量有关？

第七章 方差分析

在第 5 章中，曾讨论了两组总体（样本或处理）平均数比较时进行显著性检验的方法，但在生产和科学研究中经常会遇到三个或三个以上总体（样本或处理）平均数的比较问题。初看起来，这个问题好像不难解决，只要运用 t 检验法，将这些总体（样本或处理）进行两两配对检验就可以了。然而这样做不但工作量大，而且往往会导致错误的结论。

例如，6 个总体均数两两比较，要进行"$C_6^2 = 6 \times 5/2 = 15$"次 t 检验，检验工作显然十分烦琐。同时，若在每一次 t 检验中均设定显著性水平 $\alpha=0.05$，那么，否定每个原假设"$\mu_i = \mu_j (i \neq j)$"而犯第一类错误的概率为"$\alpha=0.05$"，这个假设是正确的概率为"$1-\alpha = 0.95$"。所以"6 个总体的均值都相等"这个结论是正确的概率应是"$0.95^{15} = 0.4633$"。对假设检验来说，这个置信度太小，犯第一类错误的概率则为"$1-0.4633 = 0.5367$"，显然这是无法接受的。如果总体的数量更大，那么这个犯第一类错误的概率也将更大。因此，多个总体平均数的差异显著性检验不宜用 t 检验，需寻求另外的方法，通常采用方差分析法。

方差分析又称变量分析，是由英国统计学家 R.A.Fisher 于 1923 年提出的一种假设检验方法，这种方法是将 k 个处理的观测值作为一个整体看待，把观测值总变异的平方和及自由度分解为相应于不同变异来源的平方和及自由度，进而获得不同变异来源总体方差估计值；通过计算这些总体方差的估计值的适当比值，就能检验各样本所属总体平均数是否相等。从形式上看，方差分析是比较多个总体的均值是否相等，但本质上它所研究的是变量之间的关系，这与后面介绍的回归分析方法有许多相似之处，但又有本质区别。

方差分析首先被应用于农业试验，目前在农业、工业、医药、生物、心理学等各部门有着广泛的应用。例如，一种优良农作物品种，在不同土质的土地上的收获有无明显的不同；在化工生产中，原料成分，投入顺序，反应的时间、温度，操作人员的技术水平等因素对产品的质量或数量的影响；某种商品的广告宣传、外包装、质量及价格等因素对销售量的影响等。在研究一个（或多个）分类（离散）型自变量与一个数值（连续）型因变量之间的关系时，方差分析就是其中的主要方法之一。

第一节 单因素方差分析

方差分析的方法往往与试验设计的方式紧密地联系在一起。对于从不同试验设计中得出的观测数据，进行方差分析时将有不同的计算方法，虽然类型繁多，但其基本原理和步骤却大同小异。本节结合单因素试验结果的方差分析介绍其基本方法。

一、分析基本方法

1. 统计假设

例 7.1 一小麦品种对比试验,6 个品种,4 次重复,单因素完全随机设计,得产量结果(kg)如表 7-1 所示。问小麦品种对产量是否有显著影响?

不同的小麦品种,不同的地块、不同的种植方式等所产生的小麦产量一般都不同。现在只考虑不同的品种,而其他条件都尽可能控制在相同的水平下(即认为其他条件是相同的)。这是一种单因素试验。分析该因素的变异对实验结果的影响的显著性,就是单因素方差分析。

表 7-1 小麦品种产量实验结果表

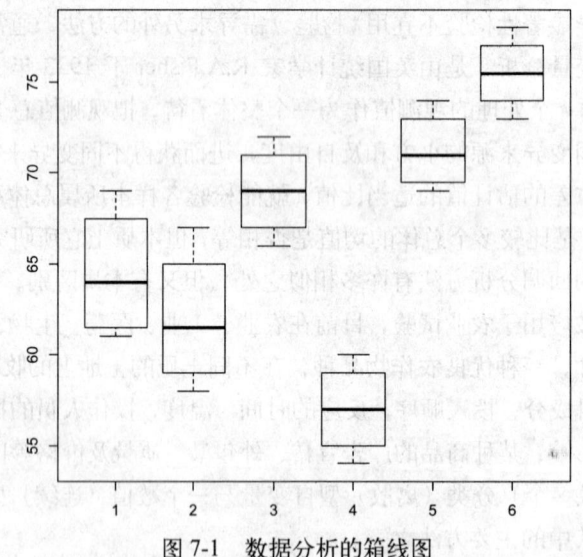

A_1	A_2	A_3	A_4	A_5	A_6
62	58	72	56	69	75
66	67	66	58	72	78
69	60	68	54	70	73
61	63	70	60	74	76

数据分析的箱线图如图 7-1 所示。

图 7-1 数据分析的箱线图

由表 7-1 的数据和图 7-1 的数据比较的箱线图可以看出:

(1) 24 个小区的产量有高有低,存在差异,统计上把这种差异称为变异。

(2) 同一品种下得到的 4 个样本,尽管实验条件控制相同,但它们的产量并不完全一样。产生这种差异,是由于试验过程中存在着各种偶然因素的影响和测量误差等因素所致。

(3) 箱线图表明,不同品种的中位数和四分位极差也存在着差异,表明不同的品种有不同的产量。这种由于条件变更引起的差异,称为条件变差或系统误差。

现在的问题是,试验误差和条件变差哪一个是主要因素呢?如果条件变差是主要因素,那么应选择高产的品种进行农业生产。

一般地，假设只考察某一因素对试验结果的影响，用字母 A 表示所考察因素，试验共有 I 个处理，即 A 取 I 个水平，记为

$$A_1, A_2, \cdots, A_I$$

在 A_i 水平条件下，做了 $n_i(i=1,2,\cdots,I)$ 次重复试验，用 $Y_{ij}(i=1,2,\cdots,I; j=1,2,\cdots,n_i)$ 表示在 i 水平下 j 次观测的样本，y_{ij} 是相应的样本观测值，则得到如表 7-2 所示的数据结构。

表 7-2 单因素试验数据结构

处理	观测值					合计	平均	均方（方差）
A_1	y_{11}	y_{12}	$\cdots$	y_{1j}	$\cdots$ y_{1n_1}	$y_{1.}$	$\overline{y}_{1.}$	s_1^2
$\vdots$	$\vdots$	$\vdots$	$\vdots$	$\vdots$	$\vdots$	$\vdots$	$\vdots$	$\vdots$
A_i	y_{i1}	y_{i2}	$\cdots$	y_{ij}	$\cdots$ y_{in_i}	$y_{i.}$	$\overline{y}_{i.}$	s_i^2
$\vdots$	$\vdots$	$\vdots$	$\vdots$	$\vdots$	$\vdots$	$\vdots$	$\vdots$	$\vdots$
A_I	y_{I1}	y_{I2}	$\cdots$	y_{Ij}	$\cdots$ y_{In_I}	$y_{I.}$	$\overline{y}_{I.}$	s_I^2

总和：$y_{..}$ 总平均：$\overline{y}_{..}$

用 $Y_{i.} = \sum_{j=1}^{n_i} Y_{ij}$ 表示因素取 I 水平的样本之和，$\overline{Y}_{i.} = \frac{1}{n_i}\sum_{j=1}^{n_i} Y_{ij}$ 是因素取 I 水平的样本平均数，$Y_{..} = \sum_{i=1}^{I} Y_{i.}$ 是全部数据的总和，$\overline{Y}_{..} = \frac{1}{N} Y_{..}$ 是总平均数，其中 $N = \sum_{i=1}^{I} n_i$ 为全部观察值的个数。

对于例 7.1 中的产量数据有，$\overline{y}_{1.} = 64.5, \overline{y}_{2.} = 62, \cdots, \overline{y}_{6.} = 75.5$ 和 $\overline{y}_{..} = 64.542$。另外，用 $S_1^2, S_2^2, \cdots, S_k^2$ 表示样本方差，定义为：

$$S_i^2 = \frac{\sum_{i=1}^{I}(Y_{ij} - \overline{Y}_{i.})^2}{I-1} \quad i = 1, 2, \cdots, I$$

由例 7.1 数据可计算得，$s_1 = 3.697$，$s_1^2 = 13.667$ 等。

表 7-2 中每一行的观测值是在完全相同的情况下的试验结果，应视为来自同一总体中的样本值，故同一行几个观测值之间的误差应为随机误差。如果试验因素 A 的各水平对试验指标的观测值没有影响，各行的观测值均来自同一总体，那么各行的平均数应基本相同，若有差异，也应是随机误差。反之，如果因素 A 的不同水平对试验指标有影响，各行的观测值就是来自不同的总体，那么，各行的平均数之间就会有显著的不同，此时的误差是由水平不同引起的，是系统误差。

设表 7-2 中的 I 行观测值代表了从 I 个相互独立的正态总体 $A_i(i=1,2,\cdots,I)$ 中取出的容量分别为 $n_i(i=1,2,\cdots,I)$ 的样本，其期望值分别记为 μ_i，并设这 I 个总体具有相同的方差 σ^2，即有 $A_i \sim N(\mu_i, \sigma^2)(i=1,2,\cdots,I)$，为了回答因素 A 的水平变异对试验指标的影响是否显著，

就要检验这 I 个独立总体的期望是否有显著不同，为此提出如下的统计假设：

$$H_0: \mu_1 = \mu_2 = \cdots = \mu_I \quad H_a: \mu_1,\cdots,\mu_I \text{ 中至少有两个是不相等的} \tag{7-1}$$

2. 平方和分解

为了检验统计假设（7-1）的原假设是否成立，需要确定合适的统计量，我们从平方和分解入手。

数据之间的变异程度可以用离均差的平方和来表示。整个试验的变异程度可用总平方和 (total sum of squares) SST 来表示，则有

$$SST = \sum_{i=1}^{I}\sum_{j=1}^{n_i}(Y_{ij}-\overline{Y}..)^2 = \sum_{i=1}^{I}\sum_{j=1}^{n_i}[(Y_{ij}-\overline{Y}_{i.})-(\overline{Y}_{i.}-\overline{Y}..)]^2$$

$$= \sum_{i=1}^{I}\sum_{j=1}^{n_i}(Y_{ij}-\overline{Y}_{i.})^2 + 2\sum_{i=1}^{I}\sum_{j=1}^{n_i}(Y_{ij}-\overline{Y}_{i.})(\overline{Y}_{i.}-\overline{Y}..) + \sum_{i=1}^{I}\sum_{j=1}^{n_i}(\overline{Y}_{i.}-\overline{Y}..)^2$$

由于

$$\sum_{i=1}^{I}\sum_{j=1}^{n_i}(Y_{ij}-\overline{Y}_{i.})(\overline{Y}_{i.}-\overline{Y}..) = 0$$

所以

$$SST = \sum_{i=1}^{I}\sum_{j=1}^{n_i}(Y_{ij}-\overline{Y}_{i.})^2 + \sum_{i=1}^{I}\sum_{j=1}^{n_i}(\overline{Y}_{i.}-\overline{Y}..)^2$$

若记

$$SSTr = \sum_{i=1}^{I}\sum_{j=1}^{n_i}(\overline{Y}_{i.}-\overline{Y}..)^2, \quad SSE = \sum_{i=1}^{I}\sum_{j=1}^{n_i}(Y_{ij}-\overline{Y}_{i.})^2$$

则

$$SST = SSTr + SSE$$

所以，总离差平方和可分解为 SSTr 和 SSE 两项之和。其中 SSTr (treatment sum of squares) 是每个样本均值与总平均值 $\overline{Y}..$ 的离差平方和，反映了数据各总体样本平均值之间的差异程度，它是因素 A 不同处理引起的变异，是系统误差，被称为组间离差平方和。SSE (error sum of squares) 是每个样本数据与其样本均值离差的平方和，反映数据 Y_{ij} 抽样误差的大小程度，反映随机因素引起的变异，是随机误差，即组内误差，被称为组内离差平方和。前面等式表明了数据总变异可分解为处理因素变异和随机因素变异之和，这是所有方差分析的基本原理。

当试验结束，观测值完全确定，此时 SST 就是一个定值。若 SSTr 较大，则 SSE 就较小，表明总离差平方和主要是由因素 A 的不同水平引起的。若 SSTr 不太大，表明在离差平方和中由因素 A 的不同水平引起的变异不大，而由 SSE 所反映的随机误差引起的变异所占份额较大。一般地，用如下比值

$$\frac{SSTr/(I-1)}{SSE/(N-I)}$$

的大小来衡量因素 A 的不同水平的作用大小。比值大，表示因素 A 的不同水平作用大；比值小，表示因素 A 的作用不显著。

3. 显著性检验

在前面分析的基础上，对统计假设（7-1）进行检验。若 H_0 为真，即 $\mu_1 = \mu_2 = \cdots = \mu_I$，可以证明，统计量

$$F = \frac{SSTr/(I-1)}{SSE/(N-I)}$$

服从自由度为 $(I-1, N-I)$ 的 F 分布。

令

$$MSTr = \frac{SSTr}{I-1}, \quad MSE = \frac{SSE}{N-I}$$

称 MSTr（mean square of treatments）为处理间均方，MSE（mean square for error）为误差均方或组内均方。于是

$$F = \frac{MSTr}{MSE} \sim F(I-1, N-I)$$

由上面分析可知，当 H_0 成立时，F 值有偏大的倾向。对于给定的显著性水平 α，可以从 F 分布表中查出临界值 $F_\alpha(I-1, N-I)$，再根据样本值计算出 F 的值。

当 $F > F_\alpha(I-1, N-I)$ 时，拒绝 H_0，即 $\mu_1 = \mu_2 = \cdots = \mu_I$ 不成立，表明因素 A 对试验结果有显著影响。

当 $F \leqslant F_\alpha(I-1, N-I)$ 时，接受 H_0，即认为因素 A 对试验结果没有显著影响。

以上分析计算结果通常列为表格的形式，称为方差分析表（见表 7-3）。

表 7-3 方差分析表

变异来源	自由度 df	平方和	均 方	f 值
处　理	$I-1$	SSTr	MSTr = SSTr/$(I-1)$	MSTr/MSE
误　差	$N-I$	SSE	MSE = SSE/$(N-I)$	
总变异	$N-1$	SST		

例 7.2 在例 7.1 中假定数据服从正态分布且相互独立，给定 $\alpha = 0.05$，问品种对产量有无显著影响？

由表 7-1 的数据计算得方差分析（见表 7-4）。

表 7-4 方差分析表

变异来源	自由度 df	平方和	均 方	f 值	p-值（$Pr(>F)$）
处　理	5	897.2	179.4	20.87	6.43e-07
误　差	18	154.8	8.6		
总变异	23	1052			

查 F 分布表得 $F_{0.05}(5, 18) = 2.773$。

由于 $F = 20.87 > 2.773$，故拒绝 H_0，即认为品种对产量有显著影响。

由于统计计算软件的普及，现在人们更喜欢用方差分析的 p-值来进行统计决策。本例题

方差分析的 p-值 $=6.43\times10^{-7}$，远小于 $a=0.05$，故拒绝 H_0。

二、多重比较

前面的 F 检验只是检验统计假设的原假设 $H_0: \mu_1=\mu_2=\cdots=\mu_I$ 是否成立。如果统计量 F 的计算值并不显著，则检验不能否定原假设 H_0，也就是说没有充足的理由认为这些平均数不是完全相等的，那么分析就可以结束了。如果假设 H_0 被拒绝，这也仅仅说明这些 μ_i 之间不是完全相等的，并不能说明它们是怎样的不同，特别是哪对之间明显不同。事实上，无效假设是一个不被严肃对待的"稻草人"，实际研究人员通常更关心的是处理或对之间的比较，并估计它们的处理均值及其差值。实现这种进一步分析的方法，就是多重比较（multiple comparisons procedure）。

多重比较的方法有很多，这里介绍常用的几个。

1. Tukey's 固定极差法

Tukey's 固定极差法，简称 T 法，是被许多统计学家推荐的专门用于两两比较的检验方法，在许多统计计算软件中都可以实现。其基本做法是在 F 检验显著的前提下，先计算显著水平为 α 的最小显著差数 w_α，然后将任意两个处理平均数的差数的绝对值 $|\bar{y}_{i.}-\bar{y}_{j.}|$ 与其比较。若 $|\bar{y}_{i.}-\bar{y}_{j.}| \geq w_\alpha$ 时，则 $\bar{y}_{i.}$ 与 $\bar{y}_{j.}$ 在 α 水平上差异显著；反之，则在 α 水平上差异不显著。最小显著差数由式(7-2)计算。

$$w_\alpha = q_\alpha(\text{I},\text{df}_e)\sqrt{\text{MSE}/n} \tag{7.2}$$

式中 $q_\alpha(\text{I},\text{df}_e)$ 为显著水平为 α，具有 I,df_e 个自由度的 t-化极差分布的上侧临界值，由附表给出，I 为处理数（比较的平均数个数），df_e 为 F 检验中误差自由度；MSE 为误差均方，n 为各组样本含量相等时的样本数。当样本含量不等时，可进行修正（见式 7-5）。

实际进行多重比较时，可以以递增顺序列出要比较的样本均值，然后在差数小于最小显著差数 w_α 的样本均值对下画一条直线，则无同一条直线的样本均值对就对应一对总体或处理的期望差异显著。

对于例 7.1，各样本（处理或品种）平均数的多重比较如下。

在例 7.1 中，$k=6$，$n=4$，$\text{df}_e=18$，MSE=8.6。取显著水平 $\alpha=0.05$，由附表 6a 得 $q_{0.05}(6,18)=4.49$，所以 $w_{0.05}=4.49\times\sqrt{8.6/4}=6.584$。6 个样本均值以递增顺序排列，然后差值不超过 6.584 的样本均值下面画直线如下：

$\bar{y}_{4.}$	$\bar{y}_{2.}$	$\bar{y}_{1.}$	$\bar{y}_{3.}$	$\bar{y}_{5.}$	$\bar{y}_{6.}$
57	62	64.5	69	71.25	75.5

这样，品种 5,6 彼此真实产量差异不显著，但显著地比品种 4,2,1 真实产量高，但与品种 3 真实产量差异不显著。品种 3,1 真实产量差异不显著，但显著地高于品种 4,2 的真实产量。品种 4,2 的真实产量差异不显著。

实际应用中，多重比较结果也可以用三角形法表示。三角形法是将全部均数从上到下、自上而下顺次排列，然后算出每个平均数间的差数。差异显著性凡达到 $\alpha=0.05$ 水平的标记 "*"，表示显著；凡达到 $\alpha=0.01$ 水平的，标记 "**"，表示极显著；凡未达 $\alpha=0.05$ 水平的，则不予标记，表示不显著，如表 7-5 所示。

表 7-5　6 个品种产量的多重比较表（Tukey 法）

处理	平均数 $\bar{y}_{i\cdot}$	$\bar{y}_{i\cdot} - 57$	$\bar{y}_{i\cdot} - 62$	$\bar{y}_{i\cdot} - 64.5$	$\bar{y}_{i\cdot} - 69$	$\bar{y}_{i\cdot} - 71.25$
A_6	75.5	18.5*	13.5*	11*	6.5*	4.25
A_5	71.25	14.25*	9.25*	6.75*	2.25	
A_3	69	12*	7*	4.5		
A_1	64.5	7.5*	2			
A_2	62	5				
A_4	57					

在三角形法的基础上，多重比较结果也可用标记字母法来表示。此法的优点是占篇幅小，许多统计软件中的多重比较输出格式是该标记法，也是科技文献中常用的方法。标记字母法是先将各处理平均数由大到小、自上而下排列，然后在最大平均数后标记字母 a，并将该平均数与以下各平均数依次相比，凡差异不显著者标记同一字母 a，直到某一个与其差异显著的平均数标记字母 b；再以标有字母 b 的平均数为标准，与上方比它大的各个平均数比较，凡差异不显著者一律再加标 b，直至显著为止；再以标有字母 b 的最大平均数为标准，与下面各未标记字母的平均数相比，凡差异不显著，继续标记字母 b，直至某一个与其差异显著的平均数标记 c；……如此重复下去，直至最小一个平均数被标记比较完毕为止。根据表 7-5 的结果用字母标记，如表 7-6 所示。

表 7-6　6 个品种小麦产量的多重比较结果的字母表（Tukey 法）

处理	平均数 $\bar{y}_{i\cdot}$	$\alpha = 0.05$
A_6	75.5	a
A_5	71.25	a
A_3	69	a b
A_1	64.5	b
A_2	62	bc
A_4	57	c

应当注意，无论采用三角形法还是标记字母法，都应注明所用多重比较的方法。

2. Fisher 最小显著差数法

Fisher 最小显著差数法简称 LSD 法。其基本做法是：在 F 检验显著的前提下，先计算显著水平为 α 的最小显著差数 LSD_α，然后将任意两个处理平均数的差数的绝对值 $|\bar{y}_{i\cdot} - \bar{y}_{j\cdot}|$ 与

其比较。若 $|\bar{y}_{i.}-\bar{y}_{j.}| \geq \text{LSD}_\alpha$ 时，则 $\bar{y}_{i.}$ 与 $\bar{y}_{j.}$ 在 α 水平上差异显著；反之，则在 α 水平上差异不显著。最小显著差数由式(7-3)计算。

$$\text{LSD}_\alpha = t_\alpha(\text{df}_e)\sqrt{2\text{MSE}/n} \quad (7\text{-}3)$$

式中 $t_\alpha(df_e)$ 为在 F 检验中误差自由度 df_e 下，显著水平为 α 的临界 t 值，MSE 为 F 检验中的误差均方，n 为各处理的重复数。

3. Dunnett 最小显著差数法

Dunnett 最小显著差数法适用于 I 个处理组与一个对照组均数差异的多重比较。其做法与上述两法类似，在 F 检验显著的前提下，先计算显著水平为 α 的最小显著差数 DLSD_α，然后将任意两个处理平均数的差数的绝对值 $|\bar{y}_{i.}-\bar{y}_{j.}|$ 与其比较。若 $|\bar{y}_{i.}-\bar{y}_{j.}| \geq \text{DLSD}_\alpha$ 时，则 $\bar{y}_{i.}$ 与 $\bar{y}_{j.}$ 在 α 水平上差异显著；反之，则在 α 水平上差异不显著。最小显著差数由式（7-4）计算。

$$\text{LSD}_\alpha = Dt_\alpha(I-1,\text{df}_e)\sqrt{2\text{MSE}/n} \quad (7\text{-}4)$$

式中 $Dt_\alpha(I-1,\text{df}_e)$ 需查附表中的 Dunnett-t' 临界值表(附表 7a, 7b，双侧检验用，其中 k，v 是该表的两个自由度）。其中 I 处理总个数，MSE 为 F 检验中的误差均方，n 为各处理的重复数。

对于例 7.1，假设 A_1 为对照品种。用 Dunnett 法比较其他品种与对照品种产量的差异。在例 7.1 中，$I=6$，$n=4$，$\text{df}_e=18$，MSE=8.6。取显著水平 $\alpha=0.05$，查双侧 Dunnett-t' 临界值表得 $Dt_{0.05}(5,18)=2.76$，所以 $\text{DLSD}_{0.05}=2.76\times\sqrt{2\times 8.6/4}=5.723$。比较结果可用表 7-7 表示。

表 7-7 品种 $A_2 \sim A_6$ 与对照品种 A_1 的平均产量多重比较表（Dunnet 最小显著差数法）

比　　较	平均数之差 $\bar{y}_{i.}-\bar{y}_{1.}$	平均数之差的绝对值 $|\bar{y}_{i.}-\bar{y}_{1.}|$
$A_6 \sim A_1$	11	11*
$A_5 \sim A_1$	6.75	6.75*
$A_3 \sim A_1$	4.5	4.5
$A_2 \sim A_1$	2.5	2.5
$A_4 \sim A_1$	−7.5	7.5*

对于以上介绍的三种多重比较方法，还需要说明以下两点：

（1）以上介绍的三种多重比较方法，其显著检验尺度是不一样的。LSD 法最"松"，Tukey 法最"严"，事实上有 $w_\alpha \geq \text{DLSD}_\alpha \geq \text{LSD}_\alpha$。对一个试验资料，究竟采用哪一种多重比较方法，主要由比较的方式和否定一个正确的 H_0 及接受一个不正确的 H_0 的相对重要性来决定。

(2) 前面介绍中，要求各处理重复数都为 n。当各处理重复数不等时，无论采取哪种多重比较方法，都要进行矫正，可用式（7-5）计算出一个各处理平均的重复数 n_0，以替代计算最小显著差数中所需的 n。

$$n_0 = \frac{1}{k-1}[\sum_{i=1}^{k} n_i - \frac{\sum_{i=1}^{k} n_i^2}{\sum_{i=1}^{k} n_i}] \tag{7-5}$$

式中：k 为试验的处理数，$n_i(i=1,2,\cdots,k)$ 为第 i 个处理的重复数。

由以上分析可知，方差分析是检验若干个具有同方差的正态总体的期望是否相等的一种假设检验方法。其基本步骤可总结如下：

(1) 计算各项平方和与自由度。
(2) 列出方差分析表，进行 F 检验。
(3) 若 F 检验显著，则进行多重比较。多重比较的方法有固定极差法（Tukey 法）、Fisher 最小显著差数法（LSD 法）和 Dunnett 最小显著差数法（DLSD 法）。表示多重比较结果的方法有画线法、三角形法和标记字母法。

三、线性模型

方差分析是建立在一定数学模型基础上的，正确地划分变异原因是方差分析的基础，而变异原因的划分是以数据的基本结构为基础的，由于不同的试验设计有不同类型的数据结构，具有不同的数学模型，因此变异原因的划分也不同。

对于单因素方差分析的基本假设也可以用"模型方程"来表示，因此，对于表 7-2 的数据结构就有如下表示：

$$Y_{ij} = \mu_i + \varepsilon_{ij}$$

其中 μ_i 是第 i 个总体或真实处理均值，ε_{ij} 表示数据 Y_{ij} 离开 μ_i 的随机偏差，所有 ε_{ij} 假设为独立同分布的正态随机变量，且满足 $E(\varepsilon_{ij}) = 0$，$V(\varepsilon_{ij}) = \sigma^2$。因此，也不难得出 $E(Y_{ij}) = \mu_{ij}$，$V(Y_{ij}) = \sigma^2$。单因素方差分析的这种替代表示可给我们以新的理解，并且也很容易将这种模型推广到多因素的情况。为了看出各处理的影响大小，将 μ_i 再进行分解，定义参数 μ 为 $\mu = \frac{1}{k}\sum_{i=1}^{I}\mu_i$ 和参数 $\alpha_1,\cdots,\alpha_k$ 为

$$\alpha_i = \mu_i - \mu \quad (i=1,\cdots,I)$$

那么处理均值 μ_i 可表示为 $\mu + \alpha_i$，其中 μ 是全部试验数据总体的平均数；α_i 为 i 处理均值离开 μ 的测度，称为 i 处理的**处理效应**（treatment effect），表示处理 i 对试验结果的影响，显然 $\sum_{i=1}^{k}\alpha_i = 0$。利用 μ 和 α_i，模型变为：

$$Y_{ij} = \mu + \alpha_i + \varepsilon_{ij} \quad (i=1,\cdots,I; \; j=1,\cdots,n_i) \tag{7-6}$$

在后面两节中，我们将发展多因素方差分析的类似模型。因为 $\sum_{i=1}^{I}\alpha_i=0$，所以所有 μ_i 的相等等价于所有 α_i 的相等。因此，无效（零）假设变为

$$H_0: \alpha_1 = \alpha_2 = \cdots = \alpha_I = 0$$

式（7-6）是单因素试验的数学模型（mathematical model），是一种线性模型。模型的基本思想是数据 Y_{ij} 可分解为总体平均数 μ、处理效应 α_i 和随机误差 ε_{ij} 三部分之和。由 ε_{ij} 相互独立且服从正态分布 $N(0,\sigma^2)$，可知各处理 $i(i=1,2,\cdots,k)$ 所属总体服从正态分布 $N(\mu_i,\sigma^2)$。所以，单因素方差分析的数学模型可归纳为：效应的可加性、分布的正态性、方差的同质（相等）性。这也是进行其他各类型方差分析的前提或基本假定。

模型表明每个观测值都包含处理效应与随机误差。这正是所有观测值的总变异可分解为处理间变异与处理内变异的根本原因。这种效应的可加性也是其他类型方差分析中将总变异依变异原因加以分解的原因。

根据统计理论知识，可以推出模型中参数的无偏估计如下：

$$\hat{\mu} = \overline{Y}.. \qquad \hat{\alpha}_i = \overline{Y}_{i.} - \overline{Y}..$$

数学模型中的处理效应 α_i，由于处理性质不同，可分为**固定效应**（fixed effect）和**随机效应**（random effect）两类。根据处理效应的类别，方差分析的数学模型可分为 3 种类型，即固定效应模型、随机效应模型和混合效应模型。就试验数据的具体统计分析过程而言，3 种模型的差别并不太大，但从设计思想和统计推断而言，它们之间具有重要的区别。不论设计试验、解释试验结果，还是最后进行统计推断，都必须了解这 3 种模型的意义和区别。

1. 固定效应模型（fixed effects model）

固定效应模型就是试验因子被选择的水平恰好等于实验者所考虑的因子的全部水平，即研究对象只限于所选择的水平，不需要外推到未抽样的水平。单因子固定效应模型是

$$Y_{ij} = \mu + \alpha_i + \varepsilon_{ij} \qquad \sum \alpha_i = 0 \tag{7-7}$$

其中 ε_{ij} 是随机的，μ 和 α_i 是未知的固定参数。

2. 随机效应模型（random effects model）

在单因素问题中，实验者正在研究的特殊水平往往是通过设计或随机抽样的办法从一个更大的水平总体中抽出的。研究的目的不在于推断当前所选择的处理平均数是否相同，而是从所选择处理的结论推断其所在大总体的变异情况，包括未抽样未看到的处理。例如，在研究土壤 pH 值对玉米产量的影响时，我们从 pH 值的许多可能水平选择 4 个水平进行试验。当从一个大的水平总体中随机选择几个水平进行研究时，因素应是随机的，而不是固定的，固定模型（7-7）就不再合适。只要用随机变量代替固定的 α_i 就可以得到随机效应模型。随机效应模型表述如下：

$$Y_{ij} = \mu + A_i + \varepsilon_{ij} \quad \text{满足} \quad E(A_i) = E(\varepsilon_{ij}) = 0, V(\varepsilon_{ij}) = \sigma^2, V(A_i) = \sigma_A^2 \tag{7-8}$$

其中所有 A_i 和 ε_{ij} 服从正态分布且彼此独立。

对于随机效应模型 (7-8)，检验处理无效应的零假设变为 $H_0: \sigma_A^2 = 0$。H_0 成立说明了所研究因素的不同水平对试验指标的变异没有贡献。应当注意，尽管单因素固定效应和随机效应模型的零假设不同，但是两者的检验方式却是相同的，都是通过构造统计量 $F = \text{MSTr}/\text{MSE}$，当 $f \geqslant F_\alpha(I-1, N-I)$，拒绝 H_0。这在直观上是合理的。因为有 $E(\text{MSE}) = \sigma^2$（如同固定效应），且可以推出下式成立：

$$E(\text{MSTr}) = \sigma^2 + \frac{1}{I-1}(N - \frac{\sum n_i^2}{N})\sigma_A^2$$

其中 $n_1, \cdots, n_k$ 是样本量，$N = \sum n_i$。显然，当 H_0 成立时，$E(\text{MSTr}) = \sigma^2$，而当 H_0 不成立时，$E(\text{MSTr}) > \sigma^2$。

3. 混合效应模型（mixed model）

在多因素试验中，若既包括固定效应的试验因素，又包括随机效应的试验因素，则该试验对应于混合效应模型。

四、数据变换

ANOVA 方法应用的前提之一是数据的同质性，即 $\sigma_1^2 = \cdots = \sigma_I^2$，其中 I 是比较总体的个数。如果方差之间有真实差别，则 ANOVA 方法无效。有时，方差可能是数学期望的函数，即 $V(Y_{ij}) = \sigma_i^2 = g(\mu_i)$，其中 g 是 μ_i 的已知函数。此时，如果零假设 H_0 不成立，则方差不相等。例如，Y_{ij} 服从参数为 λ_i 的 Poisson 分布，则 $\mu_i = \lambda_i = \sigma_i^2$。如果这样的情况发生，我们往往先对数据进行变换，使得变换后的数据近似等方差，然后对变换后的数据进行方差分析。常用的数据变换方法如下。

1. 平方根变换

平方根变换是将原始数据 y_{ij} 的平方根 $\sqrt{y_{ij}}$ 作为新的分析数据。如果有些原始数据太小，甚至为零，则可用 $\sqrt{y_{ij}+1}$ 变换。平方根变换多用于服从 Poisson 分布的资料，如单位面积上害虫头数、某种杂草的株数等。

2. 对数变换

如果各组数据的标准差或极差与其平均数大体成比例，或者效应为相乘性或非相加性，则将原数据变换为对数 $\log(y_{ij})$ 后，可以使方差变成比较一致而且使效应由相乘性变成相加性。当原始数据有小值及零时，也可用变换 $\log(y_{ij}+1)$。

对数变换主要用于各样本的方差差异较大，但变异系数相近的资料。这种资料常见的例子有人体或动物体内某种微量元素的含量、环境中某种污染物的分布等。

一般而言，对数转换对于削弱大变数的作用要比平方根转换更强。例如，变数 1、10、100 作平方根转换是 1、3.16、10，作对数转换则是 0、1、2。

3. 反正弦转换

反正弦转换也称角度转换。此法适用于如发病率、感染率、病死率、受胎率等服从二项分布的资料。转换的方法是求出每个原数据(用百分数或小数表示)的反正弦 $\sin^{-1}\sqrt{p}$，转换后的数值是以度为单位的角度。二项分布的特点是其方差与平均数有着函数关系。这种关系表现在：当平均数接近极端值(即接近于 0 和 100%)时，方差趋向于较小；而平均数处于中间数值附近(50%左右)时，方差趋向于较大。把数据变成角度以后，接近于0和100%的数值变异程度变大，因此使方差较为增大，这样有利于满足方差同质性的要求。一般来说，若资料中的百分数介于 30%~70%时，因资料的分布接近于正态分布，数据变换与否对分析的影响不大。

第二节　双因素无交互作用的方差分析

在许多实际问题中，由于现象的复杂性，影响试验观察指标的因素往往不是一种，而是多种。因此只讨论单因素试验的方差分析是不够的，还要讨论两个或更多个因素的方差分析。例如，在例 7.1 中，影响产量的因素除品种以外，可能还有施肥量、土壤肥沃程度等其他因素。这就需要讨论双（多）因素的方差分析。双（多）因素方差分析方法就是研究两种（或多种）因素对试验观察指标影响程度的统计分析方法。本节只讨论双因素无重复试验的方差分析。

设有两个因素 A 和 B 作用于试验的观察指标。因素 A 和 B 分别取 I 和 J 个水平，$A_1, A_2, \cdots, A_I$ 和 $B_1, B_2, \cdots, B_J$。因素 A 的每个水平和因素 B 的每个水平互相搭配，形成 IJ 个不同的处理

$$A_i B_j (i=1,2,\cdots,I; j=1,2,\cdots,J)$$

为叙述简单，因素水平可简记为数字，如 A 因素水平为：1，2，…，I。

一、双因素无重复试验模型与统计假设

双因素无重复试验就是在每一处理下只做一次试验。用 $Y_{ij}(i=1,2,\cdots,I; j=1,2\cdots,J)$ 表示每个处理的样本（随机变量），y_{ij} 表示相应的样本观测值，则试验共有 IJ 个观测数据，通常表示为如表 7-8 所示。

用 $\overline{Y}_{i\cdot} = \dfrac{\sum_{j=1}^{J} Y_{ij}}{J}$ 表示因素 A 取 i 水平时的样本均值，$\overline{Y}_{\cdot j} = \dfrac{\sum_{i=1}^{I} Y_{ij}}{I}$ 表示因素 B 取 j 水平时的样本均值，$\overline{Y}_{\cdot\cdot} = \dfrac{\sum_{i=1}^{I}\sum_{j=1}^{J} Y_{ij}}{IJ}$ 表示总样本平均值，相应的观测值分别为 $\overline{y}_{i\cdot}, \overline{y}_{\cdot j}$ 和 $\overline{y}_{\cdot\cdot}$；如果去掉符号"．."，即 $Y_{i\cdot}, Y_{\cdot j}$ 和 $Y_{\cdot\cdot}$ 分别为对应均值的样本和。直观上看，我们要想知道因素 A 是否

有作用,就应该比较所有 I 个 $\bar{y}_{i\cdot}$ 是否相等,同理,了解 B 因素不同水平的信息应该分析 J 个 $\bar{y}_{\cdot j}$。

表 7-8 双因素试验的观测数据表

B 因素 观测值 A 因素	1	2	J	$\bar{Y}_{1\cdot}$
1	y_{11}	y_{12}	y_{1J}	$\bar{y}_{1\cdot}$
⋮	⋮	⋮	⋮	⋮
1	y_{I1}	y_{I2}	y_{IJ}	$\bar{y}_{I\cdot}$
$\bar{Y}_{\cdot j}$	$\bar{Y}_{\cdot 1}$	$\bar{Y}_{\cdot 2}$	$\bar{Y}_{\cdot J}$	$\bar{Y}_{\cdot\cdot}$

设试验结果观测数据服从正态分布,有

$$Y_{ij} \sim N(\mu_{ij}, \sigma^2) \quad (i=1,2,\cdots,I; j=1,2,\cdots,J)$$

其中 μ_{ij} 是 $A_i B_j$ 处理的数学期望。此时,Y_{ij} 是 IJ 个相互独立的、方差都是 σ^2 的正态随机变量。所以 Y_{ij} 可表示为

$$Y_{ij} = \mu_{ij} + \varepsilon_{ij}$$

其中 ε_{ij} 是观测值离开它的数学期望的随机误差,显然 ε_{ij} 是独立的且 $\varepsilon_{ij} \sim N(0, \sigma^2)$。

用 $\mu_{i\cdot}$ 表示 A 因素的 i 水平的均值,有

$$\mu_{i\cdot} = \frac{1}{J} \sum_{j=1}^{J} \mu_{ij} \quad (i=1,2,\cdots,I)$$

用 $\mu_{\cdot j}$ 表示 B 因素的 j 水平的均值,有

$$\mu_{\cdot j} = \frac{1}{I} \sum_{i=1}^{I} \mu_{ij} \quad (j=1,2,\cdots,J)$$

用 μ 表示 A,B 因素的 IJ 个水平的总的均值,有

$$\mu = \frac{1}{IJ} \sum_{i=1}^{I} \sum_{j=1}^{J} \mu_{ij}$$

记 $\alpha_i = \mu_{i\cdot} - \mu \ (i=1,2,\cdots,I)$,则 α_i 称为因素 A 在 i 水平的效应,它表示水平 i 在总体平均数上引起的偏差,体现了 i 水平的作用。

类似地,$\beta_j = \mu_{\cdot j} - \mu \ (j=1,2,\cdots,J)$ 称为因素 B 在水平 j 的效应。显然

$$\sum_{i=1}^{I}\alpha_i = \sum_{j=1}^{J}\beta_j = 0$$

从而有

$$\mu_{ij} = \mu + \alpha_i + \beta_j \quad (i=1,2,\cdots,I;\, j=1,2,\cdots,J)$$

因此，在双因素无重复试验数据的方差分析中所使用的统计模型为：

$$Y_{ij} = \mu + \alpha_i + \beta_j + \varepsilon_{ij} \quad (i=1,\cdots,I;\, j=1,\cdots,J)$$

该模型为线性可加模型。根据统计理论知识，可以推出模型中参数的无偏估计如下：

$$\widehat{\mu} = \overline{Y}.. \qquad \widehat{\alpha_i} = \overline{Y}_i. - \overline{Y}.. \qquad \widehat{\beta_j} = \overline{Y}._j - \overline{Y}..$$

对于无重复的双因素方差分析，我们有两种不同的假设检验。其一是表示因素 A 对总平均反映无效应的零假设 H_{0A}，另一个是 B 因素无效应的零假设 H_{0B}。具体为：

$H_{0A}: \alpha_1 = \alpha_2 = \cdots = \alpha_I$ $\qquad H_{aA}$：至少有一个 $\alpha_i \neq 0$ 成立；

$H_{0B}: \beta_1 = \beta_2 = \cdots = \beta_J$ $\qquad H_{aB}$：至少有一个 $\beta_j \neq 0$ 成立。

二、平方和分解

类似于单因素方差分析，检验无效假设 H_{0A} 和 H_{0B} 是否成立可采用总变异分解法，把要检验的因素的影响分解出来，通过比较平方和，分析有无系统误差，做显著性检验。相关平方和及其计算公式如下：

$$SST = \sum_{i=1}^{I}\sum_{j=1}^{J}(Y_{ij}-\overline{Y}..)^2 = \sum_{i=1}^{I}\sum_{j=1}^{J}Y_{ij}^2 - \frac{1}{IJ}Y_{..}^2 \qquad df = IJ-1$$

$$SSA = \sum_{i=1}^{I}\sum_{j=1}^{J}(\overline{Y}_i.-\overline{Y}..)^2 = \frac{1}{J}\sum_{i=1}^{I}Y_{i.}^2 - \frac{1}{IJ}Y_{..}^2 \qquad df = I-1$$

$$SSB = \sum_{i=1}^{I}\sum_{j=1}^{J}(\overline{Y}._j-\overline{Y}..)^2 = \frac{1}{I}\sum_{j=1}^{J}Y_{.j}^2 - \frac{1}{IJ}Y_{..}^2 \qquad df = J-1$$

$$SSE = \sum_{i=1}^{I}\sum_{j=1}^{J}(Y_{ij}-\overline{Y}_i.-\overline{Y}._j+\overline{Y}..)^2 \qquad df = (I-1)(J-1)$$

可以推出这些平方和满足基本的代数等式：

$$SST=SSA+SSB+SSE$$

等式表明了总变异可以分解为三部分，其中 SSE 部分是不能由 H_{0A} 或 H_{0B} 的对或错来解释的误差变异部分，另两部分 SSA 和 SSB 分别是 A、B 因素引起的变异，可以通过零假设的不成立来解释。

三、显著性检验

类似单因素方差分析，构造检验统计量 $F_A = \dfrac{MSA}{MSE}$ 和 $F_B = \dfrac{MSB}{MSE}$。统计理论表明，当零假设 H_{0A} 成立时，$F_A \sim F(I-1,(I-1)(J-1))$；当 H_{0B} 成立时，$F_B \sim F(J-1,(I-1)(J-1))$。于是，检验方法如表 7-9 所示。

表 7-9　无交互作用的双因素方差分析的检验方法

零假设	检验统计量的值	拒绝域	或	P 值
H_{0A}	$f_A = \dfrac{MSA}{MSE}$	$f_A > F_\alpha(J-1,(I-1)(J-1))$	$\Pr(F > f_A) > \alpha$	
H_{0B}	$f_B = \dfrac{MSB}{MSE}$	$f_B > F_\alpha(J-1,(I-1)(J-1))$	$\Pr(F > f_B) > \alpha$	

拒绝 H_{0A}（H_{0B}），即认为因素 A（B）对试验结果有显著影响，否则因素 A（B）无影响。

综上所述，列出方差分析表（见表 7-10）。

表 7-10　双因素无重复试验方差分析表

变异来源	平方和	自由度	均方	F 值	p 值
因素 A	SSA	$I-1$	$MSA = \dfrac{SSA}{I-1}$	$f_A = \dfrac{MSA}{MSE}$	$\Pr(F > f_A)$
因素 B	SSB	$J-1$	$MSB = \dfrac{SSB}{J-1}$	$f_B = \dfrac{MSB}{MSE}$	$\Pr(F > f_B)$
随机误差	SSE	$(I-1)(J-1)$	$MSE = \dfrac{SSE}{(I-1)(J-1)}$		
总　和	SST	$IJ-1$			

四、期望均方

F 检验的合理性可以通过计算期望均方来说明。通过复杂的代数计算，可以证明如下结论：

$$E(MSE) = \sigma^2$$

$$E(MSA) = \sigma^2 + \frac{J}{I-1}\sum_{i=1}^{I}\alpha_i^2$$

$$E(MSB) = \sigma^2 + \frac{I}{J-1}\sum_{j=1}^{J}\beta_j^2$$

上述结论表明，误差均方 MSE 是方差 σ^2 的无偏估计。当 H_{0A} 为真时，MSA 也是 σ^2 的无偏估计量，所以检验统计量 F 是两个无偏估计量的比值；当 H_{0A} 为假时，MSA 趋向于超过 σ^2，因此当统计量的值 f_A 较大时，拒绝 H_{0A}。类似结论对均方 MSB 和假设 H_{0B} 也成立。

五、多重比较

当拒绝 H_{0A} 或 H_{0B} 时，可以应用 Tukey 的方法对因素不同水平间的平均数进行多重比较，以识别出显著差异。多重比较的步骤与单因素方差分析相同。

（1）A 因素的水平比较，查表得 $q_\alpha(I,(I-1)(J-1))$；

B 因素的水平比较，查表得 $q_\alpha(J,(I-1)(J-1))$。

(2) A 因素比较，计算最小显著差数 $w = q_\alpha(I,(I-1)(J-1))\sqrt{MSE/J}$；

B 因素比较，计算最小显著差数 $w = q_\alpha(J,(I-1)(J-1))\sqrt{MSE/I}$。

(3) 将样本均值按递增顺序排列，样本均值差小于 w 的水平对下画横线。则未画横线相连的水平之间显著不同。

例 7.3 某乳制品厂有化验员 3 人负责牛乳酸度（°T）检验。每天从牛乳中抽样一次进行检验，连续 10 天的检验结果如表 7-11 所示。试分析 3 个化验员的化验技术有无差异以及每天的原料牛乳酸度有无差异（新鲜乳的酸度不超过 20°T）。

解 按题意需要检验假设

H_{0A}：3 个化验员的技术没有显著差异；

H_{0B}：每天的原料牛乳酸度没有差异。

按表 7-11 数据经计算得方差分析表，如表 7-12 所示。

表 7-11 牛乳酸度（°T）测定数据

化验员 A \ 日期 B	1	2	3	4	5	6	7	8	9	10
1	11.71	10.81	12.39	12.56	10.64	13.26	13.34	12.67	11.27	12.68
2	11.78	10.70	12.50	12.35	10.32	12.93	13.81	12.48	11.60	12.65
3	11.61	10.75	12.40	12.41	10.72	13.10	13.58	12.88	11.46	12.94

表 7-12 方差分析

变异来源	SS	df	MS	f	p 值
因素 A（化验员）	0.028	2	0.014	0.548	0.587
因素 B（日期）	26.759	9	2.973	115.452	4.62e-14
误　　差	0.464	18	0.0258		
总变异	27.251	29			

对给定显著水平，可以查 F 分布表得到临界值，根据临界值来决策。也可由 p 值来决策，显然，3 个化验员的技术没有差异；不同日期牛乳酸度有极显著差异。

多重比较。在本例中，A 因素水平间差异不显著，不需要做多重检验。B 因素间差异显著，需要做多重检验。对 10 个日期需要 $q_{0.05}(10,18) = 5.07$，$w = 5.07\sqrt{0.0258/10} = 0.2575$。

将因素 B 的 10 个样本均值按递增顺序排为一行，在差值小于 0.2575 的对间画横线。

$\bar{y}_{.5}$　$\bar{y}_{.2}$　$\bar{y}_{.9}$　$\bar{y}_{.1}$　$\bar{y}_{.3}$　$\bar{y}_{.4}$　$\bar{y}_{.8}$　$\bar{y}_{.10}$　$\bar{y}_{.6}$　$\bar{y}_{.7}$

10.56　10.75　11.44　11.70　12.43　12.44　12.68　12.76　13.10　13.58

结果表明，B 因素水平间，1 与 2，3 与 4，3 与 8，4 与 8，8 与 10 间差异不显著，其余水平之间差异显著。酸度最高的是 7 水平，最低的是 2 和 5 水平。

六、随机效应模型

在两因素的试验研究中,如果试验中研究的两个因素水平并不完全研究者所关心的两因素的所有水平,而均是从一个大的水平总体中选出的部分水平,则描述数据的模型应是**随机效应模型**(random effects models)。两因素无重复的随机效应模型为:

$$Y_{ij} = \mu + A_i + B_j + \varepsilon_{ij} \ (i=1,\cdots,I;j=1,\cdots,J)$$

其中 A_i, B_j 和 ε_{ij} 均是独立的随机变量,且 $A_i \sim N(0,\sigma_A^2)$,$B_j \sim N(0,\sigma_B^2)$,$\varepsilon_{ij} \sim N(0,\sigma^2)$。此时 A 因素的检验假设变为 $H_{0A}:\sigma_A^2=0$(因素 A 无效应)和 $H_{aA}:\sigma_A^2>0$;B 因素的检验假设为 $H_{0B}:\sigma_B^2=0$(因素 B 无效应)和 $H_{aB}:\sigma_B^2>0$。此时仍然有 $E(\text{MSE})=\sigma^2$,而 A、B 两因素的期望均方分别变为

$$E(\text{MSA}) = \sigma^2 + J\sigma_A^2 \qquad E(\text{MSB}) = \sigma^2 + I\sigma_B^2$$

因此,当原假设 $H_{0A}(H_{0B})$ 成立时,统计量 $F_A(F_B)$ 仍然是 σ^2 无偏估计量的比值。可以证明,H_{0A} 与 H_{aA} 的 α 水平检验中,当 $f_A \geq F_\alpha(I-1,(I-1)(J-1))$ 时拒绝 H_{0A}。同理,H_{0B} 与 H_{aB} 之间的决策也可类似确定。

当两个试验因素中,其中一个因素的试验水平恰好正是该因素所有的水平,而另一个因素的试验水平是由一个大的水平总体选出的部分水平,则此时的统计模型为**混合效应模型**(mixed effects model)。A 固定而 B 随机的混合效应模型为

$$Y_{ij} = \mu + \alpha_i + B_j + \varepsilon_{ij} \ (i=1,\cdots,I;j=1,\cdots,J)$$

其中 $\sum \alpha_i = 0$,B_j 和 ε_{ij} 是独立的随机变量,且 $B_j \sim N(0,\sigma_B^2)$,$\varepsilon_{ij} \sim N(0,\sigma^2)$。此时,两个因素的零假设分别变为

$$H_{0A}:\alpha_1 = \cdots = \alpha_I = 0 \text{ 和 } H_{0B}:\sigma_B^2 = 0$$

期望均方分别为

$$E(\text{MSE}) = \sigma^2, \quad E(\text{MSA}) = \sigma^2 + \frac{I}{J-1}\sum \alpha_i^2, \quad E(\text{MSB}) = \sigma^2 + I\sigma_B^2$$

检验程序与前面的完全相同。

总之,双因素无重复试验中,虽然随机效应模型和混合效应模型在零假设和期望均方两方面与两个效应均固定的模型不同,但检验程序完全相同。

第三节 双因素有交互作用的方差分析

一、双因素等重复试验的统计(数学)模型与统计假设

设有两个因素 A 和 B 作用于试验的指标。因素 A 和 B 分别取 I 和 J 个水平,$A_1, A_2, \cdots, A_I$ 和 $B_1, B_2, \cdots, B_J$。因素 A 的每个水平和因素 B 的每个水平互相搭配,形成 IJ 个不同的处理

$A_iB_j(i=1,2,\cdots,I;j=1,2,\cdots,J)$。如果每一种水平搭配处理都做 $K>1$ 次试验，就称为双因素等重复试验。用 $Y_{ijk}(i=1,\cdots,I;j=1,\cdots,J;k=1,\cdots,K)$ 表示 A_iB_j 处理的第 k 次观测（随机变量），y_{ijk} 表示相应的样本观测值，则试验共有 IJK 个观测数据，如表 7-13 所示。

表 7-13 双因素等重复试验的观测数据

A 因素 \ B 因素 观测值	1	J
1	$(y_{111},\cdots,y_{11K})$	$(y_{1J1},\cdots,y_{1JK})$
⋮	⋮	⋮
I	$(y_{I11},\cdots,y_{I1K})$	$(y_{IJ1},\cdots,y_{IJK})$

设试验结果观测数据服从正态分布，有

$$Y_{ijk} \sim N(\mu_{ij},\sigma^2),(i=1,\cdots,I;j=1,\cdots,J;k=1,\cdots,K)$$

于是

$$\mu = \frac{1}{IJ}\sum_{i=1}^{I}\sum_{j=1}^{J}\mu_{ij} \quad \mu_{i\cdot} = \frac{1}{J}\sum_{j=1}^{J}\mu_{ij}(i=1,\cdots,I) \quad \mu_{\cdot j} = \frac{1}{I}\sum_{i=1}^{I}\mu_{ij}(j=1,\cdots,J)$$

分别表示因素 A,B 的 IJ 个水平的总的均值和 A 因素的 i 水平及 B 因素的 j 水平的总体均值。

记

$$\alpha_i = \mu_{i\cdot} - \mu \ (i=1,\cdots,I)$$
$$\beta_j = \mu_{\cdot j} - \mu \ (j=1,\cdots,J)$$
$$\gamma_{ij} = \mu_{ij} - (\mu + \alpha_i + \beta_j) \ (i=1,\cdots,I;j=1,\cdots,J)$$

显然

$$\sum_{i=1}^{I}\alpha_i = \sum_{j=1}^{J}\beta_j = 0$$

$$\sum_{i=1}^{I}\gamma_{ij} = 0 \ (j=1,\cdots,J)$$

$$\sum_{j=1}^{J}\gamma_{ij} = 0 \ (i=1,\cdots,I)$$

从而有

$$\mu_{ij} = \mu + \alpha_i + \beta_j + \gamma_{ij} \quad (i=1,2,\cdots,I;j=1,2,\cdots,J)$$

因此，双因素等重复试验数据表示的固定效应统计（数学）模型为：

$$Y_{ij} = \mu + \alpha_i + \beta_j + \gamma_{ij} + \varepsilon_{ijk} \quad (i=1,\cdots,I;j=1,\cdots,J;k=1,\cdots,K)$$

其中 $\varepsilon_{ijk} \ (i=1,\cdots,I;j=1,\cdots,J;k=1,\cdots,K)$ 是相互独立的随机误差且 $\varepsilon_{ijk} \sim N(0,\sigma^2)$；

$\alpha_i (i=1,\cdots,I)$ 称为因素 A 的主效应（main effect），$\beta_j (j=1,\cdots,J)$ 称为因素 B 的主效应，$\gamma_{ij} (i=1,\cdots,I; j=1,\cdots,J)$ 是因素 A、B 的**交互效应**（interaction effect），即各个因素的不同水平搭配可能对试验指标产生新的影响。当 $\gamma_{ij}=0 (i=1,\cdots,I; j=1,\cdots,J)$ 时，模型是可加的。

如同前面的定义，样本下标中的"·"表示按照该下标取值样本求和，"-"表示样本平均。如 $Y_{ij\cdot}$ 表示 A_iB_j 处理的 K 个样本和，而 $\overline{Y}_{ij\cdot}$ 表示 A_iB_j 处理的 K 个样本均值。根据统计理论知识，可以推出模型中参数的无偏估计如下：

$$\widehat{\mu}=\overline{Y}_{\cdots} \quad \widehat{\alpha_i}=\overline{Y}_{i\cdots}-\overline{Y}_{\cdots} \quad \widehat{\beta_j}=\overline{Y}_{\cdot j\cdot}-\overline{Y}_{\cdots} \quad \widehat{\gamma_{ij}}=\overline{Y}_{ij\cdot}-\overline{Y}_{i\cdots}-\overline{Y}_{\cdot j\cdot}+\overline{Y}_{\cdots}$$

对于等重复的双因素方差分析，有三种不同的假设检验需要考虑。

$$H_{0AB}: \gamma_{ij}=0(i=1,\ldots,I; j=1,\ldots,J) \quad H_{aA}: 至少有一个 \gamma_{ij}\neq 0；$$
$$H_{0A}: \alpha_1=\alpha_2=\cdots=\alpha_I \quad H_{aA}: 至少有一个 \alpha_i \neq 0；$$
$$H_{0B}: \beta_1=\beta_2=\cdots=\beta_J \quad H_{aB}: 至少有一个 \beta_j \neq 0。$$

为了检验以上假设，再次定义几个平方和并给出计算公式。

$$\text{SST}=\sum_{i=1}^{I}\sum_{j=1}^{J}\sum_{k=1}^{K}(Y_{ijk}-\overline{Y}_{\cdots})^2=\sum_{i=1}^{I}\sum_{j=1}^{J}\sum_{k=1}^{K}Y_{ijk}^2-\frac{1}{IJK}Y_{\cdots}^2 \quad \text{df}=IJK-1$$

$$\text{SSA}=\sum_{i=1}^{I}\sum_{j=1}^{J}\sum_{k=1}^{K}(\overline{Y}_{i\cdots}-\overline{Y}_{\cdots})^2=\frac{1}{JK}\sum_{i=1}^{I}Y_{i\cdots}^2-\frac{1}{IJK}Y_{\cdots}^2 \quad \text{df}=I-1$$

$$\text{SSB}=\sum_{i=1}^{I}\sum_{j=1}^{J}\sum_{k=1}^{K}(\overline{Y}_{\cdot j\cdot}-\overline{Y}_{\cdots})^2=\frac{1}{IK}\sum_{j=1}^{J}Y_{\cdot j\cdot}^2-\frac{1}{IJK}Y_{\cdots}^2 \quad \text{df}=J-1$$

$$\text{SSAB}=\sum_{i=1}^{I}\sum_{j=1}^{J}\sum_{k=1}^{K}(\overline{Y}_{ij\cdot}-\overline{Y}_{i\cdots}-\overline{Y}_{\cdot j\cdot}+\overline{Y}_{\cdots})^2 \quad \text{df}=(I-1)(J-1)$$

$$\text{SSE}=\sum_{i=1}^{I}\sum_{j=1}^{J}\sum_{k=1}^{K}(Y_{ijk}-\overline{Y}_{ij\cdot})^2=\sum_{i=1}^{I}\sum_{j=1}^{J}\sum_{k=1}^{K}Y_{ijk}^2-\frac{1}{K}\sum_{i=1}^{I}\sum_{j=1}^{J}Y_{ij\cdot}^2 \quad \text{df}=IJ(K-1)$$

这些平方和也满足基本的代数等式：

$$\text{SST}=\text{SSA}+\text{SSB}+\text{SSAB}+\text{SSE}$$

因此，总变异分解为四部分，其中 SSE 不能由三个零假设的成立与否来解释，而 SSA、SSB 和 SSAB 可由三个零假设成立与否来解释。四个均方可通过公式 $\text{MS}=\text{SS}/\text{df}$ 来定义。根据统计学理论可求得四个均方的期望均方。

$$E(\text{MSE})=\sigma^2$$

$$E(\text{MSA})=\sigma^2+\frac{JK}{I-1}\sum_{i=1}^{I}\alpha_i^2$$

$$E(\text{MSB})=\sigma^2+\frac{IK}{J-1}\sum_{j=1}^{J}\alpha_i^2$$

$$E(\text{MSAB}) = \sigma^2 + \frac{K}{(I-1)(J-1)} \sum_{i=1}^{I} \sum_{j=1}^{J} \gamma_{ij}^2$$

期望均方表明每个假设可以用相应的均方与 MSE 的比值进行检验。可以证明，当零假设成立时，三个均方比值均服从 F 分布，由此可得检验程序，如表 7-14 所示。

表 7-14 有交互作用的双因素方差分析检验方法

零假设	检验统计量的值	拒绝域	或	P 值
H_{0A}	$f_A = \dfrac{\text{MSA}}{\text{MSE}}$	$f_A > F_\alpha(I-1, IJ(K-1))$		$\Pr(F > f_A) > \alpha$
H_{0B}	$f_B = \dfrac{\text{MSB}}{\text{MSE}}$	$f_B > F_\alpha(J-1, IJ(K-1))$		$\Pr(F > f_B) > \alpha$
H_{0AB}	$f_{AB} = \dfrac{\text{MSAB}}{\text{MSE}}$	$f_{AB} > F_\alpha((I-1)(J-1), IJ(K-1))$		$\Pr(F > f_{AB}) > \alpha$

例 7.4 三种不同的西红柿品种（A_1, A_2, A_3），四种不同的种植密度（B_1, B_2, B_3, B_4）在某一地区进行产量试验，同样的品种和密度各种植在三个不同的地块，测得产量（见表 7-15）。试问：品种和种植密度对产量有无显著影响？两者的交互作用是否显著（设 $\alpha = 0.01$）？

表 7-15 产量数据表

品种因素	密度因素				$\bar{y}_{i\cdot\cdot}$
	B_1	B_2	B_3	B_4	
A_1	10.5 9.2 7.9	12.8 11.2 13.3	12.1 12.6 14.0	10.8 9.1 12.5	11.33
A_2	8.1 8.6 10.1	12.7 13.7 11.5	14.4 15.4 13.7	11.3 12.5 14.5	12.21
A_3	16.1 15.3 17.5	16.6 19.2 18.5	20.8 18.0 21.0	18.4 18.9 17.2	18.13
$\bar{y}_{\cdot j\cdot}$	11.48	14.39	15.78	13.91	13.89

解 本题是双因素等重复试验的方差分析。此时，$I=3, J=4, K=3$。由表 7-15 的数据经计算得如表 7-16 所示的方差分析表。

表 7-16 方差分析表

变异来源	SS	df	MS	f	p 值
品种	327.6	2	163.8	$f_A = 103.02$	$p_A = 0.008957$
密度	86.69	3	28.9	$f_B = 28.9$	$p_B = 0.009734$
交互	8.03	6	1.34	$f_{AB} = 0.84$	$p_{AB} = 0.241036$
误差	38.04	24	1.59		
总变异	460.36	35			

查 F 分布表，可以得到临界值或者由 p 值来做决策。由 $p_{AB} = 0.241036 > 0.01$ 知，H_{0AB} 在 0.01 水平不能被拒绝，品种和密度交互作用不显著；由 $p_A = 0.008957 < 0.01$，H_{0A} 在 0.01 水平被拒绝，品种因素对产量有显著影响；由 $p_B = 0.009734 < 0.01$，H_{0B} 在 0.01 水平被拒绝，种植密度因素对产量有显著影响。

二、多重比较

当无交互零假设 H_{0AB} 不能拒绝且至少有一个主效应零假设被拒绝时,可以用 Tukey 的方法进行多重比较。当拒绝 H_{0A} 时,可以识别出 A 因素的不同水平。多重比较的步骤如下:

(1) 查表得 $q_\alpha(I, IJ(K-1))$;

(2) 计算最小显著差数 $w = q_\alpha(I, IJ(K-1))\sqrt{MSE/(JK)}$;

(3) 将样本均值 $\bar{y}_{i..}$ 按递增顺序排列,样本均值差小于 w 的水平对下画横线。则未画横线相连的水平之间显著不同。

当拒绝 H_{0B} 时,以上步骤适当修改可以得到 B 因素的多重比较步骤。

三、混合随机效应模型

如在第二节中所介绍的,如果两个因素均是随机效应,则模型被称为随机效应模型,当其中一个因素是固定效应,而另一个因素是随机效应时,模型是混合效应。A 固定而 B 随机的混合效应模型为

$$Y_{ij} = \mu + \alpha_i + B_j + G_{ij} + \varepsilon_{ijk} \quad (i=1,\cdots,I; j=1,\cdots,J; k=1,\cdots,K)$$

其中 $\sum \alpha_i = 0$,B_j、G_{ij} 和 ε_{ij} 是独立的随机变量,且 $B_j \sim N(0, \sigma_B^2)$,$G_{ij} \sim N(0, \sigma_G^2)$,$\varepsilon_{ij} \sim N(0, \sigma^2)$。此时检验的假设分别变为

$$H_{0A}: \alpha_1 = \cdots = \alpha_I = 0 \text{ 和 } H_{aA}: \text{至少有一个 } \alpha_i \neq 0;$$
$$H_{0B}: \sigma_B^2 = 0 \text{ 和 } H_{aB}: \sigma_B^2 > 0;$$
$$H_{0AB}: \sigma_G^2 = 0 \text{ 和 } H_{aAB}: \sigma_G^2 > 0。$$

检验程序所需要的平方和均方的定义与计算方法与固定效应情况相同。期望均方分别为

$$E(MSE) = \sigma^2$$
$$E(MSA) = \sigma^2 + K\sigma_G^2 + \frac{JK}{I-1}\sum \alpha_i^2$$
$$E(MSB) = \sigma^2 + K\sigma_G^2 + IK\sigma_B^2$$
$$E(MSAB) = \sigma^2 + K\sigma_G^2$$

因此,当检验无交互作用零假设是否成立时,应该用统计量 $f_{AB} = MSAB/MSE$,且 $f_{AB} > F_\alpha((I-1)(J-1), IJ(K-1))$ 拒绝原假设 H_{0AB}。当检验 A 因素无作用的零假设 H_{0A} 是否成立时,统计量应为 $f_A = MSA/MSAB$,且拒绝域是 $f_A > F_\alpha((I-1),(I-1)(J-1))$。检验 B 因素无作用的零假设 H_{0B} 是否成立时,用统计量 $f_B = MSB/MSAB$,且拒绝域是

$f_A > F_\alpha((I-1),(I-1)(J-1))$。

通过前面两节的介绍，我们给出了双因素的方差分析方法，利用同样的思想，可以进行三因素甚至更多因素的方差分析，由于篇幅有限，这里不再介绍，感兴趣的读者可以参考有关文献。

第四节 常用单因素试验设计结果的统计分析

为研究某因素对试验指标的影响，常常需要进行单因素试验。具体的单因素试验结果的统计分析方法，因试验设计方法不同而有所差异。在第一节中实际上已介绍了单因素完全随机设计试验的统计分析方法，这里主要介绍随机区组设计和拉丁方设计的单因素试验结果的统计分析方法。

一、随机区组设计单因素试验结果的方差分析

随机区组试验设计是一种应用广泛、效率高的试验设计方法。单因素随机区组试验结果的统计分析实际上是双因素无交互作用的方差分析方法，只需要将区组看作是一个非科学研究的辅助因素即可。

例7.5 研究4种修剪方式 A（对照）、B、C、D（I=4）对果树单株产量（kg/株）的影响，4次重复（J=4），随机完全区组设计，其产量结果如表7-17所示。试做方差分析。

表7-17 单因素随机完全区组设计的果树产量

修剪方式（处理）	区组 1	2	3	4	$\bar{y}_{i\cdot}$
A（对照）	25	23	27	26	25.3
B	32	27	26	31	29.0
C	21	19	20	22	20.5
D	20	21	18	21	20.0

解 按题意需要检验假设

H_{0A}：修剪方式之间没有显著差异。

按表7-17数据经计算得方差分析表，如表7-18所示。

查F分布表得 $F_{0.05}(3,9) = 3.86$。由 $f_A > F_{0.05}(3,9)$，知修剪方式间差异在5%水平显著；而由 $f_B < F_{0.05}(3,9)$ 知区组间差异在5%水平上不显著。

表7-18 方差分析表

变异来源	SS	df	MS	f	p值
因素A（修剪方式）	217.69	3	72.56	24.133	0.000123
因素B（区组）	18.69	3	6.23	2.072	0.174325
误差	27.06	9	3.01		
总变异	263.44	15			

根据前面介绍的多重比较方法，采用 Dunnett 最小显著差数（DLSD）法进行多重比较。为此需要 $Dt_{0.05}(3,9) = 2.81$（查表 XX），计算

$$DLSD_{0.05} = Dt_{0.05}(I-1, df_e)\sqrt{2MSE/J} = 3.45$$

比较结果如表 7-19 所示。

表 7-19　三种修剪方式与对照之差异的多重比较表（Dunnett 法）

比　　较	平均数之差（$\bar{y}_{i\cdot} - \bar{y}_{1\cdot}$）	平均数之差的绝对值（$|\bar{y}_{i\cdot} - \bar{y}_{1\cdot}|$）
B~A	3.75	3.75*
C~A	-4.75	4.75*
D~A	-5.25	5.25*

由比较表可知，3 种修剪方式与对照有真实差异，但只有方式 B 的产量高于对照。

在随机区组试验设计的方差分析中，其总变异来源分为 3 部分，即处理间变异、区组间变异和误差变异，它比完全随机设计的分析多了一项区组间的变异。也就是说，这种设计方法将区组看做非试验的"辅助因素"，从而可以将区组间的变异从总变异中分离出来，为降低试验误差提供了一条可能途径，进而提高统计检验的灵敏度。

二、拉丁方设计的单因素试验结果的统计分析

单因素试验的拉丁方设计在纵横两个方向上都应用了局部控制，使得纵横两个方向皆成区组，因此试验结果的总变异包括 4 个基本来源：处理间、行区组间、裂区组间和试验误差。拉丁方设计的方差分析，基本上与随机区组设计相同，只是从误差项多分解出一项区组间变异而已。拉丁方设计不仅能检验出处理间差异显著性，而且能检验出行区组间和列区组间差异显著性。

拉丁方设计的最基本和最重要的特点就是处理数与重复数相等。用 Y_{ijk} 表示拉丁方表的 i 行、j 列处的处理 k 的观测，且假设共有 N 个处理；则统计模型是

$$Y_{ijk} = \mu + \alpha_i + \beta_j + \delta_k + \varepsilon_{ijk} \ (i,j,k = 1,\cdots,N)$$

其中 $\sum \alpha_i = \sum \beta_j = \sum \delta_k = 0$，各 ε_{ijk} 相互独立且 $\varepsilon_{ijk} \sim N(0,\sigma^2)$。

则试验研究所需要的假设为

$$H_{0C}: \delta_1 = \cdots = \delta_N = 0, \ H_{aC}: 至少有一个 \delta_i \neq 0 。$$

为分析次检验假设，定义如下的总和与平均数。

$$Y_{i\cdot\cdot} = \sum_j Y_{ijk}; \quad Y_{\cdot j\cdot} = \sum_i Y_{ijk}; \quad Y_{\cdot\cdot k} = \sum_i \sum_j Y_{ijk}; \quad Y_{\cdots} = \sum_i \sum_j Y_{ijk}$$

$$\bar{Y}_{i\cdot\cdot} = X_{i\cdot\cdot}/N; \quad \bar{Y}_{\cdot j\cdot} = X_{\cdot j\cdot}/N; \quad \bar{Y}_{\cdot\cdot k} = X_{\cdot\cdot k}/N; \quad \bar{Y}_{\cdots} = X_{\cdots}/N^2$$

注意，这里 $Y_{i\cdot}$ 表示的是仅按照下标 j 求和的结果，而不是前面表示的双下标求和的结果。检验分析所使用的平方和及计算公式如下。

$$SST = \sum_i \sum_j (Y_{ijk} - \overline{Y}...)^2 = \sum_i \sum_j Y_{ijk}^2 - \frac{Y_{...}^2}{N^2} \quad df = N^2 - 1$$

$$SSA = \sum_i \sum_j (\overline{Y}_{i..} - \overline{Y}...)^2 = \frac{1}{N} \sum_i Y_{i..}^2 - \frac{Y_{...}^2}{N^2} \quad df = N - 1$$

$$SSB = \sum_i \sum_j (\overline{Y}_{.j.} - \overline{Y}...)^2 = \frac{1}{N} \sum_j Y_{.j.}^2 - \frac{Y_{...}^2}{N^2} \quad df = N - 1$$

$$SSC = \sum_i \sum_j (\overline{Y}_{..k} - \overline{Y}...)^2 = \frac{1}{N} \sum_k Y_{..k}^2 - \frac{Y_{...}^2}{N^2} \quad df = N - 1$$

$$SSE = \sum_i \sum_j (Y_{ijk} - \overline{Y}_{i..} - \overline{Y}_{.j.} - \overline{Y}_{..k} + 2\overline{Y}...)^2 \quad df = (N-1)(N-2)$$

$$SST = SSA + SSB + SSC + SSE$$

根据比值 SS/df 可以定义相应的均方,则检验假设 H_{0C} 是否成立的统计量定义为 $f_C = MSC/MSE$,且当 $f_C \geq F_\alpha(N-1,(N-1)(N-2))$ 时拒绝 H_{0C}。实际问题中,可列出方差分析表(见表 7-20)。

表 7-20 拉丁方设计试验的方差分析表

变异来源	平方和	自由度	均方	F值	p值
A(行)	SSA	$N-1$	$MSA = \frac{SSA}{N-1}$	$f_A = \frac{MSA}{MSE}$	$Pr(F > f_A)$
B(列)	SSB	$N-1$	$MSB = \frac{SSB}{N-1}$	$f_B = \frac{MSB}{MSE}$	$Pr(F > f_B)$
C(处理)	SSC	$N-1$	$MSC = \frac{SSC}{N-1}$	$f_C = \frac{MSC}{MSE}$	$Pr(F > f_C)$
随机误差	SSE	$(N-1)(N-1)$	$MSE = \frac{SSE}{(N-1)(N-2)}$		
总和	SST	$N^2 - 1$			

例 7.6 有 5 个水稻品种比较试验,采用 5×5 拉丁方设计,其田间小区排列和产量(kg)如表 7-21 所示,试对结果进行统计分析。

解 行和与列和计算如表所示,且有 $y_{..A}=189$, $y_{..B}=178$, $y_{..C}=181$, $y_{..D}=161$, $y_{..E}=150$, $y_{...}=859$, $\sum_i \sum_j y_{ijk}^2 = 29805$。进一步计算可得方差分析表(见表 7-22)。

表 7-21 水稻品种试验拉丁方设计及数据表

		B					
		1	2	3	4	5	$y_{i..}$
A	1	E 30	B 38	A 38	C 36	D 32	174
	2	C 38	D 34	B 35	A 35	E 28	170
	3	B 36	A 43	D 33	E 30	C 33	175
	4	D 32	E 29	C 36	B 34	A 36	167
	5	A 37	C 38	E 33	D 30	B 35	173
	$y_{.j.}$	173	182	175	165	164	

表 7-22 方差分析表

变异来源	SS	df	MS	f	p 值
A（行）	8.56	4	2.14	f_A = 0.745	p_A =0.5799
B（列）	44.56	4	11.14	f_B = 3.877	p_B =0.0302
C（处理）	202.16	4	50.54	f_C = 17.589	p_C =0.0000586
误差	34.48	12	2.87		
总变异	289.76	24			

由方差分析表可知，行间差异不显著，列间差异在 0.01 水平不显著，在 0.05 水平显著，而处理即品种差异极显著。

应用 Tukey 方法进行多重比较。$w_{0.05} = q_{0.05}(5,12)\sqrt{\text{MSE}/5} = 4.51\sqrt{2.87/5} = 3.417$，使用画线法比较结果如下。

```
    E       D       B       C       A
   30     32.2    35.6    36.2    37.8
   _____
           _____
                   _____
```

结果显示，品种 E 与 D 无差异，但与 B、C、A 差异显著；品种 D 与 B 无差异，但 C、A 差异显著；品种 B、C、A 之间无差异。

第五节 常用两因素试验设计结果的统计分析

类似单因素的情况，两因素试验设计结果的统计分析，因试验设计方法不同而有所不同。在第二节和第三节两节中已介绍了两因素完全随机设计试验的统计分析方法，这里介绍随机区组设计、系统分组设计和裂区设计的两因素试验结果的统计分析方法。

一、两因素随机区组试验结果的方差分析

设试验有 A、B 两因素，A 因素有 I 个水平，B 因素有 J 个水平，作随机区组设计，有 K 个区组，用 C 表示区组，则试验共有 IJK 个观测值，记作 y_{ijk} [i 表示因素 A 的水平：$i=1,\cdots,I$；j 表示因素 B 的水平：$j=1,\cdots,J$；k 表示重复数（区组号）：$k=1,\cdots,K$]。可用处理、区组两项分组表来记录试验数据，如表 7-23 所示。

表 7-23 两因素随机区组设计试验数据的处理、区组两项分组表

处理组合	区组 C（k）			处理平均
(A_iB_j)	1	⋯	K	$\bar{y}_{ij\cdot}$
A_1B_1	y_{111}	⋯	y_{11K}	$\bar{y}_{11\cdot}$
A_1B_2	y_{121}	⋯	y_{12K}	$\bar{y}_{ij\cdot}$
⋮	⋮		⋮	⋮
A_IB_J	y_{IJ1}	⋯	y_{IJK}	$\bar{y}_{IJ\cdot}$
区组平均数 $\bar{y}_{\cdot\cdot k}$	$\bar{y}_{\cdot\cdot 1}$	⋯	$\bar{y}_{\cdot\cdot K}$	$\bar{y}_{\cdot\cdot\cdot}$

在两因素随机区组试验中，每个试验单元安排的是一个处理（水平组合）。若把处理当成一个因素，则可把试验看成是一个单因素随机区组试验，因而其观察数据 y_{ijk} 可用线性模型表示。其线性模型为：

$$y_{ijk} = \mu + \alpha_i + \beta_j + \gamma_{ij} + \delta_k + \varepsilon_{ijk} \quad (i=1,\cdots,I; j=1,\cdots,J; k=1,\cdots,K)$$

其中，μ 为总平均值；α_i 为 A 因素主效应且 $\sum \alpha_i = 0$；β_j 为 B 因素主效应且 $\sum \beta_j = 0$；γ_{ij} 为 A、B 二因素的交互作用效应且 $\sum_i \gamma_{ij} = \sum_j \gamma_{ij} = 0$；$\delta_k$ 为区组效应；ε_{ijk} 是相互独立的随机误差项，且 $\varepsilon_{ijk} \sim N(0, \sigma^2)$。

需要考虑的假设检验与两因素有交互的方差分析相同。为了检验假设，这里需要定义的平方和与计算公式如下：

$$SST = \sum_{i=1}^{I}\sum_{j=1}^{J}\sum_{k=1}^{K}(Y_{ijk} - \overline{Y}_{\cdots})^2 = \sum_{i=1}^{I}\sum_{j=1}^{J}\sum_{k=1}^{K}Y_{ijk}^2 - \frac{1}{IJK}Y_{\cdots}^2 \quad df = IJK-1$$

$$SSA = \sum_{i=1}^{I}\sum_{j=1}^{J}\sum_{k=1}^{K}(\overline{Y}_{i\cdot\cdot} - \overline{Y}_{\cdots})^2 = \frac{1}{JK}\sum_{i=1}^{I}Y_{i\cdot\cdot}^2 - \frac{1}{IJK}Y_{\cdots}^2 \quad df = I-1$$

$$SSB = \sum_{i=1}^{I}\sum_{j=1}^{J}\sum_{k=1}^{K}(\overline{Y}_{\cdot j\cdot} - \overline{Y}_{\cdots})^2 = \frac{1}{IK}\sum_{j=1}^{J}Y_{\cdot j\cdot}^2 - \frac{1}{IJK}Y_{\cdots}^2 \quad df = J-1$$

$$SSC = \sum_{i=1}^{I}\sum_{j=1}^{J}\sum_{k=1}^{K}(\overline{Y}_{\cdot\cdot k} - \overline{Y}_{\cdots})^2 = \frac{1}{IJ}\sum_{k=1}^{K}Y_{\cdot\cdot k}^2 - \frac{1}{IJK}Y_{\cdots}^2 \quad df = K-1$$

$$SSAB = \sum_{i=1}^{I}\sum_{j=1}^{J}\sum_{k=1}^{K}(\overline{Y}_{ij\cdot} - \overline{Y}_{i\cdot\cdot} - \overline{Y}_{\cdot j\cdot} + \overline{Y}_{\cdots})^2 \quad df = (I-1)(J-1)$$

$$SSE = \sum_{i=1}^{I}\sum_{j=1}^{J}\sum_{k=1}^{K}(Y_{ijk} - \overline{Y}_{ij\cdot} - \overline{y}_{\cdot\cdot k} + \overline{y}_{\cdots})^2 \quad df = (IJ-1)(K-1)$$

$$SST = SSA + SSB + SSAB + SSC + SSE$$

因此，总变异分解为 A 因素、B 因素、AB 因素互作、区组间和误差变异五部分，其中 A 因素、B 因素、AB 因素互作变异总起来就是处理变异。

为了构造统计量，仍然需要计算均方和期望均方。两因素随机区组设计的线性模型根据构成分量具有 3 种模型，并且分别对应不同的期望均方（EMS），如表 7-24 所示。

表 7-24 两因素随机区组试验 3 种模型的期望均方

变异来源	固定模型	随机模型	混合模型 A 固定，B 随机	混合模型 A 随机，B 固定
区组	$\sigma^2 + IJ\kappa_C^2$	$\sigma^2 + IJ\sigma_C^2$		
A	$\sigma^2 + JK\kappa_A^2$	$\sigma^2 + K\sigma_{AB}^2 + JK\sigma_A^2$	$\sigma^2 + K\sigma_{AB}^2 + JK\kappa_A^2$	$\sigma^2 + JK\sigma_A^2$
B	$\sigma^2 + IK\kappa_B^2$	$\sigma^2 + K\sigma_{AB}^2 + IK\sigma_B^2$	$\sigma^2 + IK\sigma_B^2$	$\sigma^2 + K\sigma_{AB}^2 + IK\kappa_B^2$
AB	$\sigma^2 + K\kappa_{AB}^2$	$\sigma^2 + K\sigma_{AB}^2$	$\sigma^2 + K\sigma_{AB}^2$	$\sigma^2 + K\sigma_{AB}^2$
误差	σ^2	σ^2	σ^2	σ^2

其中 $\kappa_C^2 = \dfrac{1}{K-1}\sum_{k=1}^{K}\gamma_k^2$; $\kappa_A^2 = \dfrac{1}{I-1}\sum_{i=1}^{I}\alpha_i^2$; $\kappa_B^2 = \dfrac{1}{J-1}\sum_{j=1}^{J}\beta_j^2$; $\kappa_{AB}^2 = \dfrac{1}{(I-1)(J-1)}\sum_{i=1}^{I}\sum_{j=1}^{J}\gamma_{ij}^2$

期望均方是正确进行 F 检验的依据。按照分子、分母只能相差一个分量的原则,当选用固定模型时,三个检验 F 统计量的计算都是以误差项的均方为分母。当选用随机模型时,检验 $H_{0A}:\sigma_A^2=0$ 和 $H_{0B}:\sigma_B^2=0$ 时,都应以互作项均方作分母,而检验 $H_{0AB}:\sigma_{AB}^2=0$ 就应以误差项均方作分母来计算 F 统计量的值。混合模型时,也按这条原则选用适合的分母均方。同时,多重比较计算最小显著差数时所用的误差均方也必须是对该变异项作 F 检验时的分母均方。

很多时候的两因素随机区组试验都属于固定模型。因此,其 A 因素、B 因素、AB 因素互作效应的 F 检验程序如表 7-25 所示。

表 7-25 两因素随机区组试验设计方差分析检验方法

零假设	检验统计量的值	拒绝域	或 P 值
H_{0A}	$f_A = \dfrac{MSA}{MSE}$	$f_A > F_\alpha(I-1,(IJ-1)(K-1))$	$\Pr(F>f_A) > \alpha$
H_{0B}	$f_B = \dfrac{MSB}{MSE}$	$f_B > F_\alpha(J-1,(IJ-1)(K-1))$	$\Pr(F>f_B) > \alpha$
H_{0AB}	$f_{AB} = \dfrac{MSAB}{MSE}$	$f_{AB} > F_\alpha((I-1)(J-1),(IJ-1)(K-1))$	$\Pr(F>f_{AB}) > \alpha$

例 7.7 在食品加工工艺研究中,欲考察不同食品添加剂对各种配方食品质量的影响而进行试验。试验有两个因素即配方因素 A 和食品添加剂因素 B。配方因素有 2 个水平即 A_1, A_2;食品添加剂因素 B 有 3 个水平 B_1, B_2, B_3。因试验所用设备容量不大,不能一次性将试验完成,需分 3 次做完,故选用随机区组法安排试验,每次试验一个区组,即试验设 3 次重复。各处理试验质量评分数据如表 7-26 所示,试做统计分析。

表 7-26 例 6 试验数据处理与区组两相表

处理	区组 1	2	3	处理总和 $y_{ij\bullet}$	处理均值 $\bar{y}_{ij\bullet}$
A_1B_1	9	7	8	24	8.00
A_1B_2	5	5	7	17	5.67
A_1B_3	8	7	9	24	8.00
A_2B_1	9	9	10	28	9.33
A_2B_2	10	9	10	29	9.67
A_2B_3	9	9	10	28	9.33
区组总和 $y_{\bullet\bullet k}$	50	46	54	$y_{\bullet\bullet\bullet}=150$	

解 经计算可列出方差分析表,如表 7-27 所示。

表 7-27 的 F 检验表明，配方因素 A 各水平间，添加剂因素 B 各水平间差异显著，同时 A、B 两因素的互作效应也显著，所以还需进一步做多重比较。

(1) 配方水平平均数比较。

因配方设 2 个水平，F 检验达显著水平。

(2) 添加剂用量水平平均数作多重比较。

采用 Tukey 法。查表得 $q_{0.05}(3,10) = 3.88$。添加剂水平数 $J = 3$，添加剂水平重复数 $= IK = 6$，

表 7-27 方差分析表

变异来源	SS	df	MS	f	p 值
C 区组	5.333	2	2.667	$f_C = 8.00$	$p_C = 0.00842$
A 因素	22.222	1	22.222	$f_A = 66.67$	$p_A = 0.0000098$
B 因素	4	2	2	$f_B = 6$	$p_B = 0.0194$
交互 AB	7.111	2	3.556	$f_{AB} = 10.67$	$p_{AB} = 0.00331$
误差	3.333	10	0.333		
总变异	37.121	17			

所以 $w_{0.05} = q_{0.05}(3,10)\sqrt{MSE/6} = 3.88\sqrt{0.333/6} = 0.914$。比较结果为：

$$\overline{y}_{.2.} = 7.333 \quad \overline{y}_{.1.} = 8.667 \quad \overline{y}_{.3.} = 8.667$$

(3) 在不同配方水平下比较添加剂的简单效应。

上述两方面的比较是主效应的比较。如果交互作用显著，则主效应的比较并非重要。因为此时各因素不同水平的最佳搭配不能简单地由各因素的最佳水平组合而成，而应在各处理的比较中选出。F 检验结果表明，这里需做两个方面的比较，一是不同配方下不同添加剂效应的比较，二是不同添加剂下不同配方效应的比较。这里只给出不同配方下添加剂的效应比较。这时有 $w_{0.05} = q_{0.05}(3,10)\sqrt{MSE/3} = 3.88\sqrt{0.333/3} = 1.293$。比较结果为：

A_1 配方： $\overline{y}_{12.} = 5.67 \quad \overline{y}_{11.} = 8.00 \quad \overline{y}_{13.} = 8.00$

A_2 配方： $\overline{y}_{12.} = 9.00 \quad \overline{y}_{11.} = 9.33 \quad \overline{y}_{13.} = 9.33$

(4) 处理平均数作多重比较。

简单效应比较，不是在试验的全部处理之间进行的，因而就不能直接从中获得整个试验的最优处理。因此，应对全部处理进行比较。这里最小显著差数与简单效应比较的最小显著差数是相同的。因此比较结果为：

$\overline{y}_{12.}$	$\overline{y}_{11.}$	$\overline{y}_{13.}$	$\overline{y}_{21.}$	$\overline{y}_{23.}$	$\overline{y}_{22.}$
5.67	8	8	9.33	9.33	9.67

多重比较结果表明，配方 A_2 水平下的 3 个处理最好，之间差异不显著，且质量评分均显著地高于 A_1 水平下的 3 个处理。在 6 个处理中，A_1B_2 处理最差，其质量评分显著地低于其他处理。A_1B_1 和 A_1B_3 两处理无差别。

二、两因素系统分组设计试验结果的统计分析

系统分组试验设计的受试对象本身具有分组再分组的各种因素，处理（即最终的试验条件）是各因素各水平的全面组合，且因素之间在专业上有主次之分；或者受试对象本身并非具有分组再分组的各种因素，处理（即最终的试验条件）不是各因素各水平的全面组合，而是按各因素及其隶属关系系统分组，且因素之间在专业上有主次之分。

设有 A、B 两因素，A 因素有 I 个水平，B 因素有 J 个水平，每个 B 水平又有 K 个观测值，则这种资料的数据结构如表 7-28 所示。

表 7-28 双因素系统分组试验资料的数据结构

一级因素 A	二级因素 B	观察值	B 因素平均	A 因素平均
1	1	$y_{111} \cdots y_{11K}$	$\bar{y}_{11\cdot}$	
$\vdots$	$\vdots$	$\vdots \quad \vdots$	$\vdots$	$\bar{y}_{1\cdot\cdot}$
1	J	$y_{1J1} \cdots y_{1JK}$	$\bar{y}_{1J\cdot}$	
$\cdots$	$\cdots$	$\cdots \quad \cdots$	$\cdots$	
I	1	$y_{I11} \cdots y_{I1K}$	$\bar{y}_{I1\cdot}$	
$\vdots$	$\vdots$	$\vdots \quad \vdots$	$\vdots$	$\bar{y}_{I\cdot\cdot}$
I	J	$y_{IJ1} \cdots y_{IJK}$	$\bar{y}_{IJ\cdot}$	

表中 A 因素的第 $i(i=1,\cdots,I)$ 水平与 B 因素的水平发生组合，要注意的是嵌套在不同 A 因素水平中的 B 因素的水平数可以是不同的，在不同 B 因素水平内的观测值个数也可以是不同的。

两因素系统分组资料数据的数学模型如下：

$$Y_{ijk} = \mu + \alpha_i + \beta_{ij} + \varepsilon_{ijk} \ (i=1,\cdots,I; j=1,\cdots,J; k=1,\cdots,K)$$

式中：μ 为总平均；α_i 为 A 因素的第 i 个水平的效应；β_{ij} 为 A 因素的第 i 个水平下 B 因素的第 j 个水平的效应；ε_{ijk} 是彼此独立的随机误差且 $\varepsilon_{ijk} \sim N(0,\sigma^2)$。

模型公式表明了观察值的总变异可分解为一级因素内、一级因素下二级因素内和随机误差三部分。因此为了进行假设检验，需要如下的平方和与计算公式：

$$SST = \sum_{i=1}^{I}\sum_{j=1}^{J}\sum_{k}^{K}(Y_{ijk}-\bar{Y}...)^2 = \sum_{i=1}^{I}\sum_{j=1}^{J}\sum_{k=1}^{K}Y_{ijk}^{\ 2} - \frac{1}{IJK}Y_{...}^2 \qquad df = IJK-1$$

$$SSA = \sum_{i=1}^{I}\sum_{j=1}^{J}\sum_{k=1}^{K}(\bar{Y}_{i..}-\bar{Y}...)^2 = \frac{1}{JK}\sum_{i=1}^{I}Y_{i..}^{\ 2} - \frac{1}{IJK}Y_{...}^2 \qquad df = I-1$$

$$SSAB = \sum_{i=1}^{I}\sum_{j=1}^{J}\sum_{k=1}^{K}(\overline{Y}_{ij\cdot} - \overline{Y}_{i\cdot\cdot})^2 \qquad df = I(J-1)$$

$$SSE = \sum_{i=1}^{I}\sum_{j=1}^{J}\sum_{k=1}^{K}(Y_{ijk} - \overline{Y}_{ij\cdot})^2 \qquad df = IJ(K-1)$$

$$SST = SSA + SSAB + SSE$$

式中 SSAB 表示 A 因素内 B 因素水平间的平方和，表示了 A 因素内 B 因素水平间的变异。

根据前面的介绍，二因素方差分析的模型一般有固定模型、随机模型和混合模型，在不同模型下要检验的假设和检验统计量是不一样的。对于系统分组数据，随机模型或混合模型是比较常见的。所以二因素系统分组试验设计的方差分析和期望均方如表 7-29 所示。

表 7-29　二因素系统设计试验的方差分析表和期望均方

变异来源	平方和	自由度	均方	F 值	p 值	期望均方
因素 A	SSA	$I-1$	MSA	$f_A = \dfrac{MSA}{MSAB}$	$\Pr(F > f_A)$	$\sigma^2 + K\sigma_{AB}^2 + JK\sigma_A^2$
A 因素下 B	SSAB	$I(J-1)$	MSAB	$f_{AB} = \dfrac{MSAB}{MSE}$	$\Pr(F > f_{AB})$	$\sigma^2 + K\sigma_{AB}^2$
随机误差	SSE	$IJ(K-1)$	MSE			σ^2

例 7.8　测定 3 种不同来源的鱼粉的蛋白质消化率，在不含蛋白质的饲料里按一定比例分别加入不同的鱼粉 A_1，A_2，A_3，配制成饲料，各喂给 3 头试验动物（B）。收集排泄物，风干、粉碎、混合均匀。分别从每头动物的排泄物中各取两份样品进行测定，结果如表 7-30 所示，试做分析。

表 7-30　蛋白质的消化率

一级因素 A（鱼粉）	二级因素 B（个体）	测定值	
1	1	82.5	82.4
1	2	87.1	86.5
1	3	84	83.9
2	1	86.6	85.8
2	2	86.2	85.7
2	3	87	87.6
3	1	82	81.5
3	2	80	80.5
3	3	79.5	80.3

解　数据表涉及两个因素，分别为鱼粉类别和动物个体，各有 3 个水平，两因素各水平全面组合，各种组合条件下可看作进行了 2 次独立重复试验；由于试验主要考察鱼粉类型对消化率的影响，可认为鱼粉>动物，所以资料为系统分组设计。

根据前面的计算公式可得方差分析表（见表 7-31）。

表 7-31　方差分析表

变异来源	SS	df	MS	f	p 值
A 因素	105.5	2	52.75	f_A = 12.432	p_A =0.00735
A 因素下 B 因素	25.46	6	4.243	f_{AB} = 28.57	p_{AB} =0.000023
误差	1.38	9	0.15		
总变异	131.34	17			

p_A =0.00735 < 0.05 表明不同来源的鱼粉蛋白质消化率差异显著；p_{AB} =0.000023 < 0.05 表明喂同一种鱼粉的不同个体对鱼粉的消化利用能力差异显著。

三种鱼粉的平均消化率可以进行多重比较，请读者自己写出。

三、两因素裂区设计试验结果的统计分析

设有 A、B 两因素，主区因素 A 有 I 个水平，副区因素 B 有 J 个水平，每个处理又有 K 个观测值，则这种两因素裂区设计试验数据结构如表 7-28 所示。

两因素裂区设计试验数据的数学模型如下：

$$Y_{ijk} = \mu + \alpha_i + \varepsilon_{1ik} + \beta_j + \gamma_{ij} + \varepsilon_{2ijk} \ (i=1,\cdots,I; j=1,\cdots,J; k=1,\cdots,K)$$

式中：μ 为总平均；α_i 为主区因素 A 的第 i 个水平的效应；ε_{1ik} 为主区误差；β_j 为副区因素 B 的第 j 个水平的效应；γ_{ij} 为 A 与 B 的交互效应；ε_{2ijk} 是裂区误差。

所以，裂区设计有主、副区之分，因此变异原因，首先划分为主区变异和副区变异。而主区变异又分解为主区因素变异、区组变异和主区误差变异三项；副区变异分解为副区因素变异，主、副区因素交互作用变异和副区误差变异三项。因此为了进行假设检验，需要如下的平方和与计算公式：

$$SST = \sum_{i=1}^{I}\sum_{j=1}^{J}\sum_{k=1}^{K}(Y_{ijk}-\bar{Y}...)^2 = \sum_{i=1}^{I}\sum_{j=1}^{J}\sum_{k=1}^{K}Y_{ijk}^2 - \frac{1}{IJK}Y_{...}^2 \qquad df = IJK-1$$

$$SSC = \sum_{i=1}^{I}\sum_{j=1}^{J}\sum_{k=1}^{K}(\bar{Y}..._k-\bar{Y}...)^2 = \frac{1}{IJ}\sum_{i=1}^{I}Y_{..k}^2 - \frac{1}{IJK}Y_{...}^2 \qquad df = K-1$$

$$SSA = \sum_{i=1}^{I}\sum_{j=1}^{J}\sum_{k=1}^{K}(\bar{Y}_{i..}-\bar{Y}...)^2 = \frac{1}{JK}\sum_{i=1}^{I}Y_{i..}^2 - \frac{1}{IJK}Y_{...}^2 \qquad df = I-1$$

$$SSE1 = \sum_{i=1}^{I}\sum_{j=1}^{J}\sum_{k=1}^{K}(\bar{Y}_{i\cdot k}-\bar{Y}_{i..}-\bar{Y}..._k+\bar{Y}...)^2 \qquad df = (I-1)(K-1)$$

$$SSB = \sum_{i=1}^{I}\sum_{j=1}^{J}\sum_{k=1}^{K}(\bar{Y}._{j.}-\bar{Y}...)^2 = \frac{1}{IK}\sum_{j=1}^{J}Y_{.j.}^2 - \frac{1}{IJK}Y_{...}^2 \qquad df = J-1$$

$$SSAB = \sum_{i=1}^{I}\sum_{j=1}^{J}\sum_{k=1}^{K}(\bar{Y}_{ij.}-\bar{Y}_{i..}-\bar{Y}._{j.}+\bar{Y}...)^2 \qquad df = (I-1)(J-1)$$

$$SSE2 = \sum_{i=1}^{I}\sum_{j=1}^{J}\sum_{k=1}^{K}(Y_{ijk}-\bar{Y}_{ij.}-\bar{Y}_{i\cdot k}+\bar{Y}_{i..})^2 \qquad df = I(J-1)(K-1)$$

SST=SSA+SSE1+SSB+SSAB+SSE2

其中 $\kappa_C^2 = \dfrac{1}{K-1}\sum_{k=1}^{K}\delta_k^2$ ； $\kappa_A^2 = \dfrac{1}{I-1}\sum_{i=1}^{I}\alpha_i^2$ ； $\kappa_B^2 = \dfrac{1}{J-1}\sum_{j=1}^{J}\beta_j^2$ ； $\kappa_{AB}^2 = \dfrac{1}{(I-1)(J-1)}\sum_{i=1}^{I}\sum_{j=1}^{J}\gamma_{ij}^2$

双因素裂区设计的方差分析的模型也有固定模型、随机模型和混合模型 3 种模型，对应的期望均方（EMS）也是互不相同的，如表 7-32 所示。

表 7-32 两因素裂区设计试验 3 种模型的期望均方

变异来源	固定模型	随机模型	混合模型 A 固定，B 随机	混合模型 A 随机，B 固定
区组 C	$J\sigma_1^2+\sigma_2^2+IJ\kappa_C^2$	$J\sigma_1^2+\sigma_2^2+IJ\sigma_C^2$	$J\sigma_1^2+\sigma_2^2+IJ\sigma_C^2$	$J\sigma_1^2+\sigma_2^2+IJ\sigma_C^2$
A	$J\sigma_1^2+\sigma_2^2+JK\kappa_A^2$	$J\sigma_1^2+\sigma_2^2+K\sigma_{AB}^2+JK\sigma_A^2$	$J\sigma_1^2+\sigma_2^2+JK\kappa_A^2$	$J\sigma_1^2+\sigma_2^2+JK\kappa_A^2+K\sigma_{AB}^2$
误差 E1	$J\sigma_1^2+\sigma_2^2$	$J\sigma_1^2+\sigma_2^2$	$J\sigma_1^2+\sigma_2^2$	$J\sigma_1^2+\sigma_2^2$
B	$\sigma_2^2+IK\kappa_B^2$	$\sigma_2^2+K\sigma_{AB}^2+IK\sigma_B^2$	$\sigma_2^2+K\sigma_{AB}^2+IK\sigma_B^2$	$\sigma_2^2+IK\kappa_B^2$
AB	$\sigma_2^2+K\kappa_{AB}^2$	$\sigma_2^2+K\sigma_{AB}^2$	$\sigma_2^2+K\sigma_{AB}^2$	$\sigma_2^2+K\kappa_{AB}^2$
误差 E2	σ_2^2	σ_2^2	σ_2^2	σ_2^2

例 7.9 在 3 块不同的试验田中进行玉米的施肥试验。在苗期对每块试验田使用不同的施氮量，即正常施用苗肥（78 kg/hm²）和减少 1/3 苗肥（52.5 kg/hm²）；在 5 叶期，采用灌根法每公顷用清水 600 kg，分别加入不同用量的农夫乐，充分搅拌后，分株剂量浇灌在玉米根部。数据如表 7-33 所示。试分析不同的施氮量和不同的农夫乐用量对玉米产量的影响。

解 该试验中，试验因素"不同施肥量"和区组因素在苗期先出现在试验中，每个区组被分成两个一级单位；当玉米生长到 5 叶期时，每个一级单位再被划分为 3 个二级单位，分别施加 3 种不同用量的农夫乐，定量的观测指标为玉米产量，两个试验因素分两个阶段进入试验过程，所以试验为裂区设计。

表 7-33 玉米产量数据

施氮量	农夫乐使用量（kg/hm²）	玉米产量 试验田 1	试验田 2	试验田 3
减肥区	30	11.98	11.97	11.93
	15	10.77	10.75	10.75
	7.5	9.9	9.8	9.6
正常施肥区	30	11.72	11.71	11.7
	15	10.74	10.71	10.73
	7.5	9.78	9.75	9.76

根据前面的计算公式可得方差分析表（见表 7-34）：

表 7-34 方差分析表

变异来源	SS	df	MS	f	p 值
区组因素 C	0.015	2	0.007	$f_C=\dfrac{\text{MSC}}{\text{MSE1}}=1.4$	$p_C=0.4166$

续表

变异来源	SS	df	MS	f	p值
主区因素 A	0.04	1	0.04	$f_A = \dfrac{\text{MSA}}{\text{MSE1}} = 8$	$p_A = 0.1056$
主区误差 E1	0.01	2	0.005		
副区因素 B	12.868	2	6.434	$f_B = \dfrac{\text{MSB}}{\text{MSE2}} = 2049.819$	$p_B = 0$
主副区交互 AB	0.055	2	0.027	$f_{AB} = \dfrac{\text{MSAB}}{\text{MSE2}} = 8.758$	$p_{AB} = 0.00966$
副区误差 E2	0.0255	8	0.003		
总变异	13.0135	17			

上述结果表明，不同的施氮量和不同的试验田对玉米产量的影响没有区别；不同的农夫乐施用量对玉米产量有显著影响；不同的施氮量和不同的农夫乐施用量之间的交互作用显著。三种不同的农夫乐施用量之间可以进行多重比较，请读者自己写出。

习　题

1. 方差分析的含义是什么？平方和如何分解？如何进行 F 检验？

2. 多重比较有哪些？它们各有什么特点？

3. 方差分析的基本假定是什么？为什么要做数据变换？常用的数据变换方法有哪几种，各在什么条件下使用？

4. 表 7-35 为 6 个小麦品种比较试验的产量结果（kg），完全随机设计，重复 4 次，试进行方差分析（取 $\alpha=0.05$）。

5. 对 A、B、C、D 4 种食品进行质量分析，每种食品随机抽取 5 个样本，统计其不合格率获得如表 7-36 所示的结果。试对原始数据进行方差分析，再将原始数据反正弦转换后做方差分析。比较数据转换前后方差分析结果的差别（取 $\alpha=0.05$）。

表 7-35　小麦品种比较试验结果

品　种	观察值（重复）			
	1	2	3	4
A_1	58	54	50	49
A_2	42	38	41	36
A_3	32	36	29	35
A_4	46	45	43	46
A_5	35	31	34	34
A_6	44	42	36	38

表 7-36　食品质量检查数据（单位：%）

食品种类	不合格率				
	1	2	3	4	5
A	0.8	3.8	0.1	6.0	1.7

续表

食品种类	不合格率（%）				
	1	2	3	4	5
B	4.0	1.9	0.7	3.5	3.2
C	9.8	56.2	66.0	10.3	9.3
D	6.0	75.8	7.0	82.4	2.8

6. 某杀虫药用低、中、高3种不同浓度喷洒后，苍蝇生存时间（min）如表7-37所示。试先对该资料作方差分析，然后将该资料经倒数转换后再作方差分析，并比较两种分析的结果。（取 $\alpha=0.05$）

表7-37　喷洒3种不同浓度药液后苍蝇生存时间（单位：min）

药液	生存时间								
低浓度	4	4	5	5	6	6	15	30	60
中浓度	3	3	4	4	6	8	8		
高浓度	2	2	2	3	3	3			

7. 在红枣带肉果汁稳定性研究中，研究原辅料配比及时间对带肉果汁稳定性的影响，测定指标为自然分层（%）。试验数据如表7-38所示。试分析配比（A）及时间（B）对果汁稳定性的影响。

表7-38　原辅料配比及时间对红枣带肉果汁稳定性的影响

配比	时间 B		
A	3d	10d	30d
8:2	6.8	7.2	7.3
7:3	7.1	9.0	9.2
6:4	11.7	12.3	12.8

8. 现有3个水稻品种（A），5个不同的氮肥施用量（B），每个处理组合有两个观察值，其产量结果如表7-39所示，试进行方差分析与平均数比较。

表7-39　水稻品种与氮肥施用量试验数据

品种	氮肥施用量 B				
A	B1	B2	B3	B4	B5
A1	513　347	637　657	609　592	802　702	781　787
A2	379　505	660　682	789　758	753　713	726　738
A3	557　499	698　609	774　645	783　734	779　833

9. 比较3种不同冲洗液对细胞生长的抑制作用，由于试验条件的限制，一天只能做3次试验，不同试验日期可能是引起误差的一个原因，因此安排随机完全区组试验，结果如表7-40所示。分析结果并得出结论。

表 7-40　细胞生长的随机完全区组试验数据

冲洗液	天（区组）			
	1	2	3	4
1	13	22	18	39
2	16	24	17	44
3	5	4	1	22

10. 为了了解 5 种小包装储藏方法（A、B、C、D、E）对苹果果肉硬度的影响，安排了一个随机完全区组试验，（以储藏室为区组）。试验结果如表 7-41 所示，试分析各种储藏方法的果肉硬度的差异显著性。

表 7-41　苹果储藏方法随机区组试验数据

储藏方法	储藏室（区组）			
	1	2	3	4
A	11.7	11.1	10.4	12.9
B	7.9	6.4	7.6	8.8
C	9.0	9.9	9.2	10.7
D	9.7	9.0	9.3	11.2
E	12.2	10.9	11.8	13.0

11. 一绿茶储藏试验，A 因素为储藏温度，有 3 个水平 A_1（25℃）、A_2（5℃）、A_3（-10℃）；B 因素为茶叶初始含水量，也有 3 个水平即 B1（2%）、B2（6%）、B3（10%），3 次重复，随机区组设计。储藏 1 周年后测得其维生素 C 保留量（%）如表 7-42 所示。试作方差分析。

表 7-42　储藏一周年后测得维生素 C 保留量

温度 A	含水量 B	区组		
		1	2	3
A_1	B_1	66	60	65
A_1	B_2	58	58	62
A_1	B_3	35	28	32
A_2	B_1	83	85	79
A_2	B_2	78	82	76
A_2	B_3	70	68	69
A_3	B_1	87	90	92
A_3	B_2	85	88	90
A_3	B_3	80	83	81

12. 研究 5 种解磷微生物菌肥 A、B、C、D、E 解磷效果试验，种植作物为小麦，采用 5×5 拉丁方设计，其田间排列产量（单位：kg）如表 7-43 所示，试作方差分析。

表 7-43　拉丁方设计微生物菌肥解磷效果试验数据

A32	D26	E30	B32	C27
B43	C41	A38	D37	E28
D36	A35	C32	E40	B48

| E27 | B41 | D30 | C30 | A34 |
| C38 | E38 | B44 | A38 | D37 |

13. 研究 A、B、C、D、E 5 种饲料对奶牛产奶量（kg）的影响，用 5 头奶牛进行试验，试验根据泌乳阶段分为 5 期，每期 4 周，采用 5×5 拉丁方设计，如表 7-44 所示。试作方差分析。

表 7-44 拉丁方设计饲料产奶试验数据

牛号	时期				
	一	二	三	四	五
1	E300	A320	B390	C390	D380
2	D420	C390	E280	B370	A270
3	B350	E360	D400	A260	C400
4	A280	D400	C390	E280	B370
5	C400	B380	A350	D430	E320

14. 在 4 块相同的试验田中考察肥力和甘薯品种（A、B、C）对甘薯产量的影响，并且假定品种和肥力对产量的影响大小顺序为品种>肥力，所以采用系统试验设计，数据如表 7-45 所示。试分析甘薯品种和肥力对甘薯产量的影响是否显著。

表 7-45 甘薯品种和肥力对产量影响的系统设计试验数据

品　种	肥　力	试　验　田　编　号			
		1	2	3	4
A	高肥	630	585	555	590
A	中肥	570	525	555	555
A	低肥	480	570	450	500
B	高肥	540	525	518	528
B	中肥	428	465	345	413
B	低肥	390	390	330	370
C	高肥	465	585	450	500
C	中肥	480	510	480	490
C	低肥	420	443	390	418

15. 为了解某市猪链球菌病的流行情况，在该县随机抽取 3 个乡（镇），每个乡（镇）又随机抽取若干行政村，对每村的生猪养殖户进行猪链球菌病发病情况进行调查，所得数据如表 7-46 所示。试作方差分析（提示：先对数据做反正弦变换，再做方差分析）。

表 7-46 猪链球菌病流行情况调查数据

乡（镇）A	行政村 B	发病率(%)			
A1	B11	15.1	20.3	18.9	
A1	B12	21	25.4	30.2	32.3
A1	B13	20.4	30.6	31.6	25.7
A2	B21	10.2	12.3		

续表

乡（镇）A	行政村 B	发病率(%)				
A2	B22	10.4	9.8	15.3		
A2	B23	7.5	10	8.9	14.7	11.5
A3	B31	30.1	20.6	33.1		
A3	B32	16.8	23.7	13.4	20.1	

16. 有一蔬菜氮肥与绿肥裂区设计试验，主区因素 A 为施氮量设 2 个水平，副区因素 B 为绿肥品种，设 4 个水平，重复 3 次，完全随机区组设计，试验数据如表 7-47 所示，试进行方差分析。

表 7-47　裂区设计氮肥和绿肥对蔬菜产量影响试验数据

主区因素	副区因素	区 组		
氮 肥	绿 肥	1	2	3
A_1	B_1	25.9	26.7	27.6
A_1	B_2	25.3	24.8	28.4
A_1	B_3	19.3	18	20.5
A_1	B_4	22.2	24.3	25.4
A_2	B_1	18.7	18.3	19.6
A_2	B_2	21	22.7	22.3
A_2	B_3	13.8	13.5	13.2
A_2	B_4	15.6	15	15.2

17. 冬小麦播种期（A）和播种量（B）试验，为便于田间操作和进行同一播期不同群体的比较，采用裂区设计，以 A 因素为主区因素取三个水平，分别是 A_1（早）、A_2（中）、A_3（晚）；B 因素为副区因素取 4 个水平分别是 B_1（每亩基本苗 8 万）、B_2（基本苗 12 万）、B_3（基本苗 16 万）和 B_4（基本苗 20 万），共设三个完全区组，其试验数据如表 7-48 所示，试作方差分析。

表 7-48　裂区设计小麦播种期播种量试验数据

主区因素	副区因素	区 组		
播种期	播 量	1	2	3
A_1	B_1	37	36	42
A_1	B_2	44	40	46
A_1	B_3	28	24	31
A_1	B_4	25	24	30
A_2	B_1	33	26	37
A_2	B_2	38	31	40
A_2	B_3	41	34	41
A_2	B_4	34	30	36
A_3	B_1	26	20	28
A_3	B_2	28	21	30
A_3	B_3	34	29	35
A_3	B_4	34	32	36

第八章 正交设计

正交（试验）设计（orthogonal experimental design）是一种利用一套现成的规格化的表格——正交表来安排多因素试验，并对试验结果进行统计分析，找出最优试验方案的一种科学方法，广泛应用于科学研究和工农业生产中，是科技工作者、管理人员和产业工人的必备知识。

在多因素试验设计中，通常采用完全试验方案，其设计的特点是在参加试验的各因素之间的不同水平之间进行全面搭配，其处理组合数等于各因素水平数的乘积，它是多因素试验设计中的标准方法，可以综合研究各因素的简单效应、主效应及因素间的交互效应。但是当要考虑的因素比较多，各种因素所取水平数也较多时，试验的处理组合数迅速增加，从人力、物力、财力及时间等方面来说，作全面试验一般是不现实的。如某问题中所考查的指标受六个因素的影响，若每个因素取 5 个水平，则如做全面试验，需做 $5^6=15625$ 次试验，这是根本无法进行的。

正交设计试验能够有效地解决因试验因素较多而产生的多因素完全实施方案规模过大的矛盾，它是根据正交性从全面试验中挑选出部分有代表性的点进行试验，这些有代表性的点具备了"均匀分散、齐整可比"的特点。采用正交设计试验可以达到省时、省力、省钱，同时又能保证基本满意试验结果的目的。

正交试验设计方法在第二次世界大战之后在日本推广，在日本经济飞速发展中起了十分重要的作用。据日本有关专家估计，"经济发展中至少10%的功劳应归功于正交试验设计"，可见经济效益之大。

第一节 正交设计试验

一、正交设计的基本思想

多因素完全实施方案之所以能够综合比较各因素的主效应及因素间的交互效应，是以因素水平的均衡搭配为前提的。下面以 3 因素 2 水平的某科学试验中各效应的比较为例，说明多因素完全实施方案的综合可比性。其试验共 $2\times2\times2=8$ 个处理，完全方案如表 8-1 所示。

表 8-1　A、B、C 三因素二水平科学实验完全方案

处理号	因素 A	B	C
1	A_1	B_1	C_1
2	A_1	B_1	C_2
3	A_1	B_2	C_1

续表

处理号	因素 A	B	C
4	A_1	B_2	C_2
5	A_2	B_1	C_1
6	A_2	B_1	C_2
7	A_2	B_2	C_1
8	A_2	B_2	C_2

对于这项试验，如果把1、2、3、4的试验结果相加求其平均数以A_1表示，即：

$$A_1=(A_1B_1C_1+A_1B_1C_2+A_1B_2C_1+A_1B_2C_2)/4$$

同样，把5、6、7、8的试验结果相加的平均数用A_2表示，即：

$$A_2=(A_2B_1C_1+A_2B_1C_2+A_2B_2C_1+A_2B_2C_2)/4$$

可以看出，在前四个处理和后四个处理中，B和C的各水平及其相互搭配出现的情况是完全相同的，所不同的是A元素的两个水平，因此，A_1-A_2则使B、C的影响全部抵消，只反映出A的水平改变所引起的效果（A的主效应）；同样把B_1和B_2对应的各处理（1、2、5、6）与（3、4、7、8）的试验结果相加平均，其差反映了B因素的水平改变所引起的效果；对C因素亦是如此。由此看出，只要因素的各水平间搭配均衡，就可以进行综合比较。如果对上述试验做这样的设计，即不是对三因素间做完全方案，而是从均衡搭配与综合可比性角度出发，只在其中任意两因素不同水平间进行全面搭配（即任意两因素构成全面方案），而对整个试验来说构成的是不完全方案，以便在保持试验因素间搭配均衡的基础上，减少试验处理次数，由此便得到一个不完全方案。

正交设计就可以实现这种方案。在具体操作中是利用正交表来设计的。例如，从上述三因素完全试验方案中选出处理1、4、6、7便构成如表8-2所示的均衡不完全方案。

表8-2　A、B、C三因素二水平科学实验均衡不完全方案

处理号	因素 A	B	C
1	A_1	B_1	C_1
2	A_1	B_2	C_2
3	A_2	B_1	C_2
4	A_2	B_2	C_1

这个方案中，A的两个水平和B的两个水平各碰一次，A和C，B和C之间都具有同样的性质，所以各因素的水平搭配是均衡的，因此，就可以按照上述方法进行综合对比。

把处理1、2结果相加平均为A_1，处理3、4结果相加平均为A_2，即：

$$A_1=(A_1B_1C_1+A_1B_2C_2)/2 \quad A_2=(A_2B_1C_2+A_2B_2C_1)/2$$

在A_1和A_2中，B、C各水平出现的情况完全相同（所不同的只是B、C水平间的搭配），因此A_1-A_2使B、C影响互相抵消，反映了A因素水平的改变引起的效果，同样也可以算出B、C水平的改变所引起的效果。因此，均衡不完全方案，虽然只有四个处理，比完全方

案少了一半，但反映的情况是比较全面的，这就是均衡不完全方案的优点之一。

以上方案实际上是利用正交表 $L_4(2^3)$ 设计的。事实上，在正交试验设计中，试验方案的安排、试验结果的统计分析，均可在正交表上进行，因此，正交表是正交试验设计及其试验结果统计分析的基本工具。所以，在学习正交设计之前要首先了解正交表的类型与性质。

二、正交表

正交表是列满足特殊组合要求的矩阵。如矩阵

$$A=\begin{bmatrix}1&1&1\\1&2&2\\2&1&2\\2&2&1\end{bmatrix} \quad B=\begin{bmatrix}1&1&2&1&1\\1&2&1&2&2\\2&1&2&2&2\\2&2&1&1&1\\3&1&2&1&2\\3&2&1&2&1\\4&1&2&2&1\\4&2&1&1&2\end{bmatrix}$$

均是一张正交表。由表 A、B，不难看出如下性质：

（1）表中任何一列皆由相同个数的从"1"开始的顺序自然数字组成，这一性质称为**整齐可比性**。如 B 的第一列由数字"1"，"2"，"3"，"4"组成，且均出现 2 次；第二列由数字"1"，"2"组成，均出现 4 次。

（2）表中任意两列间各种不同数字的所有组合都出现，且出现的次数都相等，这一性质称为**均衡搭配性**。如 B 的第一列与第二列数字组合，共 8 对：(1, 1)，(1, 2)，(2, 1)，(2, 2)，(3, 1)，(3, 2)，(4, 1)，(4, 2)，每对均出现一次；第二列与第四列组合 4 对：(1, 1)，(1, 2)，(2, 1)，(2, 2)，且每对出现 2 次。

具有整齐可比性和均衡搭配性的矩阵称为**正交表**，整齐可比性和均衡搭配性就是正交表的正交性，是均衡分布的数学思想在正交表中的实际体现。

在正交试验设计中，常把正交表写成表格的形式，并在其左旁写上行号（试验号，即处理号），在其上方写上列号（因素号）。例如，上述正交表 A 可表示为如表 8-3 所示的格式，这是一张最简单的正交表。关于正交表的构造原理，要涉及较多的抽象代数知识，在此从略。本章的侧重点是如何用正交表安排试验，书末附有一系列常用正交表。现在已有许多软件可以帮助完成正交试验设计。

表 8-3　正交表 $L_4(2^3)$

试验号＼列号	1	2	3
1	1	1	1
2	1	2	2
3	2	1	2
4	2	2	1

为使用方便和便于记忆，正交表的名称一般简记为
$$L_n(m_1\times\cdots\times m_k)$$
其中 L 为正交表代号；n 代表正交表的行数或正交表安排的试验次数；$m_1\times\cdots\times m_k$ 表示正交表共有 k 列（最多可安排因素的个数），每列的水平数分别为 $m_1,\cdots,m_k$。任何一个名为 $L_n(m_1\times\cdots\times m_k)$ 的正交表都有一个对应的表格，用于安排试验方案和分析试验结果。

在 $L_n(m_1\times\cdots\times m_k)$ 中，若 $m_1=\cdots=m_k$，则称为等水平正交表，简记为 $L_n(m^k)$。其中 n 为试验点数，即正交表行数；m 为因素水平数，即 1 列中出现不同数字的个数；k 为最多能安排的因素数，即正交表的列数。

在 $L_n(m_1\times\cdots\times m_k)$ 中，若 $m_1,\cdots,m_k$ 不完全相等，则称为混合水平正交表。其中最常用的是 $L_n(m_1^{k_1}m_2^{k_2})$ 型混合水平正交表。其中 $m_1^{k_1}$ 表示水平数为 m_1 的有 k_1 列，水平数为 m_2 的有 k_2 列。用这类正交表安排试验时，水平数为 m_1 的因素最多可以安排 k_1 个，水平数为 m_2 的因素最多可以安排 k_2 个。前面提到的 8×5 矩阵 B 是一张混合水平正交表，可简记为 $L_8(4\times 2^3)$，此表最多可安排 4 水平因素一个和 2 水平因素三个。

由正交表的正交性不难看出：
（1）正交表的各列地位平等，它们之间的位置可以互换，称为列置换。
（2）正交表的各行之间也可以相互置换，称为行置换。
（3）正交表的同一列的水平记号也可以相互置换，称为水平置换。

上述三种置换称为正交表的三种初等变换，而变换后的表等价于变换前的表。实际应用时，可根据不同试验的要求，把一个正交表变换成与之等价的其他变换形式。

三、正交设计的基本步骤

由前面介绍可知，正交试验设计通过正交表安排试验，并进行试验结果的统计分析，正交表是进行试验设计和进行试验结果计算的工具，下面介绍如何使用正交表安排试验。

1. 明确试验目的，确定试验指标
选择研究课题，明确试验要解决的问题，选定判断试验结果的指标。

2. 确定试验因素与水平
试验指标确定了以后，挑选对试验指标影响大、有较大经济意义而又了解得不够清楚的因素来研究，并数据生产经验和专业知识，定出它们的范围，在范围内选出每个因素的水平，列出因素水平表，水平级差要适当。

从有利于试验结果分析考虑，取 3 水平优于取 2 水平。这是因为，2 水平因素与试验指标之间只能呈直线关系，3 水平的因素与试验指标之间多呈二次曲线关系，而二次曲线有利于呈现试验因素水平的最佳区域。此外，水平的幅度也不宜选得过宽或过窄。因为过窄时试验结果得不到任何有用的信息，过宽时则会降低试验效率。

3. 选用正交表
根据参与试验因素水平和客观条件选用适当的正交表，如每个因素都取 2 水平，应选用二水平正交表，如 $L_4(2^3)$；都取 3 水平，应选三水平表，如 $L_9(3^4)$；若因素水平数不等可选用混合水平型正交表，如 $L_8(4\times 2^4)$，$L_{12}(3\times 2^4)$ 等。

对于同类正交表,一般要求可选用试验次数少的正交表,考虑交互作用时,应选用大的正交表(列数多的),已知因素间交互作用小的或不准备考察交互作用的可选用小正交表。另外,为考察试验误差,所选正交表安排完试验因素即要考察的交互作用后,至少有1列空白列,否则,必须进行重复试验,以估计试验误差。

4. 进行表头设计

正交表的每一列可以安排一个试验因素或交互效应。所谓表头设计,就是将试验因素和需要考察的交互效应安排到所选正交表的不同列上去的过程。如果因素间无交互作用,可以将试验因素安排到正交表的任意列中去;如果考察交互作用,各因素不能随意安排,而应根据所选正交表的交互作用表来安排试验,以避免重要的因素效应和交互效应相互混杂。下面以利用 $L_8(2^7)$ 正交表安排2水平4因素和5因素试验方案为例,说明表头设计。

表8-4列出了 $L_8(2^7)$ 正交表。表8-5列出了 $L_8(2^7)$ 正交表中任意两列间的交互作用所在列的位置,称为 $L_8(2^7)$ 正交表的交互作用表。该标的第1行,和位于自第2行至第7行开头圆括号内的数字表示列号。如果在 $L_8(2^7)$ 正交表第一列和第二列上分别安排两个2水平因素A和B,则由该交互作用表可见,第1列(位于交互作用表的第二行开头的圆括号内)与第2列(位于交互作用表的第一行)交叉处为3,说明第一列(A因素)和第二列(B因素)的交互作用在正交表的第3列上;又如,在 $L_8(2^7)$ 正交表的第四列和第五列上分别安排两个2水平因素C和D,由交互作用表8-5可见,第4列(位于交互作用表的第五行开头的圆括号内)和第五列(位于交互作用表第一行)交叉处为1,表明两者的交互作用在第一列上;其余类推。

表8-4 $L_8(2^7)$ 正交表

列号 行号	1	2	3	4	5	6	7
1	1	1	1	1	1	1	1
2	1	1	1	2	2	2	2
3	1	2	2	1	1	2	2
4	1	2	2	2	2	1	1
5	2	1	2	1	2	1	2
6	2	1	2	2	1	2	1
7	2	2	1	1	2	2	1
8	2	2	1	2	1	1	2

表8-5 $L_8(2^7)$ 两列间交互作用列表

1	2	3	4	5	6	7	列号
(1)	3	2	5	4	7	6	1
	(2)	1	6	7	4	5	2
		(3)	7	6	5	4	3
			(4)	1	2	3	4
				(5)	3	2	5
					(6)	1	6
						(7)	7

表 8-6 是根据 $L_8(2^7)$ 正交表的交互作用表，安排 2 水平 3 因素、4 因素和 5 因素试验方案的表头设计表。由表 8-6 可见，如果在 $L_8(2^7)$ 的第 1、2、4 列上分别安排 3 个 2 水平因素 A、B、C，则该试验方案为完全实施方案，并且没有效应与交互效应相互混杂。如果在 $L_8(2^7)$ 的第 1、2、4 和 7 列上分别安排因素 A、B、C 和 D，则试验方案成为 1/2 实施方案（完全实施方案的一半），并出现 6 个一级交互作用两两混杂情况（安排在同一列中），但四个主效应却不混杂，如果试验目的主要是考察 4 个因素的主效应，则可以采用这一表头设计。如果在 $L_8(2^7)$ 的第 1、2、4 和 6 列上分别安排因素 A、B、C 和 D，则试验方案也是 1/2 实施方案，并出现 B、C、D 三主效应分别与 CD、BC 和 BD 三个一级交互作用两两混杂的情况，但 A 的主效应及 AB、AC 和 AD 互作效应却并不混杂，如果试验目的主要是考察某一个因素的主效应及该因素与另三个因素的交互效应，则可以采用该表头设计。

表 8-6 $L_8(2^7)$ 表头设计表

因素数	列 号							部分实施程度	效应混杂情况
	1	2	3	4	5	6	7		
3	A	B	AB	C	AC	BC	ABC	1	
4	A	B	AB CD	C	AC BD	BC AD	D	1/2	4 个主效应未混杂
4	A	B	AB CD	C BD	AC	D BC	AD	1/2	1 因素及其跟另 3 个因素的互作为混杂
5	A	B DE	AB CD	C CE	AC BD	D BE AE BC	E AD	1/4	

5. 编制试验方案，实施试验

经所选正交表中因素所在列的数字换成因素的实际水平，便形成了试验方案。

例 8.1 某食品添加剂生产厂家为了提高产品的得率，决定进行试验，寻找较好的生产条件。根据历史资料，认为影响得率指标的因素可能有四个，分别是温度 (A) /℃、时间 (B) /h、原料配比 (C)、真空度 (D) /kPa（设因素间没有交互作用），试采用 $L_8(2^7)$ 正交设计一试验方案。

(1) 试验因素及其水平如表 8-7 所示。

(2) 使四个主效应不被混杂的表头设计如表 8-8 所示。

(3) 表头设计好后，便可着手编制试验方案，根据表头设计把 $L_8(2^7)$ 表中 1、2、4、7 列换成实际试验的四个因素并填入实际水平，便得到一个 8 个处理（试验）的试验方案（见表 8-9）。

表 8-7 食品添加剂得率 $L_8(2^7)$ 正交试验水平设计

水平	因 素			
	A（温度）/℃	B（时间）/h	C（原料配比）	D（真空度）/kPa
1	75	2	2:1	4
2	90	3	3:1	8

表 8-8　食品添加剂得率 $L_8(2^7)$ 正交试验表头设计

列号	1	2	3	4	5	6	7
因素	A	B	AB	C	AC	BC	D
			CD		BD	AD	

表 8-9　食品添加剂得率 $L_8(2^7)$ 正交试验设计试验方案

试验号 \ 因素	A	B		C			D
	1	2	3	4	5	6	7
1	1 (75)	1 (2)	1	1 (2:1)	1	1	1 (53.2)
2	1 (75)	1 (2)	1	2 (3:1)	2	2	2 (66.65)
3	1 (75)	2 (3)	2	1	1	2	2 (66.65)
4	1 (75)	2 (3)	2	2 (3:1)	2	1	1 (53.2)
5	2 (90)	1 (2)	2	1	2	1	2 (66.65)
6	2 (90)	1 (2)	2	2 (3:1)	1	2	1 (53.2)
7	2 (90)	2 (3)	1	1	2	2	1 (53.2)
8	2 (90)	2 (3)	1	2 (3:1)	1	1	2 (66.65)

例 8.2　考虑四因素 A、B、C、D 及交互作用 AC 的二水平试验。选用 $L_8(2^7)$ 安排试验，试进行表头设计。

由表 $L_8(2^7)$，应先填上考虑交互作用的 A、C 因素，如将因素 A 填在第 2 列，C 填在第 3 列，则查 $L_8(2^7)$ 的交互作用列表知，AC 应填在第 1 列，最后将无须考虑交互作用的因素 B、D 填在余下的任意两列上，如 B 填在第 4 列，D 填在第 6 列，即得：

　　因素　AC　A　C　B　　　D
　　列号　1　2　3　4　5　6　7

这样便完成了表头设计。假若还要考虑交互作用 BD，这时在余下的四列 4、5、6、7 上就无法安排了，如 B 在第 4 列，D 在第 7 列，则 BD 应在第 3 列，与 C 混杂了。这时无论怎么安排 B、D，总会出现混杂现象。在很难避免混杂时，就只能选更大的表，如选 $L_{16}(2^{15})$。

当混杂现象出现时，即某列同时被交互作用和另一因素占据，这时该列的变差平方和偏大时，就难区分是交互作用引起还是第三者因素引起，因此，在正交表上作表头设计时，基本原则就是要避免混杂现象的出现。

交互作用列的水平号只是在作统计分析时用，它对安排试验不起作用，试验条件的安排方法与不考虑交互作用时完全一样，只按安排了因素的列内的号码来安排相应的因素水平去做试验就行了。

第二节 正交设计试验结果的统计分析

正交试验结果的统计分析，有直观分析和方差分析两种方法。

一、直观分析法

直观分析又称极差分析，其方法简单，便于确定因素的主次和选择最佳条件，是正交试验结果常用的分析方法，简称 R 法。

例 8.3 在某种植物活性成分提取试验中，考察三个因素，因素 A（溶媒的乙醇浓度）、因素 B（溶媒的量）、因素 C（渗漉速度），各取 3 水平，采用 $L_9(3^4)$ 正交设计试验，试验设计方案及活性成分提取量见表 8-10，试确定最优提取工艺。

(1) 计算各因素水平的平均值：用 $\overline{K}_i$ 表示对应列中第 i 水平的平均值。所以第一列 A 因素的各水平平均值计算如下：

$$\overline{K}_1 = (186.48+171.25+298.87)/3 = 218.87$$
$$\overline{K}_2 = (331.27+424.33+431.27)/3 = 395.62$$
$$\overline{K}_3 = (396.29+370.61+375.93)/3 = 380.94$$

其余列计算方法相同，结果填于表 8-10 下部。

(2) 计算各列的极差 R，决定因素的主次顺序。因素对试验指标影响的主次地位，由该因素水平变化时，试验指标波动的幅度大小来决定。波动幅度大，说明该因素的水平变化对指标的影响大，这个因素是主要因素；波动幅度小，说明该因素的水平变化对指标的影响小，这个因素是次要因素。衡量试验指标波动幅度大小用各列水平平均值或和的极差 R 表示。

$$R = \max \overline{K}_i - \min \overline{K}_i \text{ 或 } R = \max K_i - \min K_i$$

表 8-10 植物活性成分提取 $L_9(3^4)$ 正交设计与试验结果

试验号	1 A（%）	2 B（n 倍体积）	3 C（mL/min）	4 误差项	提取量 y
1	1 (40)	1 (3)	1 (2)	1	186.48
2	1	2 (6)	2 (3)	2	171.25
3	1	3 (9)	3 (4)	3	298.87
4	2 (60)	1	2	3	331.27
5	2	2	3	1	424.33
6	2	3	1	2	431.27
7	3 (80)	1	3	2	396.29
8	3	2	1	3	370.61
9	3	3	2	1	375.93
$\overline{K}_1$	218.87	304.68	329.45	328.91	

续表

试验号	1 A（%）	2 B（n倍体积）	3 C（mL/min）	4 误差项	提取量 y
$\overline{K}_2$	395.62	322.06	292.82	332.93	
$\overline{K}_3$	380.94	368.69	373.16	333.58	
R	176.65	64.01	89.34	4.67	

比较本试验中 A、B、C 3 个因素中 R 的大小，可以看出 A 因素为最重要因素，然后依次为 C 因素和 B 因素。这 3 个因素的主次关系为：

主 ——————————→ 次
　　　A　C　B

(3) 作因素与指标的关系图。除用上面简易的计算外，还可用作图的方法把因素与指标的变动情况表示出来，这样看起来更直观形象。方法是以各因素的水平为横坐标，各水平的指标平均值为纵坐标（见图 8-1）。

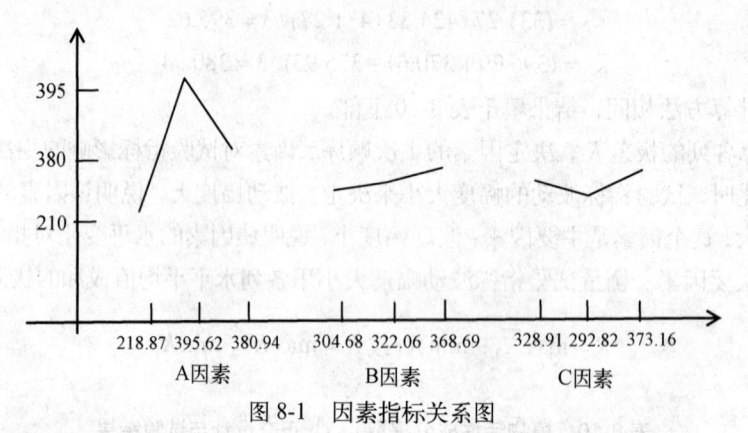

图 8-1　因素指标关系图

(4) 计算空列的 R 值，以确定误差界限，并以此判断各因素的可靠性。各因素极值的大小，是否真正反映各因素对指标的影响，须将其与空列的极值相比较。因为有空列的正交试验中，空列是不包括试验因素的影响，只有误差影响，其极差代表了试验误差，所以因素的极值只有大于空列极值才能表示该因素对指标的影响是可靠的，反之不可靠。故空列的极值是判断各试验因素是否可靠的界限。

本例中，各因素的极值均大于空列的极值，所以可认为各因素的效应是可靠的。

(5) 选择最优水平组合。对可靠性大的主要因素，应取指标最好的水平。对次要的因素，可取最好的水平，也可以根据某些条件，如操作是否方便、是否经济实惠等选取具体水平。根据这个原则，因素 A、B、C 的最佳组合为：

$A_{60}C_4B_9$

这个组合是在原试验方案中没有做过的。由此可以看出，利用正交设计，其最优处理组合即使没有做过，也能计算出来，作为选优的参考。

(6) 进行验证性试验，作进一步分析。试验结论是否可靠，必须进一步通过验证性试验来加以肯定。其方法是:从正交试验的实施处理结果中直接找出最佳的处理组合,作为对照,与极差分析中选定的最优组合进行对比试验,比较它们的优劣。

例 8.4 某问题是一个四因素二水平试验,选用 $L_8(2^7)$ 正交表,要考虑交互作用 AB、AC、BC,试验方案设计及试验结果如表 8-11 所示。试找最优工艺条件(指标 y 越大越好)。

表 8-11 食品添加剂得率 $L_8(2^7)$ 正交试验结果

试验号	A	B	AB	C	AC	BC	D	数据 y
1	1	1	1	1	1	1	1	86
2	1	1	1	2	2	2	2	95
3	1	2	2	1	1	2	2	91
4	1	2	2	2	2	1	1	94
5	2	1	2	1	2	1	2	91
6	2	1	2	2	1	2	1	96
7	2	2	1	1	2	2	1	83
8	2	2	1	2	1	1	2	88
$\overline{K}_1$	91.5	92	88	87.8	90.3	89.8	89.8	
$\overline{K}_2$	89.5	89	93	93.3	90.8	91.3	91.3	
R	2	3	5	5.5	0.5	1.5	1.5	

由表可见,诸因素及其交互作用对试验结果影响的主次顺序为:

主 ──────────────────→ 次

C　AB　B　A　BC(D)　AC

说明指标影响 C(配比)因素最大,其次为 AB。这两项为着重考查的因素,而 BC(D)、AC 等都属于次要因素,可以认为 AC 和 BC 之间的交互作用实际上是误差引起的,故可以忽略。

因此最优组合的选取首先按 C 因素选取,选 C_2 水平。其次按照 A 与 B 交互选取 A 与 B 的最优搭配,这可以考虑 A_1B_1、A_1B_2、A_2B_1、A_2B_2 四种组合各自的平均值,分别为:90.5、93.5、92.5 和 85.5,因此选 A_2B_1 组合。D 因素不显著,其水平可任意选取。所以,得到的最优组合为:$A_2B_1C_2D_1$ 或 $A_2B_1C_2D_2$。

二、方差分析法

直观分析简便、直观、计算量小,但不能估计试验误差,即不能区分试验结果的差异是由各因素的水平变化而导致的,还是由试验的随机波动而导致的。要解决此问题,可以对试验结果做方差分析。

正交试验的误差可有以下两个方面的估计:

(1)通过正交表上的空白列得到。由于空白列中没有因素作用,因此正好反映随机因素所引起的误差,该空白列在方差分析中常称为误差列,由其计算得到的误差称为误差 e_1,其平方和用 SSE1 表示。

空白列可以是一个,也可以是若干个,还可以把偏差平方和小的列一块合并为误差 e_1,

相应的自由度也一块合并，以提高 F 检验的灵敏度。

（2）由试验所设置的重复得到。这种误差称为误差 e_2，其平方和用 SSE2 表示。

因此，在做正交试验方差分析时，正交表的表头中必须留下空白列，以确定随机误差引起的离差平方和。若没有空白列，则需做重复试验，或者选择离差平方和最小者做近似估计，否则就不能把正交表排满或者选用更大的正交表来安排试验。

若试验既有空白列又有重复，则试验总误差平方和为：

$$SSE = SSE1 + SSE2$$

相应的自由度亦应随之合并。

与全面实施试验结果的方差分析法一样，正交试验结果之方差分析的基本思想也是将试验数据的总变异分解为各因素引起的变异与误差造成的变异，通过计算各变异来源的离均差平方和及其自由度，求得相应的方差，并作 F 检验，以判断各因素效应的显著性。

因此，正交试验的方差分析也需要许多平方和及其计算公式，这根据二因素方差分析的平方和及其计算公式不难写出。但在正交试验设计中，因素、因素间的交互作用和误差 e_1 都与一定的列相对应，因此，其平方和可通过列平方和来实现。所以，刻画正交试验总变异的平方和可分解为各列平方和 SS_j 与误差 e_2 平方和之和，即：

$$SST = \sum_j SS_j + SSE2$$

对于有重复的正交试验，如果采用随机化完全区组设计进行试验，则总变异还应包含区组变异成分 SSR。于是有

$$SST = \sum_j SS_j + SSR + SSE2$$

于是正交试验结果的方差分析可按如下步骤进行：

（1）计算各列的水平和，如某列有 m 个水平，就有 m 个水平和，分别记作 K_1，$\cdots$，K_m。

（2）计算各列的平方和，譬如某列有 m 个水平，则其平方和与自由度为

$$SS = (K_1^2 + \cdots + K_m^2)/r - T^2/N, \quad df = m - 1$$

其中 r 为水平重复数，T 为数据总和，N 为数据个数。

（3）计算总平方和 $SST = \sum_{i=1}^{N}(y_i - \overline{y})^2$，$df = N - 1$。

（4）确定误差平方和，它由误差 e_1 平方和和误差 e_2 平方和组成，而误差 e_1 平方和又包括空白列的平方和、若干相对小的列平方和之和。

（5）方差分析，把上述计算结果写入方差分析表，再计算均方、F 值、P 值，完成方差分析。

（6）根据方差分析结果确定显著因素（包括交互作用），然后按照显著因素的水平和（或均值）的大小确定最佳水平搭配，接着可进行验证试验或筹划下一阶段试验。

正交试验结果的方差分析可分为有重复试验与无重复试验两种。

1. 无重复的正交设计试验结果的方差分析

例 8.5 某一种双歧杆菌增殖培养基包含 A、B、C 三种无机盐，各有 2 个水平，除考

察 A、B、C 三因素的主效外，还要考虑交互作用 AB、AC，选用 $L_8(2^7)$ 正交表，试验方案设计及试验结果如表 8-12 所示。试对结果进行方差分析（指标 y 越大越好）。

表 8-12 双歧杆菌增殖培养 $L_8(2^7)$ 正交试验结果

试验号	因素							数据 y
	A	B	AB	C	AC			
1	1	1	1	1	1	1	1	162
2	1	1	1	2	2	2	2	151
3	1	2	2	1	1	2	2	175
4	1	2	2	2	2	1	1	167
5	2	1	2	1	2	1	2	192
6	2	1	2	2	1	2	1	206
7	2	2	1	1	2	2	1	184
8	2	2	1	2	1	1	2	196
K_1	91.5	92	88	87.8	90.3	89.8	89.8	
K_2	89.5	89	93	93.3	90.8	91.3	91.3	
R	2	3	5	5.5	0.5	1.5	1.5	

该试验未设重复，因此不存在区组平方和及重复误差平方和。经计算，列方差分析表（见表 8-13）。

表 8-13 双歧杆菌增殖培养方差分析

变异来源	SS	df	MS	f	p 值
A	1891.1	1	1891.1	310.0164	0.0000611
B	15.1	(1)	15.1		
C	6.1	(1)	6.1		
AB	176.1	1	276.1	45.2623	0.0025
AC	253.1	1	253.1	41.4918	0.003
e_1	3.2	(2)	1.6		
误差=B+C+e_1	24.4	4	6.1		

2. 有重复的正交设计试验结果的方差分析

例 8.6 有一小麦氮（N）、磷（P）、钾（K）肥肥效的 $L_9(3^4)$ 正交设计试验，重复 2 次，随机区组设计，试验方案的设计及试验结果如表 8-14 所示。试对试验结果作方差分析。

表 8-14 小麦 N、P、K 肥效 $L_9(3^4)$ 正交设计试验结果

试验号	1	2	3	4	小麦产量 y_{ij}	
	A（N）	B(K)	C(P)	空 列	区组 I	区组 II
1	1 (20)	1 (20)	1 (20)	1	101	102.5
2	1	2 (15)	2 (30)	2	105	100
3	1	3 (25)	3 (40)	3	105	103
4	2 (20)	1	2	3	100	95

试验号	1 A（N）	2 B(K)	3 C(P)	4 空　列	小麦产量 y_{ij}	
					区组 I	区组 II
5	2	2	3	1	98	95
6	2	3	1	2	95	90
7	3 (20)	1	3	2	101	100.5
8	3	2	1	3	95	95
9	3	3	2	1	105	97
K1	616.5	600	578.5	598.5		
K2	573	588	602	591.5		
K3	593.5	595	602.5	593		
SSj	157.86	12.11	62.69	4.53		

试验是有重复的正交设计，且是随机区组设计，因此总变异可分解为处理变异、区组变异和误差变异。其中区组变异平方和按如下公式计算：

区组变异 $SS = (y_{\cdot 1}^2 + y_{\cdot 2}^2)/9 - T^2/18$　　df = 1

其中，$y_{\cdot 1}$ 和 $y_{\cdot 2}$ 分别是区组 I 与 II 的数据和，T 是数据总和。

经计算可得方差分析表（表8-15）。

表8-15　小麦N、P、K肥效 $L_9(3^4)$ 正交设计试验结果方差分析

变异来源	SS	df	MS	f	p值
N 肥	157.86	2	78.93	19.12	0.00038
K 肥	12.11	2	6.06	1.47	0.276
P 肥	62.69	2	31.45	7.52	0.0102
区组	40.5	1	40.5	9.81	0.0106
误差 e_1	4.53	2			
误差 e_2	36.75	8	4.128（(4.53+36.75)/(2+8)）		

方差分析表明，氮磷肥对小麦产量有极显著的增产作用，钾肥效果不明显，同时区组之间存在显著差异，把区组效应分离出来，有利于对试验效应的正确判断。

习　　题

1. 什么叫正交设计？有何优点？
2. 简述正交试验设计的基本步骤。
3. 设计一个多因素正交试验，包括因素和水平数的选择、正交表的选用和表头设计。
4. 将细菌培养基中的三种成分 A、B、C 各取两个水平判断它们对细菌生长的影响并考虑 AB 和 AC 之间可能存在的交互作用的结果（见表8-16），试对结果进行直观分析和方差分析。

表 8-16　细菌培养基试验的试验设计及结果

试验号	A	B	AB	C	AC	e	e	观察值
1	1	1	1	1	1	1	1	38
2	1	1	1	2	2	2	2	46
3	1	2	2	1	1	2	2	34
4	1	2	2	2	2	1	1	53
5	2	1	2	1	2	1	2	42
6	2	1	2	2	1	2	1	28
7	2	2	1	1	2	2	1	41
8	2	2	1	2	1	1	2	23

5. 现有一提高炒青绿茶品质的研究。试验因素有茶园施肥三要素配合比例（A）和用量（D）、鲜叶处理（B）和制茶工艺流程（C）4个，各因素均取 3 水平，选用正交表 $L_9(3^4)$ 安排试验，得试验方案和各处理的茶叶品质评分（随机区组设计重复试验 2 次）如表 8-17 所示。试作直观分析和方差分析。

表 8-17　绿茶品质试验 $L_9(3^4)$ 结果

试验号	因素				品质评分	
	A（配合比例）	B（鲜叶处理）	C（工艺流程）	D（配料用量）	I	II
1	1	1	1	1	78.9	78.1
2	1	2	2	2	77	77
3	1	3	3	3	77.5	78.5
4	2	1	2	3	80.1	80.9
5	2	2	3	1	77.6	78.4
6	2	3	1	2	78	79
7	3	1	3	2	76.7	76.3
8	3	2	1	3	81.3	82.3
9	3	3	2	1	79.5	78.5

6. 现有一提高小麦产量的研究。试验因素有小麦品种（A）、播种期（B）和播量（C）3个，各因素均取 3 水平，选用正交表 $L_9(3^4)$ 安排试验，得试验方案和各处理的产量（随机区组设计重复试验 3 次）如表 8-18 所示。试作方差分析。

表 8-18　小麦产量试验 $L_9(3^4)$ 结果

试验号	因素				小区产量（斤/区）		
	A（品种）	B（播种期）	C（播量）	空列	I	II	III
1	1	1	1	1	29	27	30
2	1	2	2	2	26	24	29
3	1	3	3	3	22	20	23
4	2	1	2	3	21	20	24
5	2	2	3	1	19	18	21
6	2	3	1	2	18	16	22
7	3	1	3	2	18	17	21
8	3	2	1	3	20	18	23
9	3	3	2	1	17	15	20

第九章 直线相关与回归

在自然界中，事物之间存在着相互联系、相互依存、相互制约的关系。所以在科学试验中，除了要讨论各试验处理的结果之间有无显著差异性，往往还要进一步研究因素的不同水平与试验指标之间的关系，或多个试验指标之间的关系，以揭示其内在规律。这类问题的研究需要采用回归分析与相关分析方法。

第一节 回归与相关概述

一、回归与相关的概念

在现实世界中，各种变量之间的关系大致可分为两类。一类是确定性关系，即已知其中的一个或几个变量的值，能精确计算出另一变量的值。例如，平面上圆的面积 S 随圆的半径 R 的变化而变化，且满足关系式 $S=\pi R^2$，已知半径 R 的值可精确计算面积 S。又如，一质点以速度 v 做匀速直线运动时，位移 s 随着运动时间 t 的变化而变化，且 $s=vt$，由运动时间 t 可精确计算位移 s。以上例子中变量间的关系都属于确定性关系，即数学上的函数关系。另一类是非确定性关系，也称为相关（relationship）关系。这种关系指的是两个或多个变量之间虽然有一定的依赖关系，但由其中一个或几个变量的值，不能准确地求出另一变量的值。比如作物的产量与施肥量之间的关系，单位面积作物的产量与施肥量之间有密切关系，但我们不能根据施肥量精确计算出产量的值。再如，人的体重与身高之间的关系：体重受身高的影响极大，但两个人即使身高相同，体重往往也是不一样的。以上所举的例子中变量之间的关系均为相关关系，这类关系在自然界中是大量存在的，也是统计学研究的主要对象。

需要指出的是，函数关系与相关关系虽然是两种不同类型的变量关系，但它们之间并无严格界限，它们主要的区别在于相关关系中存在着试验误差。若考虑试验误差的影响，函数关系也会表现出某种程度的不确定性；另外，相关关系也随着人们对客观事物内在规律的深刻认识而转化为函数关系。

而相关关系又存在两种情形。

一种是变量之间存在着明显的因果关系，可以分清哪些是自变量，哪个是因变量，如降水量与作物产量的关系，降水量可以影响作物产量，作物的产量却不会对降水量产生影响。这类关系被称为单向依存关系（one-way dependency relation），研究方法是回归分析（regression analysis）。回归分析方法是通过对大量观测数据的统计分析，揭示相关变量间内在规律性的统计方法。若仅讨论两个变量的关系，在回归分析中，常用 x 表示自变量，自变量可以是随机变量也可以是一般变量；用 y 表示因变量，因变量必须是随机变量。应用回归分析方法可由观测数据寻求描述 x 和 y 关系的数学模型。

另一种是变量之间是平行变化的关系，如生物有机体某一性状的发育与另一性状发育的关系，比如小麦生长过程中株高与穗长之间的变化关系，人在发育过程中身高与臂长的变化关系，这些往往难以区分哪是自变量，哪是因变量，这类关系被称为相互依存关系（mutual dependency relation），研究方法是相关分析（correlation analysis）。相关分析方法主要是利用观测数据计算相关系数来测定变量之间线性关系的密切程度和性质。

在实际工作中，回归和相关并不能截然分开。一是因为如果变量之间存在回归关系必然相关；二是因为由回归可以获得相关的一些重要信息，反之由相关也可以获得回归的一些重要信息。所以，在处理实际问题时，往往是同时结合两种方法进行分析。

二、回归与相关的分类

1. 回归分析的分类

如果只研究两个变量之间的关系，包括一个因变量和一个自变量的回归分析称为一元回归分析。一元回归分析又根据变量之间的关系形式不同分为两类：直线回归分析和曲线回归分析。

如果研究多个变量之间的关系，包括一个因变量和多个自变量的回归分析称为多元回归分析。多元回归分析又根据变量之间的关系形式不同分为两类：多元线性回归分析和多元非线性（曲面）回归分析。

2. 相关分析的分类

对于两个变量的线性相关性进行相关分析称为直线相关分析；对多个变量的线性关系进行相关分析时，分为两种情况：研究一个变量与多个变量间的线性相关性为复相关分析；在其余变量保持不变的情况下，只研究其中两个变量的线性相关性称为偏相关分析（或净相关）。

本章仅讨论两个变量间的关系，介绍一元线性回归、可直线化的曲线回归及直线相关分析，多个变量间关系的分析方法将在下一章介绍。

三、回归与相关的作用

回归和相关分析可以以数量表示变量之间的关系，在关系度量上的作用大致可以归纳为以下三点：

（1）根据大量观测数据需求描述变量之间数量关系的数学模型——回归方程；

（2）利用回归方程，由一个变量或几个变量的值，预测或控制另一变量的可能取值，并给出这种预测的精确度；

（3）在影响某一变量的诸多变量中，分析其主次顺序。

此外，还可以根据回归分析和预测、控制提出的问题进行试验设计，以寻求试验次数少而又具有较好统计性质的回归设计方法。

第二节 一元线性回归

一、一元线性回归方程的建立

1. 一元线性回归的数学模型

设自变量 x 是一个普通变量，因变量 y 是一个可观测其值的随机变量，对 (x,y) 作了 n 次观测，如表 9-1 所示。

表 9-1 (x,y) 的观测结果

x	x_1	x_2	$\cdots$	x_n
y	y_1	y_2	$\cdots$	y_n

建立 y 与 x 的一元线性回归方程即根据以上观测结果求出 y 与 x 间相互关系的近似数学表达式。

为了认识变量 x 与 y 之间的关系，常用的比较直观的方法是在直角坐标系中描绘出点 (x_i,y_i) 的图形，称为散点图（scatter diagram），如图 9-1 所示。

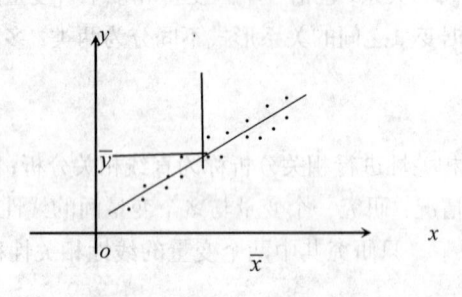

图 9-1 (x_i,y_i) 散点图

若 $(x_i,y_i)(i=1,2,\cdots,n)$ 的散点图如图 9-1 所示呈直线趋势分布，可以认为因变量 y 与自变量 x 之间的内在联系是线性的，此时 n 组观测数据 $(x_i,y_i)(i=1,2,\cdots,n)$ 满足模型：

$$y_i = \alpha + \beta x_i + \varepsilon_i, \quad i=1,2,\cdots,n \tag{9.1}$$

其中，α、β 是未知参数，称为回归系数，$\varepsilon_1,\varepsilon_2,\cdots,\varepsilon_n$ 是相互独立的随机误差，且 $\varepsilon_i \sim N(0,\sigma^2)$，$i=1,2,\cdots,n$。式（9.1）即为一元线性回归的数学模型，可以写成：

$$y_i = \alpha + \beta x_i + \varepsilon_i, \quad \varepsilon_i \sim N(0,\sigma^2), \quad i=1,2,\cdots,n \tag{9.2}$$

2. 参数 α、β 的最小二乘估计

由模型（9.2），可得 $y \sim N(\alpha+\beta x,\sigma^2)$，如果求出 α、β 的估计值 a、b，则对于给定的 x，$E(y)$ 的估计值为 $a+bx$，记为 $\hat{y}$，即：

$$\hat{y} = a + bx \tag{9.3}$$

式（9.3）称为 y 依 x 的直线回归方程（linear regression equation），其图形称为回归直线，其中 a 称为回归截距（regression intercept），b 称为回归系数（regression coefficient），是回归直线的斜率。

怎么来估计回归系数 α、β 呢？一种自然的想法是使回归直线 $\hat{y} = a + bx$ 尽可能地靠近每一对观测值对应的点 $(x_i, y_i)(i = 1, 2, \cdots, n)$，即使离回归平方和（也称为剩余平方和）：

$$Q = \sum_{i=1}^{n}(y_i - \hat{y}_i)^2 = \sum_{i=1}^{n}(y_i - a - bx_i)^2 \tag{9.4}$$

达到最小。

问题转化为求关于 a、b 的二元函数的最小值问题。由多元函数的极值定理，只需分别求 Q 关于 a、b 的偏导数，并令其等于零，得：

$$\begin{cases} \dfrac{\partial Q}{\partial a} = -2\sum_{i=1}^{n}(y_i - a - bx_i) = 0 \\ \dfrac{\partial Q}{\partial b} = -2\sum_{i=1}^{n}(y_i - a - bx_i)x_i = 0 \end{cases} \tag{9.5}$$

整理得：

$$\begin{cases} an + b\sum_{i=1}^{n}x_i = \sum_{i=1}^{n}y_i \\ a\sum_{i=1}^{n}x_i + b\sum_{i=1}^{n}x_i^2 = \sum_{i=1}^{n}x_i y_i \end{cases} \tag{9.6}$$

式 (9.6) 称为正规方程组 (normal equation)，解此方程组得：

$$a = \bar{y} - b\bar{x} \tag{9.7}$$

$$b = \frac{\sum_{i=1}^{n}(x_i - \bar{x})(y_i - \bar{y})}{\sum_{i=1}^{n}(x_i - \bar{x})^2} = \frac{SP_{xy}}{SS_x} \tag{9.8}$$

式 (9.8) 中 SP_{xy} 称为变量 x、y 的离均差乘积和，简称乘积和 (sum of products)；SS_x 为自变量 x 的离均差平方和。在计算时常用如下等价的简便公式：

$$SP_{xy} = \sum_{i=1}^{n}x_i y_i - \frac{1}{n}(\sum_{i=1}^{n}x_i)(\sum_{i=1}^{n}y_i)，\quad SS_x = \sum_{i=1}^{n}x_i^2 - \frac{1}{n}(\sum_{i=1}^{n}x_i)^2 \tag{9.9}$$

因为 Q 是 a、b 的非负二次型，其极小值必存在，由式 (9.7) 和式 (9.8) 求得的 a、b 就是 Q 的极小值点，这里也是最小值点，从而可得到回归方程 (9.3)。

这种求回归系数估计值 a、b 的方法称为最小二乘法，a、b 称为 α、β 的最小二乘估计 (LSE：least square estimate)。

显然，由最小二乘法所确定的回归直线有以下特点：

(1) 离回归的和 $\sum_{i=1}^{n}(y_i - \hat{y}_i) = 0$；

(2) 离回归平方和 $Q = \sum_{i=1}^{n}(y_i - \hat{y}_i)^2$ 最小；

(3) 回归直线通过散点图的几何重心 $(\bar{x}, \bar{y})$，如图 9-1 所示。

可以证明，回归系数的最小二乘估计量 a、b 有以下性质：

(1) $E(a) = \alpha$, $E(b) = \beta$; (9.10)

(2) $E(\dfrac{Q}{n-2}) = \sigma^2$; (9.11)

(3) $D(a) = (\dfrac{1}{n} + \dfrac{\bar{x}^2}{SS_x})\sigma^2$, $D(b) = \dfrac{\sigma^2}{SS_x}$ 。 (9.12)

3. 应用实例

例 9.1 观测某种作物的株高 y（单位：cm）随苗龄 x（单位：天）的变化趋势，得试验结果如表 9-2 所示，试求株高 y 依苗龄 x 的回归方程。

表 9-2 株高依苗龄变化的观测结果

苗龄 x （d）	5	10	15	20	25	30	35
株高 y （cm）	2	5	9	14	19	25	33

解 将表 9-1 中的数据在平面直角坐标系中描出，可得如图 9-2 所示的散点图。

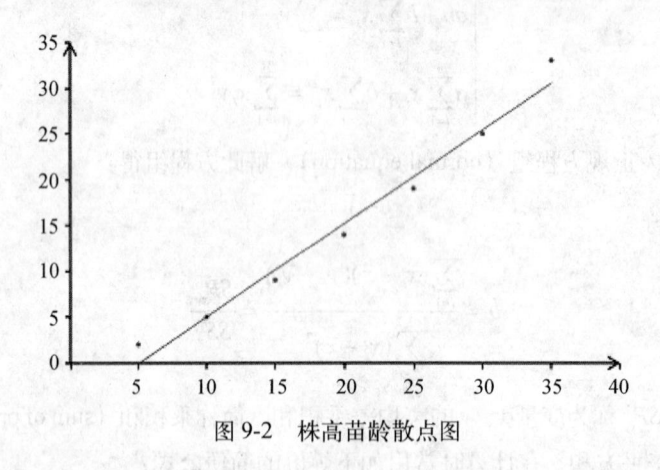

图 9-2 株高苗龄散点图

由图 9-2 可以看到 7 个点大致在一条直线附近，可建立株高 y 依苗龄 x 的一元线性回归方程。

由观测数据计算得到：

$$\sum_{i=1}^{7} x_i = 5 + 10 + \cdots + 35 = 140, \quad \sum_{i=1}^{7} y_i = 2 + 5 + \cdots + 33 = 107$$

$$\sum_{i=1}^{7} x_i^2 = 5^2 + 10^2 + \cdots + 35^2 = 3500, \quad \sum_{i=1}^{7} y_i^2 = 2^2 + 5^2 + \cdots + 33^2 = 2381$$

$$\sum_{i=1}^{7} x_i y_i = 5 \times 2 + 10 \times 5 + \cdots + 35 \times 33 = 2855，将以上计算结果代入公式（9.9），得：$$

$$SP_{xy} = \sum_{i=1}^{7} x_i y_i - \dfrac{1}{7}(\sum_{i=1}^{7} x_i)(\sum_{i=1}^{7} y_i) = 2855 - \dfrac{1}{7} \times 140 \times 107 = 715$$

$$SS_x = \sum_{i=1}^{7} x_i^2 - \dfrac{1}{7}(\sum_{i=1}^{7} x_i)^2 = 3500 - \dfrac{1}{7} \times 140^2 = 700$$

还可以计算因变量 y 的离均差平方和：

$$SS_y = \sum_{i=1}^{7} y_i^2 - \frac{1}{7}(\sum_{i=1}^{7} y_i)^2 = 2381 - \frac{1}{7} \times 107^2 = 745.43$$

从而代入计算公式（7.7）、（7.8），得回归系数的最小二乘估计值：

$$b = \frac{SP_{xy}}{SS_x} = \frac{715}{700} = 1.02, \quad a = \bar{y} - b\bar{x} = \frac{107}{7} - 1.02 \times \frac{140}{7} = -5.14$$

因此株高依苗龄的一元线性回归方程为：

$$\hat{y} = -5.14 + 1.02x$$

二、一元线性回归方程的显著性检验

由上述求直线回归方程的过程知，无论 y 和 x 之间有无内在的线性关系，只要根据 n 对观测数据 $(x_i, y_i)(i=1, 2,\cdots, n)$ 代入公式（9.7）、（9.8），就可以求得回归系数的估计值 a、b，从而可以建立一元线性回归方程 $\hat{y} = a + bx$，但如果 y 和 x 之间实际并无这种线性关系，所求的回归方程就无意义。所以需要根据试验结果推断 y 和 x 之间是否真正存在线性关系，即对回归方程进行显著性检验。若 y 和 x 之间不存在线性关系，则模型（9.2）中的回归系数 $\beta = 0$；若 y 和 x 之间存在线性关系，则式（9.2）中的回归系数 $\beta \neq 0$。所以，对 y 和 x 之间是否存在线性关系可以进行假设检验，其原假设和备择假设分别为：

$$H_0: \beta = 0, \quad H_A: \beta \neq 0,$$

检验方法有对回归方程的方差分析（F 检验）以及对回归系数的显著性检验（t 检验）。

1. 回归方程的方差分析——F 检验

数据 $y_1, y_2, \cdots, y_n$ 之间的差异可以看做是由两种原因引起的：一方面是在 y 与 x 的线性关系中，由于 x 的不同取值 $x_1, x_2, \cdots, x_n$ 引起 y 的取值不同；另一方面是除去 y 与 x 间的线性关系外的其他因素，包括 x 对 y 的非线性影响及其他一切不可控制的随机因素。根据方差分析的基本思想，可以将随机变量 y 的总变异按照上述两个产生变异的原因加以分解，通过比较各部分的变异量大小，对直线回归方程的显著性进行检验，如图 9-3 所示。

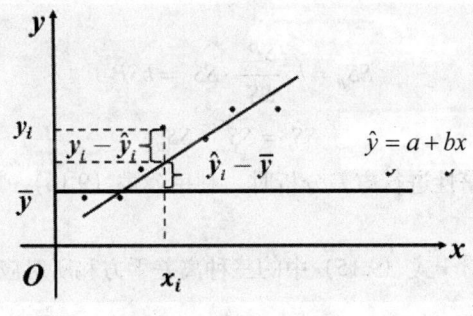

图 9-3　y 的总变异图

（1）平方和的分解

由图 9-3 可以看到，每一个 y 的观测值 $y_i(i=1, 2, \cdots, n)$ 的变异 $(y_i - \bar{y})$ 可以分解成两部分：一部分是 y 对 x 的回归方程所形成的变异 $(\hat{y}_i - \bar{y})$，另一部分是随机误差引起的变异

$(y_i - \hat{y}_i)$。所以 y 的总变异为：

$$SS_y = \sum_{i=1}^{n}(y_i - \bar{y})^2 = \sum_{i=1}^{n}[(\hat{y}_i - \bar{y}) + (y_i - \hat{y}_i)]^2$$

$$= \sum_{i=1}^{n}(\hat{y}_i - \bar{y})^2 + \sum_{i=1}^{n}(y_i - \hat{y}_i)^2 + 2\sum_{i=1}^{n}(\hat{y}_i - \bar{y})(y_i - \hat{y}_i) \tag{9.13}$$

其中，SS_y 称为 y 的总平方和。

由于 $\hat{y}_i = a + bx_i = \bar{y} + b(x_i - \bar{x})$，所以 $\hat{y}_i - \bar{y} = b(x_i - \bar{x})$，于是有：

$$\sum_{i=1}^{n}(\hat{y}_i - \bar{y})(y_i - \hat{y}_i) = \sum_{i=1}^{n}b(x_i - \bar{x})[(y_i - \bar{y}) - b(x_i - \bar{x})]$$

$$= \sum_{i=1}^{n}b(x_i - \bar{x})(y_i - \bar{y}) - \sum_{i=1}^{n}b(x_i - \bar{x}) \times b(x_i - \bar{x})$$

$$= bSP_{xy} - b^2SS_x = b^2SS_x - b^2SS_x = 0$$

因此，式（9.13）可写成：

$$SS_y = \sum_{i=1}^{n}(y_i - \bar{y})^2 = \sum_{i=1}^{n}(\hat{y}_i - \bar{y})^2 + \sum_{i=1}^{n}(y_i - \hat{y}_i)^2 \tag{9.14}$$

其中，$\sum_{i=1}^{n}(\hat{y}_i - \bar{y})^2$ 反映了由 y 与 x 之间的线性关系引起的 y 的变异量大小，称为回归平方和（sum of squares of regression），记作 SS_R；$\sum_{i=1}^{n}(y_i - \hat{y}_i)^2$ 反映了除了 y 与 x 间的线性关系外的其他因素，包括随机误差所引起的 y 的变异量大小，称为离回归平方和或剩余平方和，记作 SS_r，它就是式（9.4）中的离回归平方和 Q，则式（9.14）又可表示为：

$$SS_y = SS_R + SS_r \tag{9.15}$$

其中，$SS_R = \sum_{i=1}^{n}(\hat{y}_i - \bar{y})^2 = \sum_{i=1}^{n}[(a + bx_i) - (a + b\bar{x})]^2 = b^2\sum_{i=1}^{n}(x_i - \bar{x})^2 = b^2 SS_x$ 由于 $b = \dfrac{SP_{xy}}{SS_x}$，

所以有：

$$SS_R = b \cdot \frac{SP_{xy}}{SS_x} \cdot SS_x = bSP_{xy} \tag{9.16}$$

$$SS_r = SS_y - SS_R \tag{9.17}$$

在对回归方程的显著性进行方差分析时，利用公式（9.16）、（9.17）计算平方和较为简便。

(2) 自由度的分解 对于式（9.15）中的三种离差平方和所对应的自由度可分析如下：

SS_y 是因变量 y 的离均差平方和，应满足约束条件 $\sum_{i=1}^{n}(y_i - \bar{y}) = 0$，所以总自由度 $df_y = n - 1$，n 为试验次数。

SS_r 就是式（7.4）中的离回归平方和 Q，由式（7.6）可知，SS_r 应满足两个独立的线性

约束条件 $\sum_{i=1}^{n}(y_i - \hat{y}) = 0$ 及 $\sum_{i=1}^{n}(y_i - \hat{y})x_i = 0$，故剩余自由度为 $df_r = n-2$，n 为试验次数。

SS_R 反映了由于 x 对 y 的线性影响引起的 y 的观测数据的波动，在线性回归中，它所对应的自由度等于自变量的个数。在一元线性回归中，自变量个数为 1，则回归自由度 $df_R = 1$。

由上所述，显然有：

$$df_y = df_R + df_r$$

(3) 均方及 F 检验

由平方和及自由度的比值可以计算各部分均方，分别为：

回归均方（mean square of regression） $MS_R = \dfrac{SS_R}{df_R}$

离回归均方（mean square due to deviation from regression）或称剩余均方 $MS_r = \dfrac{SS_r}{df_r}$

由均方的比值可以构造 F 统计量进行 F 检验，即对回归方程的方差分析。其原假设和备择假设分别为：

$$H_0: \beta=0, \quad H_A: \beta \neq 0$$

H_0 成立时，有统计量 F 服从 F 分布，即：

$$F = \frac{MS_R}{MS_r} = \frac{SS_R}{SS_r/(n-2)} \sim F(1, n-2) \tag{9.18}$$

计算 F 值，进行方差分析，当 $F > F_\alpha(1, n-2)$ 时，拒绝 H_0，则在 α 水平上认为 y 与 x 之间的线性关系显著，或称为回归方程显著；否则认为 y 与 x 之间的线性关系不显著。

具体检验过程可列成方差分析表（表 9-3）：

表 9-3 方差分析表

变异来源	SS	df	MS	F 值	F 临界值
回归	SS_R	1	$SS_R/1$	$F = \dfrac{SS_R}{SS_r/(n-2)}$	$F_\alpha(1, n-2)$
剩余	SS_r	$n-2$	$SS_r/n-2$		
总和	SS_y	$n-1$			

对于例 9.1 中的数据资料，已经计算出：
$SS_y = 745.43$，$SP_{xy} = 715$，$b = 1.02$，且 $n = 7$，
所以有：$SS_R = bSP_{xy} = 1.02 \times 715 = 729.3$，
$SS_r = SS_y - SS_R = 745.43 - 729.3 = 16.13$。
自由度：$df_y = n-1 = 7-1 = 6$，$df_R = 1$，$df_r = n-2 = 7-2 = 5$。
均方：$MS_R = \dfrac{SS_R}{df_R} = 729.3$，$MS_r = \dfrac{SS_r}{df_r} = \dfrac{16.13}{5} = 3.226$。

$$F = \frac{MS_R}{MS_r} = \frac{729.3}{3.226} = 226.07$$

取 $\alpha = 0.01$，查附表 4，得 $F_{0.01}(1,5) = 16.26$。因为 $F = 226.07 > 16.26$，所以回归方程极显著，即株高与苗龄之间有极显著的线性关系。检验过程可列成方差分析表（见表 9-4）。

表 9-4 株高苗龄试验的方差分析表

变异来源	SS	df	MS	F 值	$F_{0.01}$
回归	729.3	1	729.3	226.07**	16.26
剩余	16.13	5	3.226		
总和	745.43	6			

注：**表示差异达到极显著水平。

由表 9-4 可知，一元线性回归方程 $\hat{y} = -5.14 + 1.02x$ 极显著，在统计意义上是有效的。

2. 回归系数的 t 检验

对 y 和 x 之间线性关系的检验也可以通过对回归系数 b 的 t 检验来进行。回归系数显著性检验的原假设和备择假设分别为：

$$H_0: \beta = 0, \quad H_A: \beta \neq 0$$

b 是 β 的最小二乘估计，由性质（9.10）及（9.12）可知：

$$E(b) = \beta, \quad D(b) = \frac{\sigma^2}{SS_x} \tag{9.19}$$

所以根据模型（9.2），$b \sim N(\beta, \frac{\sigma^2}{SS_x})$，则标准化后有：

$$\frac{b - \beta}{\sqrt{\sigma^2 / SS_x}} \sim N(0,1) \tag{9.20}$$

σ^2 未知，由性质（9.11）知，其无偏估计为 $\frac{Q}{n-2}$（$Q = SS_r$），用无偏估计代替之，则式（9.20）分母部分变为：

$$S_b = \sqrt{\frac{Q}{(n-2)SS_x}} \tag{9.21}$$

称为回归系数 b 的标准误（standard error of regression coefficient）。

因此，检验的统计量为：

$$t = \frac{b - \beta}{S_b} \sim t(n-2) \tag{9.22}$$

在原假设 H_0 成立时，有：

$$t = \frac{b}{S_b} = \frac{b}{\sqrt{\frac{Q}{(n-2)SS_x}}} \tag{9.23}$$

当$|t|>t_\alpha(n-2)$时,拒绝原假设H_0,则在α水平上认为y与x之间的线性关系显著,或称为回归系数显著;否则认为y与x之间的线性关系不显著。

对于例9.1中的数据资料,

$$t = \frac{b}{\sqrt{\frac{Q}{(n-2)SS_x}}} = \frac{1.02}{\sqrt{\frac{16.13}{(7-2)\times 700}}} = \frac{1.02}{0.0674} = 15.13$$

取$\alpha=0.01$,查附表2,得$t_{0.01}(5)=4.032$,因为$|t|=15.13>4.032$,所以拒绝H_0,认为回归系数极显著,即株高与苗龄之间有极显著的线性关系。

注意到这里t检验的结论与F检验一致,比较一下t值和F值,容易看出$t^2=F$,因此在一元线性回归分析中这两种检验方法是等价的,可任选一种进行检验。

三、一元线性回归方程的应用

在某个实际问题中,建立了变量y和x间的一元线性回归方程,即建立了相应问题的数学模型,当建立的一元线性回归方程$\hat{y}=a+bx$显著时,利用此模型可以实现对变量的预测与控制。

1. 利用回归方程进行估计和预测

估计(estimation)是指在给定了自变量x的值后,对因变量y的总体均值进行估计,预测(prediction)是指在给定了自变量x的值后,对因变量y的单个可能取值进行预测。在直线回归分析中,估计和预测的公式形式相同,区别在于两者的方差及置信区间不同。

(1)利用回归方程对y的总体均值进行估计

根据模型(9.2),给定了自变量x一个特定值x_0后,所对应的因变量y的总体均值是$E(\hat{y}_0)=\alpha+\beta x_0$,其点估计是$\hat{y}_0=a+bx_0$,即$\hat{y}_0=\bar{y}+b(x_0-\bar{x})$。

估计量$\hat{y}_0$的方差是:

$$\hat{\sigma}_{\hat{y}}^2 = \sigma^2\left[\frac{1}{n} + \frac{(x_0-\bar{x})}{SS_x}\right] \tag{9.24}$$

当总体方差σ^2未知时,在(9.24)式中用无偏估计$\frac{Q}{n-2}$代替,则统计量

$$t = \frac{\hat{y}_0 - (\alpha+\beta x_0)}{\sqrt{\frac{Q}{n-2}} \cdot \sqrt{\frac{1}{n} + \frac{(x_0-\bar{x})^2}{SS_x}}} \sim t(n-2) \tag{9.25}$$

根据式(9.25),可得y的总体平均数的$1-\alpha$置信区间为:

$$[\hat{y}_0-\Delta,\ \hat{y}_0+\Delta]$$

其中,

$$\Delta = t_\alpha(n-2)\sqrt{\frac{Q}{n-2}}\sqrt{\frac{1}{n}+\frac{(x_0-\bar{x})^2}{SS_x}} \tag{9.26}$$

称为区间的最大估计误差限。

例 9.2 在例 9.1 中，估计苗龄在 28 天时，株高总体平均数的 95%置信区间。

解 在例 9.1 中已建立一元线性回归方程：$\hat{y} = -5.14 + 1.02x$，并经检验回归方程极显著，回归方程有效。

$x_0 = 28$，则点估计 $\hat{y}_0 = -5.14 + 1.02 \times 28 = 23.42$，

已知 $n = 7$，$\bar{x} = 20$，$Q = 16.13$，$SS_x = 700$，$\alpha = 0.05$，查附表 2 得 $t_{0.05}(5) = 2.57$，代入公式（9.26），计算最大估计误差限：

$$\Delta = 2.57 \times \sqrt{\frac{16.13}{5}} \times \sqrt{\frac{1}{7} + \frac{(28-20)^2}{700}} = 2.23$$

株高平均数的 95%置信区间为 $[\hat{y}_0 - \Delta, \ \hat{y}_0 + \Delta] = [21.19, 25.65]$。

这说明在苗龄为 28 天时，株高总体平均在区间 [21.19, 25.65] 内（单位：cm），其可靠性为 95%。

(2) 利用回归方程对单个 y 值进行预测

根据模型（9.2），给定了自变量 x 一个特定值 x_0 后，所对应的因变量 y 的某个随机个体的预测值为 $\hat{y}_{0i} = a + bx_0 + \varepsilon_i$。因为 $E(\varepsilon_i) = 0$，所以可用 0 作为 ε_i 的估计，于是有 $\hat{y}_{0i} = a + bx_0$。可见单个 y 值的点预测公式与 y 总体均值的点估计具有相同形式，即 $\hat{y} = a + bx_0$。但此时 $\hat{y}_{0i}$ 的方差为：

$$D(\hat{y}_{0i}) = D(a + bx_0 + \varepsilon_i) = D[\bar{y} + b(x_0 - \bar{x}) + \varepsilon_i]$$

$$= [\frac{\sigma^2}{n} + \frac{(x_0 - \bar{x})\sigma^2}{SS_x} + \sigma^2] = \sigma^2[1 + \frac{1}{n} + \frac{(x_0 - \bar{x})}{SS_x}] \quad (9.27)$$

当总体方差 σ^2 未知时，在（9.24）式中用无偏估计 $\dfrac{Q}{n-2}$ 代替，则统计量

$$t = \frac{\hat{y}_{0i} - y_{0i}}{\sqrt{\dfrac{Q}{n-2}} \cdot \sqrt{1 + \dfrac{1}{n} + \dfrac{(x_0 - \bar{x})^2}{SS_x}}} \sim t(n-2) \quad (9.28)$$

根据式（9.28），可得单个 y 值的 $1 - \alpha$ 预测区间为：

$$[\hat{y}_{0i} - \Delta, \ \hat{y}_{0i} + \Delta]$$

其中，

$$\Delta = t_\alpha(n-2) \sqrt{\dfrac{Q}{n-2}} \cdot \sqrt{1 + \dfrac{1}{n} + \dfrac{(x_0 - \bar{x})^2}{SS_x}} \quad (9.29)$$

称为区间的最大预测误差限。

例 9.3 在例 9.1 中，估计苗龄在 28 天时，被观测作物株高的 95%预测区间。

解 在例 9.1 中已建立一元线性回归方程：$\hat{y} = -5.14 + 1.02x$，并经检验回归方程极显著，回归方程有效。

$x_0 = 28$，则点估计 $\hat{y}_{0i} = -5.14 + 1.02 \times 28 = 23.42$，

已知 $n = 7$，$\bar{x} = 20$，$Q = 16.13$，$SS_x = 700$，$\alpha = 0.05$，查附表 2 得 $t_{0.05}(5) = 2.57$，代入公式（9.29），计算最大预测误差限：

$$\Delta = 2.57 \times \sqrt{\frac{16.13}{5}} \times \sqrt{1 + \frac{1}{7} + \frac{(28-20)^2}{700}} = 5.14$$

该作物株高的 95% 置信区间为 $[\hat{y}_{0i} - \Delta, \hat{y}_{0i} + \Delta] = [18.28, 28.56]$。

这说明在苗龄为 28 天时，单株作物株高在区间 $[18.28, 28.56]$ 内（单位：cm），其可靠性为 95%。

从式（9.26）和式（9.29）中可以看出：

（1）对 y 总体平均值的估计精度要比对单个 y 值的预测精度高；

（2）最大估计（预测）误差限 Δ 随着 $|x_0 - \bar{x}|$ 的增大而增大，这说明 x_0 越靠近 $\bar{x}$，预测（估计）区间的精度越高，预测结果越精确；否则，预测（估计）区间的精度越低，预测结果越不精确。预测区间置信限的变化情况如图 9-4 所示。因此，在利用直线回归方程进行预测时，原则上 x_0 的取值要在试验范围之内，即 $x_0 \in \{\min(x_1, x_2, \cdots, x_n), \max(x_1, x_2, \cdots, x_n)\}$，不能随意外推。否则，会导致预测结果精确度过低，无实际应用价值，这也是回归预测的一个缺点。

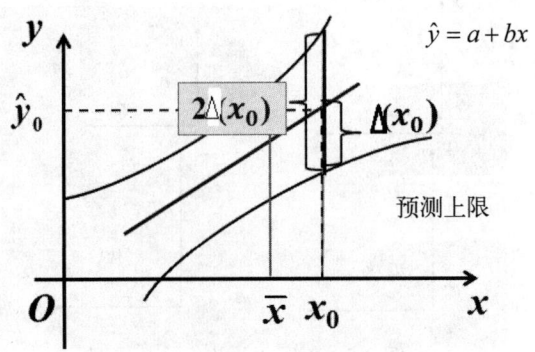

图 9-4 预测区间置信限的变化情况

2. 利用回归方程进行控制

控制是预测的反问题，具体来讲，是要求 y 的观测值以置信度 $1-\alpha$ 在某区间 (y_1, y_2) 内取值时，问相应的 x_0 应控制在什么范围。

若设 y_0 是 y 的一个观测值，根据回归方程可以算出 x_0 的点估计：

$$\hat{x}_0 = \bar{x} + \frac{y_0 - \bar{y}}{b} \tag{9.30}$$

则置信度 $1-\alpha$ 的控制区间为：$[\hat{x}_0 - \Delta, \hat{x}_0 + \Delta]$，其中 Δ 的近似计算公式是：

$$\Delta = \frac{t_\alpha(n-2)\sqrt{\frac{Q}{n-2}} \cdot \sqrt{1 + \frac{1}{n} + \frac{(x_0 - \bar{x})^2}{SS_x}}}{|b|} \tag{9.31}$$

当 n 充分大时，（9.31）式中的 $t_\alpha(n-2)$ 可由标准正态分布的分位数 u_α 代替，于是

$$\Delta = \frac{u_\alpha \sqrt{\frac{Q}{n-2}} \sqrt{1 + \frac{1}{n} + \frac{(x_0 - \bar{x})^2}{SS_x}}}{|b|} \tag{9.32}$$

在生产过程的质量控制中,可以认为 n 足够大,故可以用式(9.32)估计控制区间。

第三节　直线相关

进行直线相关分析的基本任务在于根据变量 x、y 的观测数据,计算出反映变量间线性相关程度的统计量——相关系数,并对此进行显著性检验。

一、相关关系与相关系数

1. 直线相关

若两个随机变量之间存在相互依存关系,且一个随机变量随另一随机变量的变化呈线性关系,则称两者之间的关系为直线相关。设两随机变量共有 n 对观察值 $(x_i, y_i)(i = 1, 2, \cdots, n)$,则它们之间的相关关系可以通过观察值在平面直角坐标系中对应的散点图表示,如图 9-5 所示。

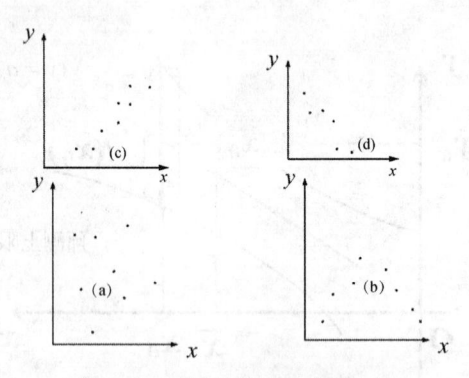

图 9-5　不同相关关系的散点图

从散点图看,图 9-5(a)中一个随机变量 y 随着另一变量 x 的增加而增加,两者变化趋势呈线性,称两者之间存在正相关关系;图 9-5(b)中一个随机变量 y 随着另一变量 x 的增加而减少,两者变化趋势也呈线性,称两者之间存在负相关关系;图 9-5(c)中两个随机变量的变化趋势无明显规律可循,两者之间可能不存在相关关系;图 9-5(d)中两个随机变量的变化趋势有明显规律,但明显不是线性相关,两者之间存在曲线关系。

一般来说,利用上面这种散点图可以直观了解随机变量之间是否存在相关关系,但还需要给出相关关系的定量表示,并在统计意义下检验这种关系的显著性。而这种刻画变量间相关关系程度的统计量即为样本相关系数。

2. 相关系数及其性质

由概率论知,二维随机向量 (X, Y) 的总体相关系数 ρ 为:

$$\rho = \frac{Cov(X,Y)}{\sqrt{D(X)}\sqrt{D(Y)}} \tag{9.33}$$

其中 $Cov(X,Y)$ 为 X、Y 的协方差(covariance),$D(X)$、$D(Y)$ 分别为 X、Y 的方差(variance)。总体相关系数 ρ 的值反映了两个随机变量之间线性相关关系的强弱程度及性质,其绝对值越大,说明 X 与 Y 之间的线性关系越强,反之则越弱;而其符号的正负反映两者之间相关关系的性质。

总体相关系数往往是未知参数,当总体的样本值已知时,可计算其估计值——样本相关系数 r(correlation coefficient),其定义为:

$$r = \frac{\sum_{i=1}^{n}(x_i-\bar{x})(y_i-\bar{y}_i)}{\sqrt{\sum_{i=1}^{n}(x_i-\bar{x})^2 \cdot \sum_{i=1}^{n}(y_i-\bar{y})^2}} = \frac{SP_{xy}}{\sqrt{SS_x \cdot SS_y}} \tag{9.34}$$

r^2 称为决定系数(或确定系数),它表示在变量 y 的总变异中由变量 x 的线性相关关系的影响产生的变异所占的比例,r^2 越大,说明 x 对 y 的影响越大。

显然,

$$r^2 = \frac{SP_{xy}^2}{SS_x \cdot SS_y} = \frac{bSP_{xy}}{SS_y} = \frac{SS_R}{SS_y} \leq 1 \tag{9.35}$$

所以有,$|r| \leq 1$,即 $-1 \leq r \leq 1$。

样本相关系数的正负反映了相关关系的性质,$r<0$ 时称两者为负相关,$r>0$ 时称两者为正相关;而其绝对值大小反映了随机变量之间相关关系的密切程度,绝对值越大,两者之间的线性关系越密切。

当 $|r|=1$ 时,称 x 与 y 完全相关,此时在相应的散点图中,所有点都在一条直线上,两个变量之间的关系由相关关系变成了函数关系,在实际问题中这种情况非常少见。

当 $r=0$ 时,称 x 与 y 不相关,此时两个变量之间无线性关系。需要注意的是如果两随机变量独立,必有 $r=0$,此时两变量之间无任何关系;但 $r=0$ 时两随机变量之间也可能存在密切联系,如存在某种曲线关系。

计算样本相关系数时,根据试验数据代入公式(9.34)即可。如本章第二节的例9.1中,观察株高 y 与苗龄 x 之间的关系,观测结果见表 9-2。已经计算出 $SP_{xy}=715$,$SS_x=700$,$SS_y=745.43$,则 x 和 y 的相关系数是:

$$r = \frac{SP_{xy}}{\sqrt{SS_x \cdot SS_y}} = \frac{715}{\sqrt{700 \times 745.43}} = 0.9898 \tag{9.36}$$

二、相关系数的显著性检验

根据实际观测值计算得到相关系数 r 是样本相关系数,它是总体相关系数 ρ 的估计值,样本相关系数是否来自 $\rho \neq 0$ 的总体,还需要对其进行显著性检验。此时原假设和备择假设分别为:

$$H_0: \rho=0, \quad H_A: \rho \neq 0$$

对样本相关系数 r 的显著性检验共有 3 种方法。

1. F 检验

在直线相关分析中,可将变量 y 的离差平方和 SS_y 分解为:

$$SS_y = \sum_{i=1}^{n}(y_i - \overline{y})^2 = r^2\sum_{i=1}^{n}(y_i - \overline{y})^2 + (1-r^2)\sum_{i=1}^{n}(y_i - \overline{y})^2 \tag{9.37}$$

其中，$r^2\sum_{i=1}^{n}(y_i - \overline{y})^2$ 为相关平方和，$(1-r^2)\sum_{i=1}^{n}(y_i - \overline{y})^2$ 为非相关平方和。

变量 y 的自由度 $df_y = n-1$ 也可作相应的分解，相关平方和的自由度为1，非相关平方和的自由度为 $n-2$。

所以，在 H_0 成立时，可以构造 F 统计量：

$$F = \frac{r^2\sum_{i=1}^{n}(y_i - \overline{y})^2 / 1}{(1-r^2)\sum_{i=1}^{n}(y_i - \overline{y})^2 / (n-2)} = \frac{r^2(n-2)}{(1-r^2)} \sim F(1, n-2) \tag{9.38}$$

由式（9.38）可对样本相关系数的显著性进行 F 检验。

如本章第二节的例9.1中，观察株高 y 与苗龄 x 之间的关系，观测结果见表9-2。根据(9.36)式已经计算出样本相关系数 $r = 0.9898$，$n = 7$，代入式（9.38）可得

$$F = \frac{r^2(n-2)}{(1-r^2)} = \frac{0.9898^2 \times 5}{(1-0.9898^2)} = 241.3544 \tag{9.39}$$

取 $\alpha = 0.01$，查附表4，得临界值 $F_{0.01}(1,5) = 16.26$，因为 $F = 241.3544 > 16.26$，所以拒绝 H_0，即株高 y 与苗龄 x 之间存在极显著的线性相关关系。

2. t 检验

当原假设 H_0 成立时，式（9.38）中的统计量服从自由度为 $(1, n-2)$ 的 F 分布，则 $\sqrt{F} \sim t(n-2)$，即当 H_0 成立时，有统计量：

$$t_r = \frac{r\sqrt{n-2}}{\sqrt{1-r^2}} \sim t(n-2) \tag{9.40}$$

由式（9.40）可对样本相关系数的显著性进行 t 检验。

对于例9.1中的观测数据，已经计算出样本相关系数 $r = 0.9898$，$n = 7$，代入式（9.40）可得：

$$t_r = \frac{0.9898 \times \sqrt{5}}{\sqrt{1-0.9898^2}} = 15.536 \tag{9.41}$$

取 $\alpha = 0.01$，查附表4，得临界值 $t_{0.01}(5) = 4.032$，$|t| = 15.536 > 4.032$，所以拒绝 H_0，即株高 y 与苗龄 x 之间存在极显著的线性相关关系。

注意到 $t^2 = F$，所以 t 检验结论与 F 检验结论一致。

3. 查表法

为了简化检验过程，将式（9.40）转化为：

$$r_\alpha = \frac{\sqrt{t^2}}{\sqrt{t^2 + n - 2}} \tag{9.42}$$

将一定自由度和一定显著性水平的 t 临界值代入式（9.42）并求得相应的 r_α 值，可编制成相关系数临界值表（附表 5），在检验时直接将由样本算得的相关系数 r 与相应临界值比较即可。注意查附表 5 时，自由度为剩余自由度 $df_r = n-2$，若样本相关系数的绝对值 $|r| > r_\alpha(n-2)$，则拒绝 H_0，认为变量 x 和 y 之间线性相关关系显著或极显著。

如在例 9.1 中，根据试验数据已经算出样本相关系数 $r = 0.9898$，$df_r = n-2 = 5$，$\alpha = 0.01$，查附表 5，$r_{0.01}(5) = 0.874$，因为 $|r| = 0.9898 > 0.874$，所以拒绝 H_0，即株高 y 与苗龄 x 之间存在极显著的线性相关关系。

显然，在直线回归与相关中，F 检验、t 检验、相关系数 r 的检验，三者检验结果一致，实际应用中选择其中一种方法检验即可。

三、有关应用问题的讨论

1. 直线回归与直线相关的内在联系

（1）回归系数和相关系数的关系。

通过前面的讨论可以看到，在直线回归分析中的回归系数 b 与直线相关分析中的相关系数 r 之间有某些相同之处。比较式（9.34）和式（9.8）可以看出，相关系数 r 与回归系数 b 的符号都由 SP_{xy} 决定，两者符号相同，它们反映 x 与 y 之间关系的性质是相同的。若符号为正，则随着变量 x 的增加 y 也增加；若符号为负，则随着变量 x 的增加 y 是减少的。

但是两者也有不同之处：回归系数 b 是有量纲的，而相关系数 r 是无量纲的，所以不同的相关系数之间可以直接相互比较。可以证明，若把回归系数 b 作标准化处理，则标准化后的回归系数 $b^* = r$，所以有时也把相关系数称为标准回归系数。

（2）回归方程的 F 检验、回归系数的 t 检验和相关系数检验间的关系。

由式（9.18）、式（9.23）及式（9.40），三种检验的统计量分别为：

$$F = \frac{SS_R}{SS_r/(n-2)} \cdot t = \frac{b}{\sqrt{\dfrac{Q}{(n-2)SS_x}}} \cdot t_r = \frac{r\sqrt{n-2}}{\sqrt{1-r^2}},$$

容易证明，$F = t^2 = t_r^2$，而 $t = t_r$，所以在一元线性回归分析和相关分析中，对回归方程的显著性检验、对回归系数的显著性检验和相关系数的显著性检验，三者的结果是一致的。在建立了回归方程后，对其有效性进行检验，即检验变量 x 和 y 之间是否有显著的线性相关关系，实际应用中以上三种检验方法任选其一即可。

2. 直线回归与直线相关的应用要点

前面对直线回归与相关分析作了较为详细的介绍，但是在实际应用这些方法时有以下几点需要注意：

（1）要根据专业知识确定相关变量。

一元线性回归和相关分析主要研究的是两个变量间的内在关系，而在利用这些方法处理实际问题时，要根据专业知识选择其中的变量。譬如变量间是否存在线性关系以及何时会发生线性关系,直线回归方程是否有实际意义,自变量和因变量的选择等问题,都必须由相应的专业知识来解决,而分析结果也需要在实践中得到检验。如果不以一定的专业知识为前提,随意选择变量及确定变量间的关系,会造成根本性的错误。

(2) 保持被研究变量以外的因素的一致性。

在实际问题中,情况往往比较复杂,一个随机变量的变化通常会受到多个其他变量的影响。因此,在确定了被研究的随机变量后,一定要尽量保持其他非研究因素的一致性。否则,回归分析和相关分析的结果将可能是虚假的、不可靠的,不能真正反映两个变量之间的内在关系。

(3) 正确认识相关关系的显著性。

若经检验后两个变量间的相关系数不显著并非意味着 x 和 y 之间一定是无关的,而只能说明两者之间无线性相关关系,不排除两者间存在某种非线性关系;而经检验后两个变量间的相关系数显著也不意味着 x 和 y 之间的关系一定为直线相关,因为两者间或许存在着更好的非线性关系。

(4) 样本容量 n 要尽可能大。

在进行直线相关和回归分析时,样本容量 n 要尽可能大一些,这样可提高结果的精确性。在一元线性回归分析里,必须有 $n \geq 2$,一般最好是满足 $n>4$。同时自变量 x 的取值范围应尽可能大一些,这样更容易发现两个随机变量间的变化规律。

(5) 预测外推要谨慎。

利用一元线性回归方程进行预测时,原则上自变量 x_0 的取值要在试验范围之内,即 $x_0 \in \{\min(x_1, x_2, \cdots, x_n), \max(x_1, x_2, \cdots, x_n)\}$,不能随意外推。因为直线回归方程是在一定范围内对两个变量关系的描述,超出这个范围,变量间的关系可能会发生变化,容易得到错误的预测结果。

(6) 回归关系检验显著不一定具有实际上的预测意义。

要用回归方程进行预测,回归关系必须显著;但是回归关系显著,并不能说明建立的回归方程具有实际上的预测价值。有时两个变量间的样本相关系数 r 经检验显著,但对应决定系数 r^2 的值较小,此时回归方程也没有实际的预测意义。如 $n=26$ 时计算出的样本相关系数 $r=0.5>r_{0.01}=0.496$,相关关系极显著。但此时,$r^2=0.25$,即 y 的总变异通过 x 的线性回归方程来估计的比例只有 25%,其余的 75%的变异无法由直线回归来估计,所以由 x 的直线回归方程来估计 y 的可靠性不高。一般要求 $r^2>0.8$,这样建立的直线回归方程较有实际的预测价值。

第四节 能线性化的曲线回归

一、曲线回归分析概述

在许多实际问题中,两个变量之间的关系不一定是线性的,而是某种非线性关系:

例 9.4 在进行米氏方程和米氏常数推算时,测得酶比活力 y 与底物浓度 x 之间的关系,得到如表 9-5 所示的试验结果。

第九章 直线相关与回归

表 9-5　酶比活力与底物浓度试验结果

底物浓度 x(mmol/L)	1.25	1.43	1.66	2.00	2.50	3.30	5.00	8.00	10.00
酶比活力 y	17.65	22	26.32	35	45	52	55.73	59	60

试建立 y 依 x 的回归方程。

将表 9-5 中的观测值 $(x_i, y_i)(i=1, 2, \cdots, 9)$ 确定的点描绘在平面直角坐标系中，作如图 9-6 所示的散点图。

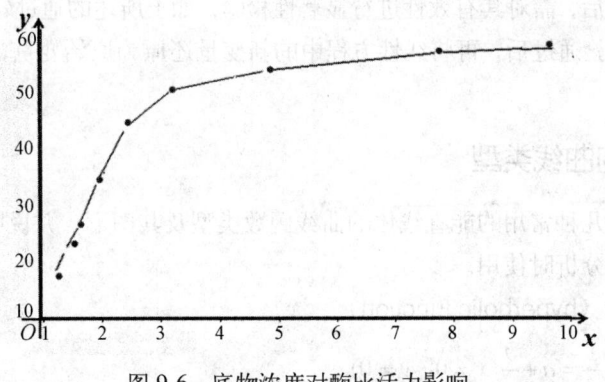

图 9-6　底物浓度对酶比活力影响

从图中可以看到，随着 x 的增加，开始 y 迅速增加，后来逐渐趋于稳定，两者之间的变化趋势呈曲线关系，需要进行曲线回归分析。

如上例所述，曲线回归分析（curvilinear regression analysis）的基本任务是通过两个相关变量 x 和 y 的观测数据建立曲线回归方程（curvilinear regression equation），以揭示两者之间的内在联系。一般可通过如下两个步骤建立曲线回归方程：

1. 根据观测数据确定变量之间的曲线关系类型

这一步是进行曲线回归分析时的首要工作，也是在实际问题中最为重要和困难的工作。通常有以下几个途径：

（1）根据专业知识、理论推导或是实践经验确定。

在某些实际问题中，变量之间的内在关系可根据已知的理论规律或是实践经验确定。如在细菌的培养中，在一定条件下细菌总数 y 与时间 x 有指数函数关系，即 $y = N_0 e^{\lambda x}$，其中 N_0 为细菌的初始数量，λ 为相对增长率。

（2）根据观测数据对应的散点图的分布趋势确定。

若没有已知的理论规律或是实践经验可利用，可根据实际的观测值描绘散点图，观察散点的分布趋势是否恰好与某种已知的常见函数曲线形态接近，则可选用该函数关系来拟合曲线。

（3）用多项式函数逼近非线性函数。

若既没有已知的理论规律或是实践经验可利用，又找不到某类已知函数的曲线较接近散点的分布趋势，此时可利用多项式回归，通过逐渐增加多项式的项数或次数来拟合，直到拟合效果较好为止。

2. 确定回归方程中的未知参数

在确定了 y 和 x 之间的函数关系后，一般可采用最小二乘法来进一步确定未知参数的估计值。若这种非线性关系可通过变量转换将其线性化，可先进行变量转换，然后对新变量进行线性回归分析，本章主要介绍这种情况。若非线性函数不能利用变量转换线性化，则需要通过最优化方法求未知参数的估计值，建立回归方程，这里就不再详细介绍了。

3. 对回归方程进行显著性检验

建立回归方程后，需对其有效性进行显著性检验。如上所述的通过转换变量可直线化的情况，在显著性检验通过后，再将线性方程中的新变量还原为原始变量，得到原始变量间的曲线回归方程。

二、能直线化的曲线类型

这里主要介绍几种常用的能直线化的曲线函数类型及其图形，并说明其直线化的方法，以供进行曲线回归分析时使用。

1. 双曲线函数（hyperbolic function）

函数表达式：$\dfrac{1}{y} = a + \dfrac{b}{x}(x \neq 0,\ y \neq 0)$，

其图形如图 9-7 所示。

直线化方法：令 $y' = \dfrac{1}{y}$，$x' = \dfrac{1}{x}$，则有 $y' = a + bx'$。

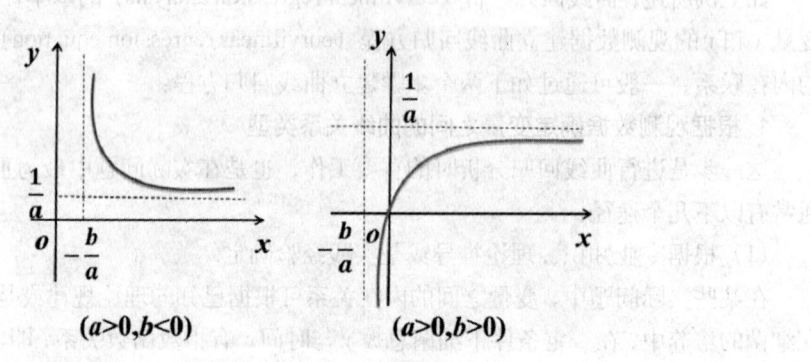

图 9-7 双曲线函数图形

2. 幂函数（power function）

函数表达式：$y = ax^b (x > 0,\ b > 0)$，

其图形如图 9-8 所示。

直线化方法：令 $y' = \ln y$，$x' = \ln x$，$a' = \ln a$，则有 $y' = a' + bx'$。

第九章　直线相关与回归

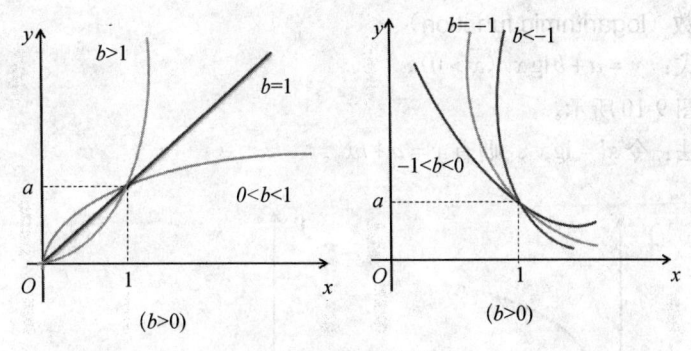

图 9-8　幂函数图形

3. 指数函数（exponential function）

函数表达式：$y = ae^{bx}$，

其图形如图 9-9 所示。

直线化方法：令 $y' = \ln y$，$a' = \ln a$，则有 $y' = a' + bx$。

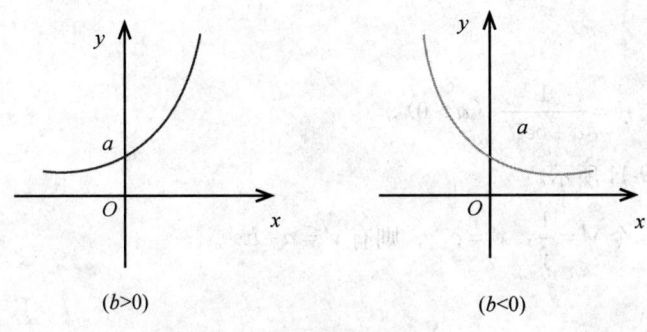

图 9-9　指数函数图形（1）

函数表达式：$y = ae^{b/x}$，

其图形如图 9-10 所示。

直线化方法：令 $y' = \ln y$，$x' = \dfrac{1}{x}$，$a' = \ln a$，则有 $y' = a' + bx'$。

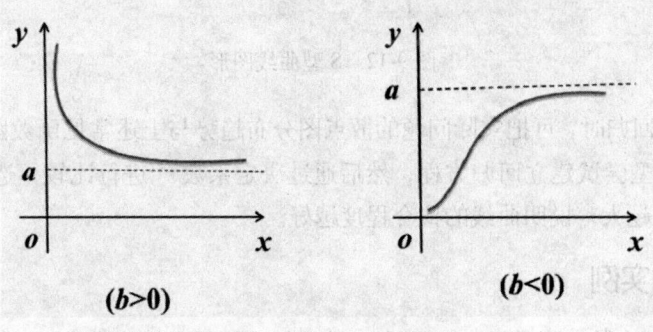

图 9-10　指数函数图形（2）

4. 对数函数（logarithmic function）

函数表达式：$y = a + b\lg x$ （$x > 0$），

其图形如图 9-10 所示。

直线化方法：令 $x' = \lg x$，则有 $y = a + bx'$。

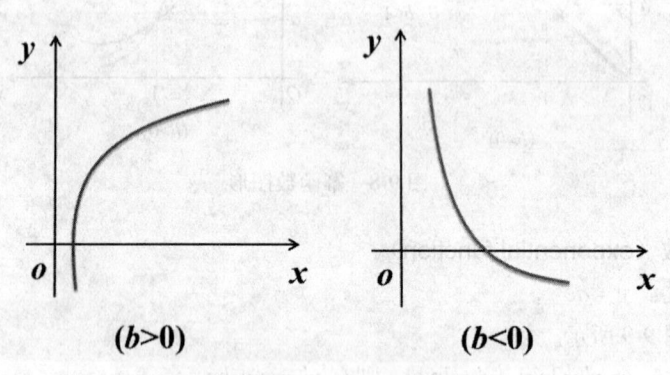

图 9-11　对数函数图形

5. S 型曲线

函数表达式：$y = \dfrac{1}{a + be^{-x}}$ （$a > 0$），

其图形如图 9-11 所示。

直线化方法：令 $y' = \dfrac{1}{y}$，$x' = e^{-x}$，则有 $y' = a + bx'$。

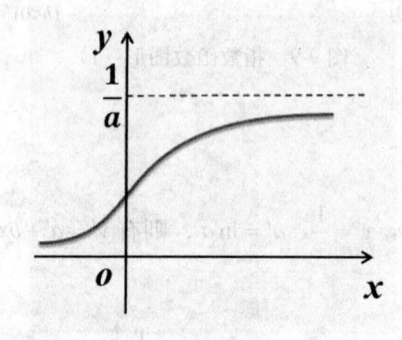

图 9-12　S 型曲线图形

在进行曲线回归时，可把实际问题的散点图分布趋势与上述常见函数图形对比，选择形态近似的多种类型尝试建立回归方程，然后通过决定系数 r^2 进行比较，选择其中的最优模型。决定系数 r^2 越大，说明曲线的拟合程度越好。

三、曲线回归实例

在例 9.4 中，由散点图（图 9-6）可知，酶比活力 y 与底物浓度 x 之间是曲线关系，需要建立 y 依 x 的曲线回归方程。将散点图的变化趋势与上述常见函数的图形对比，发现双曲线函数、对数函数及幂函数的图形与其较为相似,可分别建立相应的曲线回归方程并从中选择最优模型。

1. 双曲线模型

函数表达式：$\frac{1}{y} = a + \frac{b}{x}$，令 $y' = \frac{1}{y}$，$x' = \frac{1}{x}$，则有 $y' = a + bx'$，将表 9-5 中的观测值 $(x_i, y_i)(i=1,2,\cdots,9)$ 转换为 $(x'_i, y'_i) = (\frac{1}{x_i}, \frac{1}{y_i})$，则转换后的数据如下表所示，由 $(\frac{1}{x_i}, \frac{1}{y_i})$ 进行直线回归。

$x'_i = 1/x_i$	0.80	0.70	0.60	0.50	0.40	0.30	0.20	0.13	0.10
$y'_i = 1/y_i$	0.0567	0.0455	0.0380	0.0286	0.0222	0.0192	0.0179	0.0169	0.0167

(1) 建立直线回归方程。

$$n = 9, \sum_{i=1}^{9} x'_i = 3.73, \sum_{i=1}^{9} y'_i = 0.2617,$$

$$\bar{x}' = 3.73/9 = 0.4144, \bar{y}' = 0.2617/9 = 0.0291,$$

$$\sum_{i=1}^{9}(x'_i)^2 = 0.80^2 + 0.70^2 + \cdots + 0.10^2 = 2.06,$$

$$\sum_{i=1}^{9}(y'_i)^2 = 0.0567^2 + 0.0455^2 + \cdots + 0.0167^2 = 0.00929,$$

$$\sum_{i=1}^{9} x'_i y'_i = 0.80 \times 0.0567 + \cdots + 0.10 \times 0.0167 = 0.1366,$$

$$SS_{x'} = 2.06 - 3.73^2/9 = 0.5141, \quad SS_{y'} = 0.00929 - 0.2617^2/9 = 0.0017,$$

$$SP_{x'y'} = 0.1366 - 3.73 \times 0.2617/9 = 0.0281,$$

从而得到回归系数的最小二乘估计：

$$b = \frac{SP_{x'y'}}{SS_{x'}} = \frac{0.0281}{0.5141} = 0.0547,$$

$$a = \bar{y}' - b\bar{x}' = 0.0291 - 0.0547 \times 0.4144 = 0.0064,$$

因此直线回归方程为：$\hat{y}' = 0.0064 + 0.0547 x'$。

(2) 对直线回归方程进行检验。

一元线性回归, F 检验、t 检验、相关系数 r 检验三种方法选择其一即可, 这里选择相关系数 r 检验。

$$r' = \frac{SP_{x'y'}}{\sqrt{SS_{x'} \cdot SS_{y'}}} = \frac{0.0281}{\sqrt{0.514 \times 0.0017}} = 0.9505$$

取 $\alpha = 0.01$，查附表 5，$r_{0.01}(7) = 0.798$，因为 $|r'| = 0.9505 > 0.798$，所以回归方程极显

著。

(3) 换回原始变量

将直线方程中的新变量换回原始变量，$y' = \dfrac{1}{y}$，$x' = \dfrac{1}{x}$，则 x 与 y 的双曲线回归方程为：

$$\hat{y} = \dfrac{x}{0.0064x + 0.0547} \tag{9.43}$$

2. 对数模型

函数表达式：$y = a + b\lg x$，令 $x' = \lg x$，则有 $y = a + bx'$。

将表 9-5 中的观测值 $(x_i, y_i)(i = 1, 2, \cdots, 9)$ 转换为 $(x'_i, y_i) = (\lg x_i, y_i)$，转换后的数据如下表所示，由 $(\lg x_i, y_i)$ 进行直线回归（计算过程略）。

$x'_i = \lg x_i$	0.097	0.155	0.220	0.301	0.398	0.519	0.699	0.903	1.000
y_i	17.65	22	26.32	35	45	52	55.73	59	60

计算出 x 与 y 的对数回归方程为：

$$\hat{y} = 18.6864 + 47.6485\lg x \tag{9.44}$$

相关系数 $r' = 0.9412$，$|r'| = 0.9412 > r_{0.01}(7) = 0.798$，回归方程极显著。

3. 幂函数模型

函数表达式：$y = ax^b$，令 $y' = \ln y$，$x' = \ln x$，$a' = \ln a$，则有

$$y' = a' + bx'。$$

将表 9-5 中的观测值 $(x_i, y_i)(i = 1, 2, \cdots, 9)$ 转换为 $(x'_i, y'_i) = (\ln x_i, \ln y_i)$，转换后的数据如下表所示，由 $(\ln x_i, \ln y_i)$ 进行直线回归（计算过程略）。

$x'_i = \ln x_i$	0.223	0.358	0.507	0.693	0.916	1.194	1.609	2.079	2.303
$y'_i = \ln y$	2.871	3.091	3.270	3.555	3.807	3.951	4.021	4.078	4.094

计算出 x 与 y 的幂函数回归方程为：

$$\hat{y} = e^{0.0332} x^{0.5504} \tag{9.45}$$

相关系数 $r' = 0.8992$，$|r'| = 0.8992 > r_{0.01}(7) = 0.798$，回归方程极显著。

虽然三种回归方程的检验结果都是极显著的，但从 $(r')^2$ 值来看双曲线模型的拟合程度是最好的，应选双曲线模型（9.43）。

但需要注意的是，即使在上例中双曲线模型较其他两种模型更好，决定系数 $r^2 = 0.9505^2 = 0.9034$，即 90.34%，但在实际应用中，这个决定系数还不够大，从图 9-13 来看，拟合效果还不够理想。

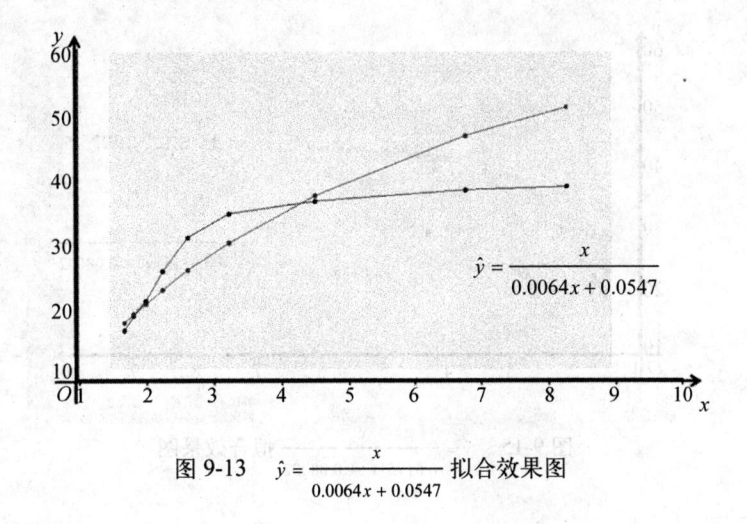

图 9-13 $\hat{y} = \dfrac{x}{0.0064x + 0.0547}$ 拟合效果图

若在原双曲函数模型基础上对函数形式加以调整，如利用非线性函数 $\dfrac{1}{y} = a + \dfrac{b}{x^2}$ 进行曲线回归，则计算出回归方程：

$$\hat{y} = \dfrac{x^2}{0.0145x + 0.0638} \tag{9.46}$$

此时相关系数 $r' = 0.9946 > 0.9505$，决定系数有所提高，改进的回归方程拟合效果如图 9-14 所示。

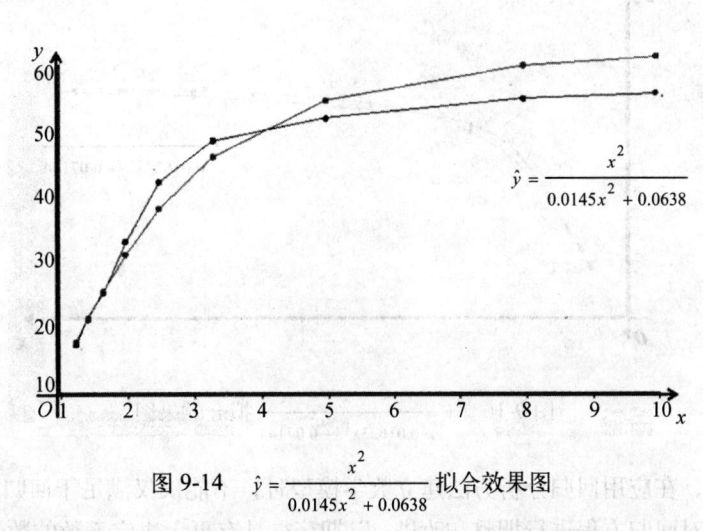

图 9-14 $\hat{y} = \dfrac{x^2}{0.0145x^2 + 0.0638}$ 拟合效果图

若进一步改进模型，利用非线性函数 $\dfrac{1}{y} = a + \dfrac{b}{x^3}$ 进行曲线回归，则计算出回归方程：

$$\hat{y} = \dfrac{x^3}{0.01751x^3 + 0.08002} \tag{9.47}$$

此时相关系数 $r' = 0.9954 > 0.9946$，决定系数进一步提高，回归方程拟合效果如图 9-15 所示。

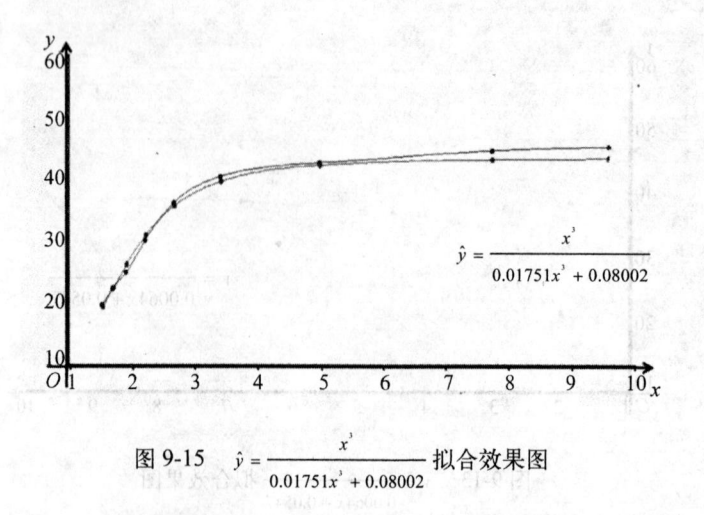

图 9-15 $\hat{y} = \dfrac{x^3}{0.01751x^3 + 0.08002}$ 拟合效果图

当用非线性函数 $\dfrac{1}{y} = a + \dfrac{b}{x^{2.5}}$ 进行曲线回归时，相关系数达到 $r' = 0.9984$，计算出回归方程为：

$$\hat{y} = \dfrac{x^{2.5}}{0.01623x^{2.5} + 0.07144} \tag{9.48}$$

此时拟合效果较为理想，如图 9-16 所示。

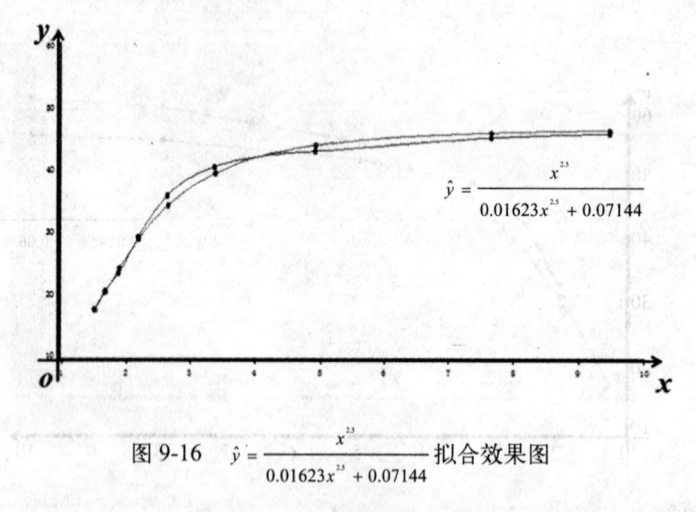

图 9-16 $\hat{y} = \dfrac{x^{2.5}}{0.01623x^{2.5} + 0.07144}$ 拟合效果图

由此可见，在应用回归分析方法建立数学模型时，不能仅仅满足于回归方程检验显著，而需要尽可能对回归方程进行调整和改进，以期获得具有更大决定系数的数学模型，使回归方程具有真正的应用价值，用来对实际问题进行预测和控制。

习　题

1. 变量间的关系可分为哪几类？什么叫变量间的相关关系？相关关系又可分为哪几

类？研究方法分别是什么？

2.什么是回归分析？回归分析可分为哪些类？在一元线性回归中，回归截距和回归系数的统计学意义是什么？

3.什么叫相关分析？相关系数和决定系数的意义各是什么？

4.试证明：回归系数的最小二乘估计量 a、b 有以下性质：

(1) $E(a)=\alpha$，$E(b)=\beta$； (2) $E(\dfrac{Q}{n-2})=\sigma^2$；

(3) $D(a)=(\dfrac{1}{n}+\dfrac{\bar{x}^2}{SS_x})\sigma^2$，$D(b)=\dfrac{\sigma^2}{SS_x}$。

5.常见的能直线化的曲线回归主要有哪些？试述能直线化的曲线回归分析的基本过程。

6.在马铃薯膨化试验中，测得膨化度 y 和复水比 x 数据如下表所示，试对两变量进行相关分析。

复水比 x	1.82	1.97	2.13	2.15	2.11
膨化度 y	1.94	2.25	2.3	2.31	2.32

7.对 8 个鲁麦系列品种的株高 y（单位：cm）和穗长 x（单位：cm）进行测量，得数据如下表所示。

穗长 x	8.24	6.43	6.20	7.30	9.42	8.37	8.98	8.79
株高 y	77.03	71.44	72.65	72.45	86.20	76.69	84.10	85.47

(1) 试求 y 与 x 的直线回归方程；

(2) 对回归方程进行显著性检验（方差分析、t 检验和相关系数检验三种方法任选一种）；

(3) 当 $x=7.8$ 时，预测单个 y 的 95% 置信区间。

8.在进行乳酸菌发酵试验时，为了测得乳酸菌生长曲线，测得的数据如下表所示，试对培养时间 x（单位：h）和活菌数 y（单位：$\times 10^7$ 个/ml）进行回归分析（包括直线回归和曲线回归），并比较它们的拟合度。

培养时间 x	0	6	12	18	24	30	36
活菌数 y	4.07	6.03	13.49	31.62	87.10	141.25	199.53

第十章　多元线性回归与相关

在许多实际问题中，经常会遇到一些复杂的现象，为了解决这类问题，需要研究多个变量间的关系，进行多个变量间的回归及相关分析。本章主要介绍多元线性回归分析和多元相关分析方法。

在多个变量中，有一个因变量y，两个或两个以上的自变量x_1, x_2,…, $x_p(p \geq 2)$，该因变量和p个自变量的回归称为多元回归分析（multiple regression analysis）或复回归。在上述关系中如果各自变量与因变量具有线性关系称为多元线性回归，如果各自变量与因变量不呈线性关系称为非线性回归。本章只介绍多元线性回归。

在多个变量中，其中一个变量和其他所有变量的综合相关叫做多元相关（multiple correlation）或复相关。若这些变量间的关系呈线性关系，则称为多元线性相关。在多元相关分析中，若在固定其他变量时，对两个变量进行相关分析，称为偏相关（partial correlation）。在实际应用时，相关分析和回归分析是相互联系的，复相关分析和偏相关分析也可作为检验回归关系显著性的方法。

第一节　多元线性回归

一、多元线性回归方程的建立

1. 多元线性回归模型

设因变量y与自变量x_1, x_2,…, x_p的内在联系是线性的，当做了n次试验后，得到n组观测数据$(y_i, x_{i1}, x_{i2},…, x_{ip})$, $i = 1, 2,…, n$，满足模型：

$$y_i = \beta_0 + \beta_1 x_{i1} + \beta_2 x_{i2} + \cdots + \beta_p x_{ip} + e_i, \quad i = 1, 2 \cdots, n \tag{10.1}$$

式（10.1）为p元线性回归模型。其中，β_0, β_1,…, β_p是$p+1$个未知参数，称为回归系数；x_1, x_2,…, x_p为p个自变量，既可以是可精确测量或可控制的一般变量，也可以是可观测的随机变量；e_1, e_2,…, e_n是n个互不相关的随机误差，且均值为0，方差为σ^2。

若引入矩阵记号：

$$Y = \begin{pmatrix} y_1 \\ y_2 \\ \vdots \\ y_n \end{pmatrix}, \quad \beta = \begin{pmatrix} \beta_0 \\ \beta_1 \\ \vdots \\ \beta_p \end{pmatrix}, \quad e = \begin{pmatrix} e_1 \\ e_2 \\ \vdots \\ e_n \end{pmatrix}, \quad X = \begin{pmatrix} 1 & x_{11} & x_{12} & \cdots & x_{1p} \\ 1 & x_{21} & x_{22} & \cdots & x_{2p} \\ \vdots & \vdots & \vdots & \cdots & \vdots \\ 1 & x_{n1} & x_{n2} & \cdots & x_{np} \end{pmatrix},$$

其中，Y称为随机观测向量；β称为回归系数向量；e称为随机误差向量；X称为结构矩阵或设计矩阵，且要求满足 $rank(X) = p+1$，则多元线性回归模型的矩阵形式为：

$$Y = X\beta + e, \ E(e) = 0, \ COV(e) = \sigma^2 I_n$$

其中，I_n 为 n 阶单位阵。

若进一步设 $e_i \sim N(0, \sigma^2)$，则模型为：

$$Y = X\beta + e, \ e \sim N_n(0, \sigma^2 I_n) \tag{10.2}$$

一般情况下，常以式（10.2）作为多元线性回归模型的矩阵形式。

当用样本估计回归方程时，若设 $\beta_0, \beta_1, \cdots, \beta_p$ 的估计值分别为 $b_0, b_1, \cdots, b_p$，则样本回归方程为：

$$\hat{y} = b_0 + b_1 x_1 + b_2 x_2 + \cdots + b_p x_p \tag{10.3}$$

若引入回归系数的估计向量 $b = \begin{pmatrix} b_0 \\ b_1 \\ \vdots \\ b_p \end{pmatrix}$ 及预测向量 $\hat{Y} = \begin{pmatrix} \hat{y}_1 \\ \hat{y}_2 \\ \vdots \\ \hat{y}_n \end{pmatrix}$，则多元线性回归方程的矩阵形式为：

$$\hat{Y} = Xb \tag{10.4}$$

2. 回归系数的最小二乘估计

若要建立多元线性回归方程（10.3），需要用样本估计向量 $b = \begin{pmatrix} b_0 \\ b_1 \\ \vdots \\ b_p \end{pmatrix}$，一般仍采用最小二乘法进行计算。

根据最小二乘法的原理，$b_0, b_1, \cdots, b_p$ 应使平方和

$$Q = \sum_{i=1}^{n}(y_i - \hat{y}_i)^2 \tag{10.5}$$

达到最小。式（10.5）可写成矩阵形式：

$$Q = (Y - \hat{Y})^T (Y - \hat{Y}) \tag{10.6}$$

将式（10.4）代入上式，则有：

$$Q = (Y - Xb)^T (Y - Xb) = Y^T Y - 2b^T X^T Y + b^T X^T X b \tag{10.7}$$

计算回归系数的最小估计即为求向量 b 使多元函数（10.7）达到其最小值。由多元函数的极值原理和矩阵微商知，向量 b 应是下列矩阵方程的解：

$$\frac{\partial Q}{\partial b} = -2X^T Y + 2X^T X b = 0 \tag{10.8}$$

式（10.8）称为正规方程组（normal equation）。因为 $rank(X) = p+1$，可以证明 $rank(X^T X) = p+1$（证明过程略），即 $p+1$ 阶方阵满秩，所以正规方程组有解且有唯一解。解矩阵方程（10.8）得：

$$b = (X^T X)^{-1}(X^T Y) \tag{10.9}$$

式（10.9）中求得的向量 b 为多元函数（10.7）的唯一驻点，即为极小值点，也就是最小值点，称为回归系数 β 的最小二乘估计（LSE：least square estimate）。

由模型（10.2）可以证明，回归系数 β 的最小二乘估计 b 具有以下性质：
① $E(b)=\beta$；② $COV(b)=\sigma^2(X^T X)^{-1}$。

若记

$$C = (X^T X)^{-1} = (c_{ij})_{p\times p} = \begin{pmatrix} c_{00} & c_{01} & \cdots & c_{0p} \\ c_{10} & c_{11} & \cdots & c_{1p} \\ \vdots & \vdots & \vdots & \vdots \\ c_{p0} & c_{p1} & \cdots & c_{pp} \end{pmatrix},$$

矩阵 C 是对称矩阵，其中的元素 c_{ij} 称为高斯系数（Gauss coefficient）。则由性质（2）可知，

$$\text{cov}(b_i, b_j) = \sigma^2 c_{ij}, \ i, j = 0, 1, \cdots, p,$$

$$\text{var}(b_j) = \sigma^2 c_{jj}, \ j = 0, 1, \cdots, p.$$

若记 $B = X^T Y = \begin{pmatrix} B_0 \\ B_1 \\ \vdots \\ B_p \end{pmatrix}$，则式（10.9）可写成：

$$b = BC \tag{10.10}$$

在实际问题中，当样本值已知时，可根据式（10.9）计算回归系数的估计值 $b = \begin{pmatrix} b_0 \\ b_1 \\ \vdots \\ b_p \end{pmatrix}$，

从而建立 y 依 $x_1, x_2, \cdots, x_p$ 的 p 元线性回归方程：

$$\hat{y} = b_0 + b_1 x_1 + b_2 x_2 + \cdots + b_p x_p$$

二、多元线性回归的统计推断

1. 多元线性回归方程的显著性检验

检验自变量 $x_1, x_2, \cdots, x_p$ 与因变量 y 是否存在线性关系，即检验：

$$H_0: \beta_1 = \beta_2 = \cdots = \beta_p = 0, \quad H_A: \beta_1, \beta_2, \cdots, \beta_p 不全为 0.$$

和一元线性回归方程的显著性检验类似，仍然用方差分析法进行检验，因变量 y 的总平方和仍是分解成两部分。

可以证明：

$$SS_y = \sum_{i=1}^{n}(y_i - \overline{y})^2 = \sum_{i=1}^{n}(\hat{y}_i - \overline{y})^2 + \sum_{i=1}^{n}(y_i - \hat{y}_i)^2 = SS_R + SS_r$$

其中，SS_R 为回归平方和（sum of squares of regression），SS_r 为离回归平方和（或剩余平方和）。在实际问题中当观测值已知时，可利用以下公式进行计算：

$$SS_y = \sum_{i=1}^{n} y_i^2 - \frac{1}{n}(\sum_{i=1}^{n} y_i)^2 \tag{10.11}$$

$$SS_r = \sum_{i=1}^{n} y_i^2 - \sum_{j=0}^{p} b_j B_j \tag{10.12}$$

$$SS_R = SS_y - SS_r \tag{10.13}$$

对于上式中的三种离差平方和所对应的自由度可分析如下：

SS_y 是因变量 y 的离均差平方和，应满足约束条件 $\sum_{i=1}^{n}(y_i - \overline{y}) = 0$，所以总自由度 $df_y = n-1$，n 为试验次数；

SS_R 是由 x_1，x_2，…，x_p 的不同所引起的，所以自由度 $df_R = p$；

SS_r 是与自变量无关的部分，具有自由度 $df_r = n-p-1$。

显然，有 $df_y = df_R + df_r$。

均方分别为：

回归均方（mean square of regression） $MS_R = \dfrac{SS_R}{df_R}$，

离回归均方（mean square due to deviation from regression）或称剩余均方 $MS_r = \dfrac{SS_r}{df_r}$。

由均方的比值可以构造 F 统计量进行 F 检验，H_0 成立时，有：

$$F = \frac{MS_R}{MS_r} = \frac{SS_R/p}{SS_r/(n-p-1)} \sim F(p, n-p-1) \tag{10.14}$$

确定 α 值，当 $F > F_\alpha(p, n-p-1)$ 时，拒绝 H_0，即 x_1，x_2，…，x_p 与 y 是否存在显著的线性关系；否则认为 x_1，x_2，…，x_p 与 y 线性关系不显著。

若经检验 x_1，x_2，…，x_p 与 y 线性关系不显著，其原因一般有两种：

(1) x_1，x_2，…，x_p 与 y 无关系；

(2) x_1，x_2，…，x_p 与 y 有关系但存在非线性关系。

具体检验过程可列成方差分析表，如表 10-1 所示。

表 10-1 方差分析表

变异来源	SS	df	MS	F 值	F 临界值
回归	SS_R	p	SS_R/p	$F = \dfrac{SS_R/p}{SS_r/(n-1-p)}$	$F_\alpha(1, n-2)$
剩余	SS_r	$n-1-p$	$SS_r/n-1-p$		
总和	SS_y	$n-1$			

2. 回归系数的显著性检验

当回归方程检验显著时，仅说明因变量 y 与 p 个自变量 $x_1, x_2, \cdots, x_p$ 有真实的回归关系，这是所有自变量与因变量 y 的综合关系。为了检验每个自变量 x_j ($j=1,2,\cdots,p$) 与 y 之间是否存在线性关系，需要进一步对每个回归系数的显著性进行检验，即检验：

$$H_0: \beta_j = 0, \quad H_A: \beta_j \neq 0, \quad j=1,2,\cdots,p.$$

因为 $E(b_j) = \beta_j$，$\text{var}(b_j) = \sigma^2 c_{jj}$，$j=0,1,\cdots,p$，所以 $b_j \sim N(\beta_j, \sigma^2 c_{jj})$，从而有：

$$\frac{b_j - \beta_j}{\sqrt{\sigma^2 c_{jj}}} \sim N(0,1)$$

当 σ^2 未知时，用其无偏估计 $SS_r/n-1-p$ 代替，则当 H_0 成立时，有：

$$t_j = \frac{b_j}{\sqrt{c_{jj} SS_r/(n-1-p)}} \sim t(n-p-1)$$

或计算 F 统计量：

$$F_j = t_j^2 = \frac{b_j^2}{c_{jj} SS_r/(n-1-p)} \sim F(1, n-p-1)$$

当 $|t| > t_\alpha(n-p-1)$ 或 $F > F_\alpha(1, n-p-1)$ 时，拒绝原假设 H_0，则在 α 水平上认为 y 与自变量 x_j 之间的线性关系显著，或称为回归系数 b_j 显著；否则认为 y 与 x_j 之间的线性关系不显著。

若经检验 y 与 x_j 之间的线性关系不显著，则需要将 $b_j x_j$ 项从方程中剔除，重新建立回归方程。在筛选变量时，常用的方法有向前引入 (forward) 法、向后剔除 (backward) 法和逐步回归 (stepwise) 法，这里就不再详细介绍了。

当全部回归系数 b_j ($j=0,1,\cdots,p$) 经检验都是显著的，则可以保留全部变量，回归方程为：

$$\hat{y} = b_0 + b_1 x_1 + b_2 x_2 + \cdots + b_p x_p$$

在方差分析和 t 检验（或 F 检验）结果均显著时，回归方程通过检验，可用于实际中的控制和预测问题。

例 10.1 测定 13 块某品种水稻的亩穗数 x_1（单位：万穗）、穗粒数 x_2（单位：粒）和亩产量 y 到的(单位：kg)，得到的结果如下表所示，试建立 y 依 x_1、x_2 的二元线性回归方程（注：1 亩 $\approx 666.67\text{m}^2$）。

x_1	26.7	31.3	30.4	33.9	34.6	33.8	30.4	27.0	33.3	30.4	31.5	33.1	34.0
x_2	73.4	59.0	65.9	58.2	64.6	64.6	62.1	71.4	64.5	64.1	61.1	56.0	59.8
y	1008	959	1051	1022	1097	1103	992	945	1074	1029	1004	995	1045

解 （1）建立二元线性回归方程。

$n=13$，$p=2$，结构矩阵和观测向量分别为：

$$X = \begin{pmatrix} 1 & 26.7 & 73.4 \\ 1 & 31.3 & 59.0 \\ \vdots & \vdots & \vdots \\ 1 & 34.0 & 59.8 \end{pmatrix}, \quad Y = \begin{pmatrix} 1008 \\ 959 \\ \vdots \\ 1045 \end{pmatrix}$$

计算得：

$$X^T X = \begin{pmatrix} 13 & 410.4 & 824.7 \\ 410.4 & 13035.62 & 25925.04 \\ 824.7 & 25925.04 & 52613.61 \end{pmatrix},$$

$$B = X^T Y = \begin{pmatrix} 13324.0 \\ 421572.2 \\ 845293.0 \end{pmatrix},$$

所以有：

$$C = (X^T X)^{-1} = \begin{pmatrix} 92.4613 & -1.4279 & -0.7457 \\ -1.4279 & 0.0259 & 0.0096 \\ -0.7457 & 0.0096 & 0.0070 \end{pmatrix}$$

根据式（10.10），有：

$$b = \begin{pmatrix} b_0 \\ b_1 \\ b_2 \end{pmatrix} = BC = \begin{pmatrix} -351.7457 \\ 24.8002 \\ 9.3594 \end{pmatrix}$$

则二元线性回归方程为：

$$\hat{y} = -351.7457 + 24.8002 x_1 + 9.3594 x_2 。$$

（2）显著性检验

首先，对回归方程的显著性进行方差分析。

$$H_0: \beta_1 = \beta_2 = \cdots = \beta_p = 0, \quad H_A: \beta_1, \beta_2, \cdots, \beta_p \text{不全为} 0.$$

计算平方和和自由度得：

$$SS_y = \sum_{i=1}^{13} y_i^2 - \frac{1}{13}(\sum_{i=1}^{13} y_i)^2 = 13684320 - 13656075.1 = 28244.9231,$$

$$SS_r = \sum_{i=1}^{13} y_i^2 - \sum_{j=0}^{2} b_j B_j = 4474.8520, \quad SS_R = SS_y - SS_r = 23770.0711,$$

$$df_y = n - 1 = 13 - 1 = 12, \quad df_R = p = 2, \quad df_r = n - p - 1 = 10。$$

所以有：$F = \dfrac{SS_R / 2}{SS_r / 10} = \dfrac{23770.0711 / 2}{4474.8520 / 10} = 26.56$。

取 $\alpha = 0.01$，查附表 4，得 $F_{0.01}(2,10) = 7.56$，因为 $F = 26.56 > 7.56$，所以拒绝 H_0，回归方程极显著，分差分析表如表 10-2 所示。

表 10-2　方差分析表

变异来源	SS	df	MS	F 值	F 临界值
回归	233770.071	2	11885.0356	26.56**	$F_{0.01}(2,10) = 7.56$
剩余	4474.852	10	447.4852		
总和	28244.923	12			

其次，对回归系数的显著性分别进行检验。

取 $\alpha = 0.01$，查附表 4，得 $F_{0.01}(1,10) = 10.04$，

$$H_{01}: \beta_1 = 0, \quad H_{A1}: \beta_1 \neq 0.$$

$$F_1 = \frac{b_1^2}{c_{11}SS_r/(n-1-p)} = \frac{24.8002^2}{0.0259 \times 447.4852} = 53.1 > 10.04，拒绝 H_{01}，回归系数 b_1 极显著。$$

$$F_2 = \frac{b_2^2}{c_{22}SS_r/(n-1-p)} = \frac{9.3594^2}{0.007 \times 447.4852} = 28.1 > 10.04,$$

拒绝 H_{02}，回归系数 b_2 极显著。

二元线性方程通过检验，故 y 依 x_1、x_2 的二元线性回归方程为：

$$\hat{y} = -351.7457 + 24.8002x_1 + 9.3594x_2$$

该方程的意义是：当穗粒数保持不变时，每亩穗数每增加 1 万穗，每亩水稻产量将平均增加约 24.8002kg；当每亩穗数不变时，每穗粒数每增加 1 粒，每亩产量平均增加约 9.4kg。需要注意的是：自变量的取值范围在试验范围内，以上对产量 y 的预测结论较为可靠，否则通过回归方程预测的结果可靠性较低。

三、多元线性回归的区间估计及预测

在多元线性回归中，当建立了 y 依 x_1，x_2，…，x_p 的 p 元线性回归方程，并且回归方程及各回归系数的检验均显著时，可将回归方程用于估计、预测和控制问题。在这里，估计是指在给定了 p 个自变量在试验范围内的一组特定值 $(x_{1k}, x_{2k}, …, x_{pk})$ 后对因变量 y 的期望值（平均值）进行估计；预测是指在给定了 p 个自变量在试验范围内的一组特定值 $(x_{1k}, x_{2k}, …, x_{pk})$ 后对因变量 y 的单个可能取值进行估计（或称为预测）。

若回归方程为：

$$\hat{y} = b_0 + b_1x_1 + b_2x_2 + \cdots + b_px_p$$

则当自变量取 $(x_{1k}, x_{2k}, …, x_{pk})$ 时，由回归方程算得的因变量 y 的回归估计值 $\hat{y}_k = b_0 + b_1x_{1k} + b_2x_{2k} + \cdots + b_px_{pk}$ 既是因变量 y 在 $(x_{1k}, x_{2k}, …, x_{pk})$ 处的总体平均数的点估计，也是因变量 y 在 $(x_{1k}, x_{2k}, …, x_{pk})$ 处的单个值的点预测。

另外，还可根据回归方程对因变量 y 的总体平均数和单个 y 值在 $(x_{1k}, x_{2k}, \cdots, x_{pk})$ 处进行区间估计和区间预测。

1. 因变量 y 总体平均数的区间估计

设因变量 y 在 $(x_{1k}, x_{2k}, \cdots, x_{pk})$ 处的总体平均数为 Y_k，因为

$$(\hat{y}_k - Y_k) \sim N(0, \ \sigma^2[\frac{1}{n} + \sum_{i=1}^{p}\sum_{j=1}^{p} c_{ij}(x_{ik} - \bar{x}_i)(x_{jk} - \bar{x}_j)])$$

则 $\dfrac{\hat{y}_k - Y_k}{\sigma\sqrt{\dfrac{1}{n} + \sum_{i=1}^{p}\sum_{j=1}^{p} c_{ij}(x_{ik} - \bar{x}_i)(x_{jk} - \bar{x}_j)}} \sim N(0,1)$

若方差 σ^2 未知，用其估计值 $MS_r = \dfrac{SS_r}{n-p-1}$ 代替，则有：

$$t = \frac{\hat{y}_k - Y_k}{\sqrt{\dfrac{SS_r}{n-p-1}}\sqrt{\dfrac{1}{n} + \sum_{i=1}^{p}\sum_{j=1}^{p} c_{ij}(x_{ik} - \bar{x}_i)(x_{jk} - \bar{x}_j)}} \sim t(n-p-1) \tag{10.15}$$

根据式（10.15）可计算出因变量 y 在 $(x_{1k}, x_{2k}, \cdots, x_{pk})$ 处的总体平均数 Y_k 的 $1-\alpha$ 置信区间为 $[\hat{y}_k - \Delta, \ \hat{y}_k + \Delta]$，

其中

$$\Delta = t_\alpha(n-p-1)\sqrt{\dfrac{SS_r}{n-p-1}}\sqrt{\dfrac{1}{n} + \sum_{i=1}^{p}\sum_{j=1}^{p} c_{ij}(x_{ik} - \bar{x}_i)(x_{jk} - \bar{x}_j)} \tag{10.16}$$

为区间的最大估计误差限。

2. 因变量 y 单个值 y_k 的区间估计

设因变量 y 在 $(x_{1k}, x_{2k}, \cdots, x_{pk})$ 处的单个值为 y_k，因为

$$(\hat{y}_k - y_k) \sim N(0, \ \sigma^2[1 + \frac{1}{n} + \sum_{i=1}^{p}\sum_{j=1}^{p} c_{ij}(x_{ik} - \bar{x}_i)(x_{jk} - \bar{x}_j)]),$$

则 $\dfrac{\hat{y}_k - y_k}{\sigma\sqrt{1 + \dfrac{1}{n} + \sum_{i=1}^{p}\sum_{j=1}^{p} c_{ij}(x_{ik} - \bar{x}_i)(x_{jk} - \bar{x}_j)}} \sim N(0,1)$，

若方差 σ^2 未知，用其估计值 $MS_r = \dfrac{SS_r}{n-p-1}$ 代替，则有：

$$t = \frac{\hat{y}_k - y_k}{\sqrt{\dfrac{SS_r}{n-p-1}}\sqrt{1 + \dfrac{1}{n} + \sum_{i=1}^{p}\sum_{j=1}^{p} c_{ij}(x_{ik} - \bar{x}_i)(x_{jk} - \bar{x}_j)}} \sim t(n-p-1) \tag{10.17}$$

根据式（10.17）可计算出因变量 y 在 $(x_{1k}, x_{2k}, \cdots, x_{pk})$ 处的总体平均数 Y_k 的 $1-\alpha$ 置信区间为 $[\hat{y}_k - \Delta, \hat{y}_k + \Delta]$，

其中

$$\Delta = t_\alpha(n-p-1)\sqrt{\frac{SS_r}{n-p-1}}\sqrt{1+\frac{1}{n}+\sum_{i=1}^{p}\sum_{j=1}^{p}c_{ij}(x_{ik}-\overline{x}_i)(x_{jk}-\overline{x}_j)} \tag{10.18}$$

为区间的最大预测误差限。

例 10.2 根据例 10.1 中的数据资料建立的二元线性回归方程为：

$$\hat{y} = -351.7457 + 24.8002 x_1 + 9.3594 x_2,$$

试计算在 $x_1 = 30$（万穗/亩）和 $x_2 = 70$（粒/穗）时置信度为 95%的 y 的总体均值的区间估计和单个 y 值的预测区间。

解 将 $x_1 = 30$，$x_2 = 70$ 代入回归方程求 y 的点估计（预测）得：

$$\hat{y}_k = -351.7457 + 24.8002 \times 30 + 9.3594 \times 70 = 1047.42$$

由例 10.1 的计算过程可知：

$$C = (X^T X)^{-1} = \begin{pmatrix} 92.4613 & -1.4279 & -0.7457 \\ -1.4279 & 0.0259 & 0.0096 \\ -0.7457 & 0.0096 & 0.0070 \end{pmatrix},$$

所以，

$$\sum_{i=1}^{2}\sum_{j=1}^{2}c_{ij}(x_{ik}-\overline{x}_i)(x_{jk}-\overline{x}_j)$$
$$= c_{11}(x_1-\overline{x}_1)^2 + 2c_{12}(x_1-\overline{x}_1)(x_2-\overline{x}_2) + c_{22}(x_2-\overline{x}_2)^2$$
$$= 0.0259(30-31.5692)^2 + 2\times 0.0096(30-31.5692)(70-63.4385) + 0.007(70-63.4385)^2$$
$$= 0.1652$$

已知 $SS_r = 4474.8520$，$n=13$，$p=2$，则有

$$\sqrt{\frac{SS_r}{n-p-1}}\sqrt{\frac{1}{n}+\sum_{i=1}^{p}\sum_{j=1}^{p}c_{ij}(x_{ik}-\overline{x}_i)(x_{jk}-\overline{x}_j)} = \sqrt{\frac{4474.8520}{10}}\times\sqrt{\frac{1}{13}+0.1652} = 10.4071,$$

$$\sqrt{\frac{SS_r}{n-p-1}}\sqrt{1+\frac{1}{n}+\sum_{i=1}^{p}\sum_{j=1}^{p}c_{ij}(x_{ik}-\overline{x}_i)(x_{jk}-\overline{x}_j)} = \sqrt{\frac{4474.8520}{10}}\times\sqrt{1+\frac{1}{13}+0.1652} = 23.5718,$$

查附表 2 知，$t_{0.05}(10) = 2.228$，所以 y 的总体均值的 95%置信区间的最大估计误差限为 $\Delta_1 = 2.228 \times 10.4071 = 23.19$，95%置信区间为 [1024.23, 1070.61]；单个 y 值的 95%预测区间的最大预测误差限为 $\Delta_2 = 2.228 \times 23.5718 = 52.5180$，95%预测区间为 [994.9020, 1100.0380]。

即可以认为当 $x_1 = 30$（万穗/亩）和 $x_2 = 70$（粒/穗）时，该品种水稻在相同条件下多次种植的平均产量在 95%置信度下，其波动范围在 1024.23~1076.61kg/亩；而在此次具体试验中，该被观测试验田的水稻亩产量可在 95%置信度下认为是 994.9020~1100.0380kg。

第二节 多项式回归

一、多项式回归概述

在一元回归分析时，若因变量 y 与自变量 x 之间的关系为 p 次多项式，若有 n 对观测值 $(x_i, y_i)(i=1,2,\cdots,n)$，则模型为：

$$y_i = \beta_0 + \beta_1 x_i + \beta_2 x_i^2 + \cdots + \beta_p x_i^p + \varepsilon_i, \quad i=1,2,\cdots,n \tag{10.19}$$

当用样本估计回归方程时，若设 β_0, $\beta_1,\cdots$, β_p 的估计值分别为 b_0, $b_1,\cdots$, b_p，则样本回归方程为：

$$\hat{y} = b_0 + b_1 x + b_2 x^2 + \cdots + b_p x^p \tag{10.20}$$

若令变量 $x_1 = x, x_2 = x^2, \cdots, x_p = x^p$，则式（10.20）变为：

$$\hat{y} = b_0 + b_1 x_1 + b_2 x_2 + \cdots + b_p x_2 \tag{10.21}$$

式（10.21）即为因变量 y 依 x_1, $x_2,\cdots$, x_p 的 p 元线性回归方程，当样本值已知时，仍可利用最小二乘法根据式（10.9）计算回归系数的估计值 $b = \begin{pmatrix} b_0 \\ b_1 \\ \vdots \\ b_p \end{pmatrix}$，从而建立如式（10.21）所示的 p 元线性回归方程，再将变量 $x_1, x_2, \cdots, x_p$ 还原成 $x, x^2, \cdots, x^p$，即可得 y 依 x 的 p 次多项式回归方程。

若有 n 对观测值 $(x_i, y_i)(i=1,2,\cdots,n)$，可构造结构矩阵 X 和观测向量 Y，其中：

$$X = \begin{pmatrix} 1 & x_1 & x_1^2 & \cdots & x_1^p \\ 1 & x_2 & x_2^2 & \cdots & x_2^p \\ \vdots & \vdots & \vdots & \cdots & \vdots \\ 1 & x_n & x_n^2 & \cdots & x_n^p \end{pmatrix}, \quad Y = \begin{pmatrix} y_1 \\ y_2 \\ \vdots \\ y_n \end{pmatrix},$$

则由最小二乘法，算得回归系数的最小二乘估计

$$b = \begin{pmatrix} b_0 \\ b_1 \\ \vdots \\ b_p \end{pmatrix} = (X^T X)^{-1}(X^T Y)$$

从而可得 y 依 x 的 p 次多项式回归方程，如式（10.20）。

多项式回归方程（10.20）的显著性检验及各回归系数显著性的检验过程与多元线性回

归方程的方法相同，此处不再赘述。

二、应用实例

例 10.3 在第九章例 9.4 中，由表 9-5 中的试验结果，试建立酶比活力 y 依底物浓度 x 的二次多项式回归方程。

解 令变量 $x_1=x, x_2=x^2$，则由表 9-5 中的结果，可得到转换后各变量的观测值，结果如下。

$x_1=x$	1.25	1.43	1.66	2.00	2.50	3.30	5.00	8.00	10.00
$x_2=x^2$	1.5625	2.0449	2.7556	4.00	6.25	10.89	25.00	64.00	100.0
y	17.65	22	26.32	35	45	52	55.73	59	60

根据观测值可构造结构矩阵 X 和观测向量 Y，其中：

$$X=\begin{pmatrix} 1 & 1.25 & 1.5625 \\ 1 & 1.43 & 2.0449 \\ \vdots & \vdots & \vdots \\ 1 & 10 & 100 \end{pmatrix}, \quad Y=\begin{pmatrix} 17.65 \\ 22 \\ \vdots \\ 60 \end{pmatrix},$$

则有：$X^TY=\begin{pmatrix} 372.7 \\ 1801.964 \\ 12301.87 \end{pmatrix}$，

$$X^TX=\begin{pmatrix} 9 & 35.14 & 216.503 \\ 35.14 & 216.5 & 1706.014 \\ 216.503 & 1706.014 & 14908.87 \end{pmatrix},$$

$$(X^TX)^{-1}=\begin{pmatrix} 1.237745 & -0.60278 & 0.051002 \\ -0.60278 & 0.340535 & -0.03021 \\ 0.051002 & -0.03021 & 0.002784 \end{pmatrix},$$

$$b=\begin{pmatrix} b_0 \\ b_1 \\ b_2 \end{pmatrix}=(X^TX)^{-1}(X^TY)=\begin{pmatrix} 2.534292 \\ 17.2892 \\ -1.19006 \end{pmatrix},$$

所以得到二元线性回归方程为：

$$\hat{y}=2.534292+17.2892x_1-1.19006x_2$$

对回归方程进行显著性检验，得：

$$F=\frac{SS_R/2}{SS_r/6}=35.74>F_{0.01}(2,6)=10.92$$

则回归方程极显著。

对回归系数进行显著性检验：

取 $\alpha = 0.01$，查附表 4，得 $F_{0.01}(1,6) = 13.75$，

$$F_1 = \frac{b_1^2}{c_{11}SS_r/(n-1-p)} = 31.025 > 13.75，$$

回归系数 b_1 极显著。

$$F_2 = \frac{b_2^2}{c_{22}SS_r/(n-1-p)} = 17.978 > 13.75，$$

回归系数 b_2 极显著。

二元线性方程通过检验，所以酶比活力 y 依底物浓度 x 的二次多项式回归方程为：

$$\hat{y} = 2.534292 + 17.2892x - 1.19006x^2$$

第三节　多元相关

一、复相关

1. 复相关系数及其计算

复相关（multiple correlation）也称为多元相关，是指在多个变量中，其中的一个变量与其余变量的综合相关。度量这种相关程度的量称为复相关系数（multiple correlation coefficient）或多元相关系数，用 R 表示。

对复相关系数的计算可从以下两个方面讨论：

（1）设有 m 个变量 $x_1, x_2, \cdots, x_m$，若能计算出它们之间的简单相关系数，并列于矩阵 Q 中，如式（10.22）。

$$Q = (r_{ij})_{m \times m} = \begin{pmatrix} 1 & r_{12} & r_{13} & \cdots & r_{1m} \\ r_{21} & 1 & r_{23} & \cdots & r_{2m} \\ \vdots & \vdots & \vdots & \cdots & \vdots \\ r_{m1} & r_{m2} & r_{m3} & \cdots & 1 \end{pmatrix} \tag{10.22}$$

显然，Q 是对称矩阵，满足：$r_{ij} = r_{ji}$，Q 称为相关系数矩阵，简称为相关矩阵。求其逆矩阵，设为：

$$C = Q^{-1} = \begin{pmatrix} c_{11} & c_{12} & c_{13} & \cdots & c_{1m} \\ c_{21} & c_{22} & c_{23} & \cdots & c_{2m} \\ \vdots & \vdots & \vdots & \cdots & \vdots \\ c_{m1} & c_{m2} & c_{m3} & \cdots & c_{mm} \end{pmatrix} \tag{10.23}$$

根据矩阵 C 中的元素可以计算变量 $x_i (i = 1, 2, \cdots, n)$ 与其他变量之间的复相关系数：

$$R_i = \sqrt{1 - \frac{1}{c_{ii}}} \tag{10.24}$$

其中，c_{ii} 为矩阵 C 中对角线上的第 i 个元素。

(2) 在多元线性回归分析中，若因变量为 y，自变量为 $x_1, x_2, \cdots, x_p$，则 y 与 p 个自变量 $x_1, x_2, \cdots, x_p$ 的复相关系数为：

$$R = \sqrt{\frac{SS_R}{SS_y}} \tag{10.25}$$

称 $R^2 = \dfrac{SS_R}{SS_y}$ 为决定系数 (determination coefficient)，可以用 R^2 值的大小表示用回归方程预测 y 的可靠性。

复相关系数表示 y 与 $x_1, x_2, \cdots, x_p$ 线性关系的密切程度。由复相关系数的定义知，R 的取值范围在 [0, 1] 之间，R 的值接近 1，复相关关系越密切。由于回归方程中 $\hat{y}$ 包含了 $x_1, x_2, \cdots, x_p$ 的影响，所以 y 与 $x_1, x_2, \cdots, x_p$ 的复相关也就相当于 y 与 $\hat{y}$ 的简单相关。

2. 复相关系数的假设检验

对复相关系数的假设检验与对多元回归方程的显著性检验是等价的，采用方差分析法。因为 $SS_R = R^2 SS_y$，$SS_r = (1-R^2)SS_y$，所以 F 统计量为：

$$F = \frac{\frac{SS_R}{df_R}}{\frac{SS_r}{df_r}} = \frac{\frac{R^2 SS_y}{p}}{\frac{(1-R^2)SS_y}{n-p-1}} = \frac{R^2}{(1-R^2)} \times \frac{n-p-1}{p} \sim F(p, n-p-1)$$

而在自由度和检验的显著性水平 α 一定的情况下，F 值一定，因此由上式可得到显著性水平为 α 时复相关系数的临界值：

$$R_\alpha = \sqrt{\frac{pF}{(n-p-1)+pF}} \tag{10.26}$$

由式 (10.26) 算得的各临界值 R_α 列于附表 5，在算得复相关系数 R 后，直接查表就能确定其显著性。若 $R > R_{0.05}(M, v)$，则复相关关系显著；若 $R > R_{0.01}(M, v)$，则复相关关系极显著；否则，复相关关系不显著。其中，M 为变量个数，$v = df_r$。

如例 10.1 中，已知 $SS_R = 23770.0711$，$SS_y = 28244.9231$，$M=3$，$v = df_r = 10$，由式 (10.25) 计算得：

$$R = \sqrt{\frac{23770.0711}{28244.9231}} = 0.9174$$

查附表 5 知 $R_{0.01}(3,10) = 0.776$，$R = 0.9174 > 0.776$，所以 y 与自变量 x_1, x_2 的复相关关系极显著，检验结果与对回归方程的方差分析结果一致。

二、偏相关

1. 偏相关系数及其计算

当多个变量互相影响时，其中某两个变量的相关性往往会受到其余变量影响，此时只有保持其他变量不变，计算两者之间的相关系数才有意义，这样的相关系数称为偏相关系数（partial correlation coefficient）。如有 m 个变量，其中变量 x_i 与 x_j 的偏相关系数可记为 $r_{ij\cdot}$，"$\cdot$"表示其余被固定的变量省略。

偏相关系数的计算方法如下：

若有 m 个变量 $x_1, x_2, \cdots, x_m$，当做了 n 次试验后，得到 n 组观测数据 $(x_{i1}, x_{i2}, \cdots, x_{im})$，$i = 1, 2, \cdots, n$，则可计算每个变量对应的样本平均数及标准差：

$$\overline{x}_j = \frac{1}{n}\sum_{i=1}^{n} x_{ij}, \quad s_j = \sqrt{\sum_{i=1}^{n}(x_{ij} - \overline{x}_j)^2}, \quad j = 1, 2, \cdots, m。$$

若记

$$A = \begin{pmatrix} \dfrac{x_{11} - \overline{x}_1}{s_1} & \cdots & \dfrac{x_{1m} - \overline{x}_m}{s_m} \\ \vdots & \cdots & \vdots \\ \dfrac{x_{n1} - \overline{x}_1}{s_1} & \cdots & \dfrac{x_{nm} - \overline{x}_m}{s_m} \end{pmatrix} \tag{10.27}$$

则

$$R = A^T A = \begin{pmatrix} r_{11} & r_{12} & \cdots & r_{1m} \\ r_{21} & r_{22} & \cdots & r_{2m} \\ \vdots & \vdots & \cdots & \vdots \\ r_{m1} & r_{m2} & \cdots & r_{mm} \end{pmatrix} \tag{10.28}$$

矩阵 R 称为 m 个变量 $x_1, x_2, \cdots, x_m$ 之间的相关矩阵，其中的元素 r_{ij} 为变量 x_i 与 x_j 之间的简单相关系数。显然矩阵 R 为对称矩阵，满足 $r_{ij} = r_{ji}$，且对角线元素 $r_{ii} = 1$（$i, j = 1, 2, \cdots, m$）。

由式（10.28）可得到逆矩阵，设为：

$$R^{-1} = (c'_{ij})_{m \times m} = \begin{pmatrix} c'_{11} & c'_{12} & \cdots & c'_{1m} \\ c'_{21} & c'_{22} & \cdots & c'_{2m} \\ \vdots & \vdots & \cdots & \vdots \\ c'_{m1} & c'_{m2} & \cdots & c'_{mm} \end{pmatrix} \tag{10.29}$$

则 R^{-1} 也为对称矩阵，满足 $c'_{ij} = c'_{ji}$。

偏相关系数可由式（10.29）中的元素计算，为：

$$r_{ij\cdot} = \frac{-c'_{ij}}{\sqrt{c'_{ii} \cdot c'_{jj}}} \tag{10.30}$$

2. 偏相关系数的假设检验

偏相关系数的假设检验，其原理与简单相关系数的检验相同，其原建设和备择假设为：

$$H_0: r_{ij\cdot} = 0, \quad H_A: r_{ij\cdot} \neq 0$$

当 H_0 成立时，可证明：

$$t = \frac{r_{ij\cdot}}{\sqrt{\dfrac{1-r_{ij\cdot}^2}{n-m}}} \sim t(n-m) \tag{10.31}$$

或有：

$$F = \frac{r_{ij}^2}{\dfrac{1-r_{ij}^2}{n-m}} \sim F(1, n-m) \tag{10.32}$$

将式（10.31）改写可得：

$$r_{ij\cdot} = \sqrt{\frac{t^2}{n-m+t^2}} \tag{10.33}$$

将 t 值代入式（10.33），可求出在一定显著性水平 α 和自由度下偏相关系数的临界值，已列于附表 5 中，求出 $r_{ij\cdot}$ 后，直接比较即可确定其显著性。

如例 10.1 中，由其表中的数据可求得三个简单相关系数：

$$r_{x_1 y} = \frac{943.7692}{\sqrt{79.6077 \times 28244.9231}} = 0.6294,$$

$$r_{x_2 y} = \frac{38.9385}{\sqrt{295.9108 \times 28244.9231}} = 0.0135,$$

$$r_{x_1 x_2} = \frac{-110.1046}{\sqrt{79.6077 \times 295.9108}} = -0.7174,$$

则相关矩阵：

$$R = A^T A = \begin{pmatrix} 1.000 & -0.7174 & 0.6294 \\ -0.7174 & 1.000 & 0.0135 \\ 0.6294 & 0.0135 & 1.000 \end{pmatrix}$$

$$R^{-1} = \begin{pmatrix} 1.000 & -0.7174 & 0.6294 \\ -0.7174 & 1.000 & 0.0135 \\ 0.6294 & 0.0135 & 1.000 \end{pmatrix}^{-1} = \begin{pmatrix} 13.002 & 9.4393 & -8.3104 \\ 9.4393 & 7.8530 & -6.0467 \\ -8.3104 & -6.0467 & 6.3119 \end{pmatrix}$$

则有偏相关系数：

$$r_{x_1 y\cdot} = \frac{-(-8.3102)}{\sqrt{13.0020 \times 6.3119}} = 0.9174,$$

$$r_{x_2 y\cdot} = \frac{-(-6.0467)}{\sqrt{7.8530 \times 6.3119}} = 0.8589,$$

$$r_{x_2 x_1\cdot} = \frac{-9.4393}{\sqrt{13.0020 \times 7.8530}} = -0.9342,$$

直接查附表 5，$M=2$，$v = df_r = 10$，$R_{0.01}(2,10) = 0.708$，上述三个偏相关系数的绝对值都大于该临界值，故上述各偏相关系数均极显著。若在多元线性回归方程中，y 为因变量，x_1、x_2 为自变量，由偏相关系数 $r_{x_1 y\cdot}$ 和 $r_{x_2 y\cdot}$ 的检验结果也可反映 x_1、x_2 与 y 的相关性，作用等同于回归系数的显著性检验。

三、偏相关和简单相关的关系

从上例中可以发现简单相关系数和偏相关系数在数值上有差别，假设检验的结果有时也是不同的，说明两者之间有根本区别，现从以下几个方面叙述：

（1）简单相关是两变量间相关关系的度量，而偏相关系数是多个变量相关模型中，当其他变量固定时，两个变量间相关关系的度量。因此，在多变量情况下，若对其中两变量间的相关关系进行分析，仅计算简单相关系数，则不能真实反映两变量间的相互关系。

（2）多变量条件下，各变量之间存在着不同程度的相关，只有偏相关系数才能正确反映任意两个变量间的线性相关程度。而简单相关系数未剔除变量间的相互影响，所表示的仅是表面的，而非本质的关系，是不可靠的。

（3）当且仅当多个变量相互独立时，简单相关系数和偏相关系数才是一致的。

因此，在实际问题中进行相关分析时，需要注意的是当有多个变量时，简单相关不足以说明问题，必须采用多元相关分析方法，以偏相关系数来刻画其中两个变量间的线性相关程度。

习　题

1. 什么叫多元回归？如何建立多元线性回归方程？

2. 多元线性回归的假设检验包括哪些内容？应如何进行？

3. 什么叫复相关？什么叫偏相关？如何计算复相关系数和偏相关系数？如何对其进行假设检验？

4. 偏相关系数与简单相关系数有何异同？

5. 下表是晋中高产棉田的部分调查资料，y 为每亩皮棉产量（单位：kg），x_1 是每亩株数（单位：千株），x_2 是每株铃数，试计算偏相关系数和简单相关系数并作比较，分析其不同的原因。

y	190	221	190	214	219	189	189	199	182	201
x_1	6.21	6.29	6.38	6.50	6.52	6.55	6.61	6.77	6.82	6.96
x_2	10.2	11.8	9.9	11.7	11.1	9.3	10.3	9.8	8.8	9.6

6. 由第 5 题的数据资料建立 y 依 x_1，x_2 的二元线性回归方程，并进行显著性检验。

7. 在麦芽酶发酵试验中，发现吸氨量 y 与底水其中一个改为 x_2 都有关系，根据下表试建立 y 依 x_1，x_2 的二元线性回归方程，并进行显著性检验。

y	6.2	7.5	4.8	5.1	4.6	4.6	2.8	3.1	4.3	4.9	4.1
x_1	136.5	136.5	136.5	138.5	138.5	138.5	140.5	140.5	140.5	138.5	138.5
x_2	215	250	180	250	180	215	180	215	250	215	215

8. 下表为水稻氮磷肥用量试验结果，x_1 为氮肥用量（单位：kg/亩），x_2 为磷肥用量（单

位：kg/亩），试建立肥效方程（二次多项式），并进行显著性检验。

施磷量 x_2	施氮量 x_1		
	0	3	6
0	312	325	347
3	354	379	400
6	398	429	455
9	439	479	513
12	450	500	550
15	423	437	440

附录1 常用统计软件简介

统计学是研究如何收集数据、分析数据并进行推断的科学。统计学的应用必然涉及数据的收集、存储、整理以及各种统计方法的实现，这些都要靠统计软件的帮助来实现。计算机科学的迅速发展不仅为统计学的推广应用创造了条件，也深深影响了统计学的自身发展，使统计学与计算机科学更加深度地融合。掌握一门统计软件，熟练利用计算机进行数据分析是每一个现代人应有的基本能力。

目前，已有各种统计软件被开发出来，以满足不同人群的需要。从数据分析的角度理解，大家只要掌握统计学原理，学习哪一种软件都一样。但具体学习哪一种，就要看个人理解与喜好了。下面对常用的几款统计软件做简要介绍，以期对读者有所帮助。

1. R 软件

R 软件是基于 R 语言的一款优秀的统计软件，同时也是一门统计计算与作图的语言，它最初由奥克兰大学统计系的 Ross Ihaka 和 Robert Gentleman 编写；自 1997 年后 R 软件开始由一个核心团队（R Core Team）开发，这个团队的成员大部分来自大学机构（统计及相关院系），包括牛津大学、华盛顿大学、威斯康星大学、爱荷华大学、奥克兰大学等，除了这些作者之外，R 软件还拥有一大批贡献者（来自哈佛大学、加州大学洛杉矶分校、麻省理工学院等），他们为 R 编写代码、修正程序缺陷和撰写文档。迄今为止，R 软件中的程序包（Package）已经是数以千计，各种统计前沿理论方法的相应计算机程序都会在短时间内以软件包的形式得以实现，这种速度是其他软件无法比拟的，毫不夸张地说，学会 R 软件，就等于得到全世界所有最优秀的统计学家的指导。除此之外，R 软件还有一个重要的特点，那就是它是免费、开源的！R 软件可以提供丰富的数据分析技术，功能十分强大；绘图功能强大，可以按照需求画出所需的图形进行可视化。R 软件也具有很好的数学计算环境，一定意义下可以代替数学计算软件 Matlab 的功能；R 软件十分有利于教学，可以促进基础知识和方法的理解和掌握。

R 软件可以在多种操作系统上运行，包括 Windows、Linux 以及 Mac OX 等，进入官方网站（http://www.r-project.org/主页上左栏有 "Download" 一项（CRAN），点击进入便可以看到世界各地的 R 镜像，任意选择一个进入（如选择中国科学院 http://mirrors.opencas.cn/cran/），我们就会看到 R 软件安装程序和源代码的下载页面，此时只需要根据自己的操作系统选择相应的链接进入下载即可，如 Windows 用户应该选择 "download R for windows" 进入，然后下载基础安装包（base），点击 "install R for the firsttime" 链接，再点击 "Download R X for windows" 的链接便是 windows 安装程序，然后运行就可以将 R 软件装在机器上。

在下载并安装 R 软件后，程序会创建 R 程序组并在桌面上创建 R 主程序的快捷方式（也可以在安装过程中选择不要创建）。通过快捷方式运行 R 软件，便可调出 R 软件的主窗口，如图 1 所示。

R 软件的界面与 Windows 的其他编程软件类似，由一些菜单和快捷按钮组成。快捷按钮下面的窗口便是命令输入窗口，它也是部分运算结果的输出窗口，有些运算结果（如图形）则会在新建的窗口输出。

R 命令要在命令提示符 ">" 后输入，每次执行一条命令，可以通过编写脚本一次执行多条命令。

R 软件运行的是一个对象，在运行前需要给对象赋值。R 语言中标准的赋值符号是 "<—"，也允许使用 "=" 进行复制，但推荐使用更加标准的前者。比如，要给对象 x 赋值 5，命令为：

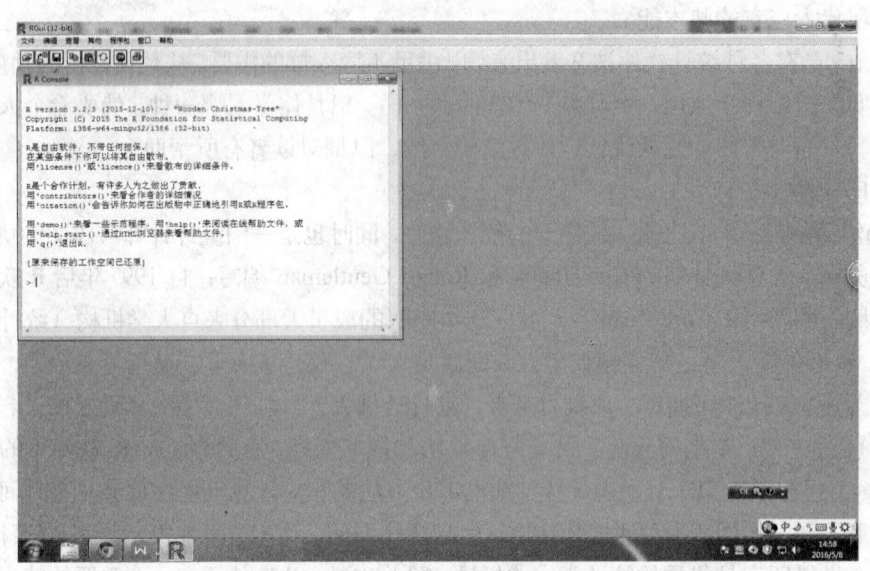

$$> x<\!-\!5$$

图 1　R 软件主窗口

也可以给对象 x 赋值一个向量。比如，将 5 个数据 75，82，93，68，84 赋值给 x，命令如下：

$$> x<\!-\!c(75,82,93,68,84)$$

然后就可以对 x 进行各种计算和绘图。比如，要计算对象 x 的均值，命令为：

$$> mean(x)$$
$$[1]\ 80.4$$

本简介目的是帮助读者初步认识 R 软件，要想熟练掌握 R 软件，必须阅读相关书籍资料，掌握更多技术细节或统计知识。目前有许多中文资料介绍 R 软件，推荐北京工业大学薛毅老师的《统计建模与 R 软件》和华东师范大学汤银才老师的《R 语言与统计分析》。另外，网络上也有许多 MOOC 视频介绍 R 软件，感兴趣的读者不妨一试。

2. SAS

SAS 是英文 Statistical Analysis System 的缩写，翻译成汉语是统计分析系统，是目前国际上最为流行的一种大型统计分析系统，被誉为统计分析的标准软件。

SAS 最初由美国北卡罗来纳州立大学两名研究生开始研制，1976 年创立 SAS 公司，2003 年全球员工总数近万人，统计软件采用按年租用制，年租金收入近 12 亿美元。SAS 系统具有十分完备的数据访问、数据管理、数据分析功能。SAS 尽管价格不菲，但因其优越的性能已被广泛应用于政府行政管理、科研、教育、生产和金融等不同领域，并且发挥着愈来愈重要的作用。目前 SAS 已在全球 100 多个国家和地区拥有 29000 多个客户群，直接用户超过 300 万人。在我国，国家信息中心、国家统计局、卫生部、中国科学院等都是 SAS 系统的大用户。尽管 SAS 现在已经尽量"傻瓜化"，但是仍然需要一定的训练才可以使用。因此，该统计软件主要适合于统计工作者和科研工作者使用。

SAS 系统是一个组合的软件系统，它由多个功能模块配合而成，其基本部分是 BASE SAS 模块。BASE SAS 模块是 SAS 系统的核心，承担着主要的数据管理任务，并管理着用户使用环境，进行用户语言的处理，调用其他 SAS 模块和产品等。也就是说，SAS 系统的运行，首先必须启动 BASE SAS 模块，它除了本身所具有的数据管理、程序设计及描述统计计算功能以外，还是 SAS 系统的中央调度室。它除了可单独存在外，也可与其他产品或模块共同构成一个完整的系统。各模块的安装及更新都可通过其安装程序比较方便地进行。

SAS 系统具有比较灵活的功能扩展接口和强大的功能模块，在 BASE SAS 的基础上，还可以增加如下不同的模块而增加不同的功能：SAS/STAT（统计分析模块）、SAS/GRAPH（绘图模块）、SAS/QC（质量控制模块）、SAS/ETS（经济计量学和时间序列分析模块）、SAS/OR（运筹学模块）、SAS/IML（交互式矩阵程序设计语言模块）、SAS/FSP（快速数据处理的交互式菜单系统模块）、SAS/AF（交互式全屏幕软件应用系统模块）等。

SAS 提供的绘图系统，不仅能绘制各种统计图，还能绘出地图。SAS 提供多个统计过程，每个过程均含有极丰富的任选项。用户还可以通过对数据集的一连串加工，实现更为复杂的统计分析。此外，SAS 还提供了各类概率分析函数、分位数函数、样本统计函数和随机数生成函数，使用户能方便地实现特殊统计要求。

然而，由于 SAS 系统是从大型机上的系统发展而来的，安装 SAS 所占内存较大，其操作至今仍以编程为主，人机对话界面不太友好，系统地学习和掌握 SAS，需要花费一定的精力，而对大多数实际部门工作者而言，需要掌握的仅是如何利用统计分析软件来解决自己的实际问题，因此往往会与大型 SAS 软件系统失之交臂。但不管怎样，SAS 作为专业统计分析软件中的巨无霸，现在鲜有软件在规模系列上能与之抗衡。

3. SPSS

SPSS 是英文 Statistical Package For the Social Science 的缩写，翻译成汉语是社会学统计程序包。SPSS 系统的特点是操作比较方便，统计方法比较齐全，绘制图形、表格较为方便，输出结果比较直观。SPSS 是用 FORTRAN 语言编写而成。适合社会学调查中的数据分析处理。

20 世纪 60 年代末，美国斯坦福大学的三位研究生研制开发了最早的统计分析软件 SPSS，同时成立了 SPSS 公司，并于 1975 年在芝加哥组建了 SPSS 总部。20 世纪 80 年代以前，SPSS 统计软件主要应用于企事业单位。1984 年 SPSS 总部首先推出了世界第一套统计分析软件微机版本 SPSS/PC+，开创了 SPSS 微机系列产品的先河，从而确立了个人用户市场第一的地位。同时 SPSS 公司推行本土化策略，目前已推出 9 个语种版本。SPSS/PC＋的推出，极大地扩充了它的应用范围，使其能很快地应用于自然科学、技术科学、社会科学的各个领域，世界上许多有影响的报刊杂志纷纷就 SPSS 的自动统计绘图、数据深入分析、使用灵活方便、功能设计齐全等方面给予了高度的评价与称赞。目前已经在国内广泛流行起来。它使用 Windows 的窗口方式展示各种管理和分析数据方法的功能，使用对话框展示出各种功能选项，只要是掌握一定的 Windows 操作技能，粗通统计分析原理，就可以使用该软件进行各种数据分析，为实际工作服务。

SPSS for Windows 是一个组合式软件包，目前已经开发出 SPSS12 版本，它集数据整理、分析功能于一身。用户可以根据实际需要和计算机的功能选择模块，以降低对系统硬盘容量的要求，有利于该软件的推广应用。SPSS 的基本功能包括数据管理、统计分析、图表分析、输出管理等。SPSS 统计分析过程包括描述性统计、均值比较、一般线性模型、相关分析、回归分析、对数线性模型、聚类分析、数据简化、生存分析、时间序列分析、多重响应等几大类，每类又分好几个统计过程，比如，回归分析中又分线性回归分析、曲线估计、Logistic 回归、Probit 回归、加权估计、两阶段最小二乘法、非线性回归等多个统计过程，而且每个过程中又允许用户选择不同的方法及参数。SPSS 也有专门的绘图系统，可以根据数据绘制各种统计图形和地图。

SPSS for Windows 的分析结果清晰、直观、易学易用，而且可以直接读取 EXCEL 及 DBF 数据文件，现已推广到多种操作系统的计算机上，最新的版本采用 DAA（Distributed Analysis Architecture，分布式分析系统），全面适应互联网，支持动态收集、分析数据和 HTML 格式报告，领先于诸多竞争对手。

方便易用是 SPSS for Windows 的主要优点，同时也是 SPSS 不够全面的原因所在。

4. Excel

它严格说来并不是统计软件，但作为数据表格软件，必然有一定的统计计算功能。而且凡是有 Microsoft Office 的计算机，基本上都装有 Excel。但要注意，有时在装 Office 时没有装数据分析的功能，那就必须装了才行。当然，画图功能是都具备的。对于简单分析，Excel 还算方便，但随着问题的深入，Excel 就不那么"傻瓜"了，需要使用函数，甚至根本没有相应的方法了。多数专门一些的统计推断问题还需要其他专门的统计软件来处理。

5. S-plus

这是统计学家喜爱的软件。不仅由于其功能齐全，而且由于其强大的编程功能，使得研究人员可以编制自己的程序来实现自己的理论和方法。它也在进行"傻瓜化"以争取顾客。但仍然以编程方便为顾客所青睐。

6. Matlab

MATLAB 是矩阵实验室（Matrix Laboratory）的简称，是美国 MathWorks 公司出品的商业数学软件，用于算法开发、数据可视化、数据分析以及数值计算的高级技术计算语言和交互式环境，主要包括 MATLAB 和 Simulink 两大部分。

MATLAB 和 Mathematica、Maple 并称为三大数学软件。它于数学类科技应用软件中在数值计算方面首屈一指。MATLAB 可以进行矩阵运算、绘制函数和数据、实现算法、创建用户界面、连接其他编程语言的程序等，主要应用于工程计算、控制设计、信号处理与通信、图像处理、信号检测、金融建模设计与分析等领域。

MATLAB 的基本数据单位是矩阵，它的指令表达式与数学、工程中常用的形式十分相似，故用 MATLAB 来解算问题要比用 C、FORTRAN 等语言完成相同的事情简捷得多，并且 mathwork 也吸收了像 Maple 等软件的优点，使 MATLAB 成为一个强大的数学软件。在新的版本中也加入了对 C、FORTRAN、C++、JAVA 的支持。可以直接调用，用户也可以将自己编写的实用程序导入到 MATLAB 函数库中方便自己以后调用，此外许多的 MATLAB 爱好者都编写了一些经典的程序，用户直接下载就可以使用。

MATLAB 是一个高级的矩阵/阵列语言，它包含控制语句、函数、数据结构、输入和输出和面向对象编程特点。用户可以在命令窗口中将输入语句与执行命令同步，也可以先编写好一个较大的复杂的应用程序（M 文件）后再一起运行。新版本的 MATLAB 语言是基于最为流行的 C++语言基础上的，因此语法特征与 C++语言极为相似，而且更加简单，更加符合科技人员对数学表达式的书写格式。使之更利于非计算机专业的科技人员使用。而且这种语言可移植性好、可拓展性极强，这也是 MATLAB 能够深入到科学研究及工程计算各个领域的重要原因。

MATLAB 自产生之日起就具有方便的数据可视化功能，可以将向量和矩阵用图形表现出来，并且可以对图形进行标注和打印。高层次的作图包括二维和三维的可视化、图像处理、动画和表达式作图。可用于科学计算和工程绘图。新版本的 MATLAB 对整个图形处理功能作了很大的改进和完善，使它不仅在一般数据可视化软件都具有的功能（如二维曲线和三维曲面的绘制和处理等）方面更加完善，而且对于一些其他软件所没有的功能（如图形的光照处理、色度处理以及四维数据的表现等），MATLAB 同样表现出了出色的处理能力。同时对一些特殊的可视化要求，如图形对话等，MATLAB 也有相应的功能函数，保证了用户不同层次的要求。另外新版本的 MATLAB 还着重在图形用户界面（GUI）的制作上作了很大的改善，对这方面有特殊要求的用户也可以得到满足。

附录 2 附表

附表 1 正态分布数值表（F(x)=P{X≤x}）

z	0.00	0.01	0.02	0.03	0.04	0.05	0.06	0.07	0.08	0.09
0.00	0.5000	0.5040	0.5080	0.5120	0.5160	0.5199	0.5239	0.5279	0.5319	0.5359
0.10	0.5398	0.5438	0.5478	0.5517	0.5557	0.5596	0.5636	0.5675	0.5714	0.5753
0.20	0.5793	0.5832	0.5871	0.5910	0.5948	0.5987	0.6026	0.6064	0.6103	0.6141
0.30	0.6179	0.6217	0.6255	0.6293	0.6331	0.6368	0.6406	0.6443	0.6480	0.6517
0.40	0.6554	0.6591	0.6628	0.6664	0.6700	0.6736	0.6772	0.6808	0.6844	0.6879
0.50	0.6915	0.6950	0.6985	0.7019	0.7054	0.7088	0.7123	0.7157	0.7190	0.7224
0.60	0.7257	0.7291	0.7324	0.7357	0.7389	0.7422	0.7454	0.7486	0.7517	0.7549
0.70	0.7580	0.7611	0.7642	0.7673	0.7704	0.7734	0.7764	0.7794	0.7823	0.7852
0.80	0.7881	0.7910	0.7939	0.7967	0.7995	0.8023	0.8051	0.8078	0.8106	0.8133
0.90	0.8159	0.8186	0.8212	0.8238	0.8264	0.8289	0.8315	0.8340	0.8365	0.8389
1.00	0.8413	0.8438	0.8461	0.8485	0.8508	0.8531	0.8554	0.8577	0.8599	0.8621
1.10	0.8643	0.8665	0.8686	0.8708	0.8729	0.8749	0.8770	0.8790	0.8810	0.8830
1.20	0.8849	0.8869	0.8888	0.8907	0.8925	0.8944	0.8962	0.8980	0.8997	0.9015
1.30	0.9032	0.9049	0.9066	0.9082	0.9099	0.9115	0.9131	0.9147	0.9162	0.9177
1.40	0.9192	0.9207	0.9222	0.9236	0.9251	0.9265	0.9279	0.9292	0.9306	0.9319
1.50	0.9332	0.9345	0.9357	0.9370	0.9382	0.9394	0.9406	0.9418	0.9429	0.9441
1.60	0.9452	0.9463	0.9474	0.9484	0.9495	0.9505	0.9515	0.9525	0.9535	0.9545
1.70	0.9554	0.9564	0.9573	0.9582	0.9591	0.9599	0.9608	0.9616	0.9625	0.9633
1.80	0.9641	0.9649	0.9656	0.9664	0.9671	0.9678	0.9686	0.9693	0.9699	0.9706
1.90	0.9713	0.9719	0.9726	0.9732	0.9738	0.9744	0.9750	0.9756	0.9761	0.9767
2.00	0.9772	0.9778	0.9783	0.9788	0.9793	0.9798	0.9803	0.9808	0.9812	0.9817
2.10	0.9821	0.9826	0.9830	0.9834	0.9838	0.9842	0.9846	0.9850	0.9854	0.9857
2.20	0.9861	0.9864	0.9868	0.9871	0.9875	0.9878	0.9881	0.9884	0.9887	0.9890
2.30	0.9893	0.9896	0.9898	0.9901	0.9904	0.9906	0.9909	0.9911	0.9913	0.9916
2.40	0.9918	0.9920	0.9922	0.9925	0.9927	0.9929	0.9931	0.9932	0.9934	0.9936
2.50	0.9938	0.9940	0.9941	0.9943	0.9945	0.9946	0.9948	0.9949	0.9951	0.9952
2.60	0.9953	0.9955	0.9956	0.9957	0.9959	0.9960	0.9961	0.9962	0.9963	0.9964
2.70	0.9965	0.9966	0.9967	0.9968	0.9969	0.9970	0.9971	0.9972	0.9973	0.9974
2.80	0.9974	0.9975	0.9976	0.9977	0.9977	0.9978	0.9979	0.9979	0.9980	0.9981
2.90	0.9981	0.9982	0.9982	0.9983	0.9984	0.9984	0.9985	0.9985	0.9986	0.9986
3.0	0.9987	0.9990	0.9993	0.9995	0.9997	0.9998	0.9998	0.9999	0.9999	1.0000

注 1：$F(x)=1-P\{X\leq|x|\}$，当 $x<0$。

附表2　t分布双侧临界值表（P{|t|>t_α}=α）

	0.100	0.050	0.025	0.010	0.001		0.100	0.050	0.025	0.010	0.001
1	6.314	12.7	25.5	63.6	636.8	22	1.717	2.074	2.405	2.819	3.792
2	2.920	4.303	6.205	9.925	31.6	23	1.714	2.069	2.398	2.807	3.768
3	2.353	3.182	4.177	5.841	12.9	24	1.711	2.064	2.391	2.797	3.745
4	2.132	2.776	3.495	4.604	8.610	25	1.708	2.060	2.385	2.787	3.725
5	2.015	2.571	3.163	4.032	6.869	26	1.706	2.056	2.379	2.779	3.707
6	1.943	2.447	2.969	3.707	5.959	27	1.703	2.052	2.373	2.771	3.689
7	1.895	2.365	2.841	3.499	5.408	28	1.701	2.048	2.368	2.763	3.674
8	1.860	2.306	2.752	3.355	5.041	29	1.699	2.045	2.364	2.756	3.660
9	1.833	2.262	2.685	3.250	4.781	30	1.697	2.042	2.360	2.750	3.646
10	1.812	2.228	2.634	3.169	4.587	35	1.690	2.030	2.342	2.724	3.591
11	1.796	2.201	2.593	3.106	4.437	40	1.684	2.021	2.329	2.704	3.551
12	1.782	2.179	2.560	3.055	4.318	45	1.679	2.014	2.319	2.690	3.520
13	1.771	2.160	2.533	3.012	4.221	50	1.676	2.009	2.311	2.678	3.496
14	1.761	2.145	2.510	2.977	4.140	55	1.673	2.004	2.304	2.668	3.476
15	1.753	2.131	2.490	2.947	4.073	60	1.671	2.000	2.299	2.660	3.460
16	1.746	2.120	2.473	2.921	4.015	70	1.667	1.994	2.291	2.648	3.435
17	1.740	2.110	2.458	2.898	3.965	80	1.664	1.990	2.284	2.639	3.416
18	1.734	2.101	2.445	2.878	3.922	90	1.662	1.987	2.280	2.632	3.402
19	1.729	2.093	2.433	2.861	3.883	100	1.660	1.984	2.276	2.626	3.390
20	1.725	2.086	2.423	2.845	3.850	120	1.658	1.980	2.270	2.617	3.373
21	1.721	2.080	2.414	2.831	3.819	∞	1.645	1.960	2.241	2.576	3.291

附表3　χ^2分布上侧临界值表（$P\{\chi^2 > \chi^2_\alpha\} = \alpha$）

	0.995	0.990	0.975	0.950	0.900	0.750	0.500	0.250	0.100	0.050	0.025	0.010	0.005
1	0.00	0.00	0.00	0.00	0.02	0.10	0.45	1.32	2.71	3.84	5.02	6.63	7.88
2	0.01	0.02	0.05	0.10	0.21	0.58	1.39	2.77	4.61	5.99	7.38	9.21	10.60
3	0.07	0.11	0.22	0.35	0.58	1.21	2.37	4.11	6.25	7.81	9.35	11.34	12.84
4	0.21	0.30	0.48	0.71	1.06	1.92	3.36	5.39	7.78	9.49	11.14	13.28	14.86
5	0.41	0.55	0.83	1.15	1.61	2.67	4.35	6.63	9.24	11.07	12.83	15.09	16.75
6	0.68	0.87	1.24	1.64	2.20	3.45	5.35	7.84	10.64	12.59	14.45	16.81	18.55
7	0.99	1.24	1.69	2.17	2.83	4.25	6.35	9.04	12.02	14.07	16.01	18.48	20.28
8	1.34	1.65	2.18	2.73	3.49	5.07	7.34	10.22	13.36	15.51	17.53	20.09	21.95
9	1.73	2.09	2.70	3.33	4.17	5.90	8.34	11.39	14.68	16.92	19.02	21.67	23.59
10	2.16	2.56	3.25	3.94	4.87	6.74	9.34	12.55	15.99	18.31	20.48	23.21	25.19
11	2.60	3.05	3.82	4.57	5.58	7.58	10.34	13.70	17.28	19.68	21.92	24.73	26.76
12	3.07	3.57	4.40	5.23	6.30	8.44	11.34	14.85	18.55	21.03	23.34	26.22	28.30
13	3.57	4.11	5.01	5.89	7.04	9.30	12.34	15.98	19.81	22.36	24.74	27.69	29.82
14	4.07	4.66	5.63	6.57	7.79	10.17	13.34	17.12	21.06	23.68	26.12	29.14	31.32
15	4.60	5.23	6.26	7.26	8.55	11.04	14.34	18.25	22.31	25.00	27.49	30.58	32.80
16	5.14	5.81	6.91	7.96	9.31	11.91	15.34	19.37	23.54	26.30	28.85	32.00	34.27
17	5.70	6.41	7.56	8.67	10.09	12.79	16.34	20.49	24.77	27.59	30.19	33.41	35.72
18	6.26	7.01	8.23	9.39	10.86	13.68	17.34	21.60	25.99	28.87	31.53	34.81	37.16
19	6.84	7.63	8.91	10.12	11.65	14.56	18.34	22.72	27.20	30.14	32.85	36.19	38.58
20	7.43	8.26	9.59	10.85	12.44	15.45	19.34	23.83	28.41	31.41	34.17	37.57	40.00
21	8.03	8.90	10.28	11.59	13.24	16.34	20.34	24.93	29.62	32.67	35.48	38.93	41.40
22	8.64	9.54	10.98	12.34	14.04	17.24	21.34	26.04	30.81	33.92	36.78	40.29	42.80
23	9.26	10.20	11.69	13.09	14.85	18.14	22.34	27.14	32.01	35.17	38.08	41.64	44.18
24	9.89	10.86	12.40	13.85	15.66	19.04	23.34	28.24	33.20	36.42	39.36	42.98	45.56
25	10.52	11.52	13.12	14.61	16.47	19.94	24.34	29.34	34.38	37.65	40.65	44.31	46.93
26	11.16	12.20	13.84	15.38	17.29	20.84	25.34	30.43	35.56	38.89	41.92	45.64	48.29
27	11.81	12.88	14.57	16.15	18.11	21.75	26.34	31.53	36.74	40.11	43.19	46.96	49.65
28	12.46	13.56	15.31	16.93	18.94	22.66	27.34	32.62	37.92	41.34	44.46	48.28	50.99
29	13.12	14.26	16.05	17.71	19.77	23.57	28.34	33.71	39.09	42.56	45.72	49.59	52.34
30	13.79	14.95	16.79	18.49	20.60	24.48	29.34	34.80	40.26	43.77	46.98	50.89	53.67
40	20.71	22.16	24.43	26.51	29.05	33.66	39.34	45.62	51.81	55.76	59.34	63.69	66.77
50	27.99	29.71	32.36	34.76	37.69	42.94	49.33	56.33	63.17	67.50	71.42	76.15	79.49
60	35.53	37.48	40.48	43.19	46.46	52.29	59.33	66.98	74.40	79.08	83.30	88.38	91.95
70	43.28	45.44	48.76	51.74	55.33	61.70	69.33	77.58	85.53	90.53	95.02	100.43	104.21
80	51.17	53.54	57.15	60.39	64.28	71.14	79.33	88.13	96.58	101.88	106.63	112.33	116.32
90	59.20	61.75	65.65	69.13	73.29	80.62	89.33	98.65	107.57	113.15	118.14	124.12	128.30
100	67.33	70.06	74.22	77.93	82.36	90.13	99.33	109.14	118.50	124.34	129.56	135.81	140.17

注：EXCEL 的 χ^2 分布上侧临界值函数为 CHIINV(α, n)。

附表 4a F 分布上侧临界值表（P{F>F0.05}=0.05）

n_1 \ n_2	1	2	3	4	5	6	7	8	12	24	∞
1	161.4	199.5	215.7	224.6	230.2	234.0	236.8	238.9	243.9	249.1	254.3
2	18.51	19.00	19.16	19.25	19.30	19.33	19.35	19.37	19.41	19.45	19.50
3	10.13	9.55	9.28	9.12	9.01	8.94	8.89	8.85	8.74	8.64	8.53
4	7.709	6.944	6.591	6.388	6.256	6.163	6.094	6.041	5.912	5.774	5.628
5	6.608	5.786	5.409	5.192	5.050	4.950	4.876	4.818	4.678	4.527	4.365
6	5.987	5.143	4.757	4.534	4.387	4.284	4.207	4.147	4.000	3.841	3.669
7	5.591	4.737	4.347	4.120	3.972	3.866	3.787	3.726	3.575	3.410	3.230
8	5.318	4.459	4.066	3.838	3.688	3.581	3.500	3.438	3.284	3.115	2.928
9	5.117	4.256	3.863	3.633	3.482	3.374	3.293	3.230	3.073	2.900	2.707
10	4.965	4.103	3.708	3.478	3.326	3.217	3.135	3.072	2.913	2.737	2.538
11	4.844	3.982	3.587	3.357	3.204	3.095	3.012	2.948	2.788	2.609	2.404
12	4.747	3.885	3.490	3.259	3.106	2.996	2.913	2.849	2.687	2.505	2.296
13	4.667	3.806	3.411	3.179	3.025	2.915	2.832	2.767	2.604	2.420	2.206
14	4.600	3.739	3.344	3.112	2.958	2.848	2.764	2.699	2.534	2.349	2.131
15	4.543	3.682	3.287	3.056	2.901	2.790	2.707	2.641	2.475	2.288	2.066
16	4.494	3.634	3.239	3.007	2.852	2.741	2.657	2.591	2.425	2.235	2.010
17	4.451	3.592	3.197	2.965	2.810	2.699	2.614	2.548	2.381	2.190	1.960
18	4.414	3.555	3.160	2.928	2.773	2.661	2.577	2.510	2.342	2.150	1.917
19	4.381	3.522	3.127	2.895	2.740	2.628	2.544	2.477	2.308	2.114	1.878
20	4.351	3.493	3.098	2.866	2.711	2.599	2.514	2.447	2.278	2.082	1.843

附表4b F分布上侧临界值表（$P\{F>F_{0.01}\}=0.01$）

n_1 \ n_2	1	2	3	4	5	6	7	8	12	24	∞
1	4052	4999	5404	5624	5764	5859	5928	5981	6107	6234	6366
2	98.50	99.00	99.16	99.25	99.30	99.33	99.36	99.38	99.42	99.46	99.50
3	34.12	30.82	29.46	28.71	28.24	27.91	27.67	27.49	27.05	26.60	26.13
4	21.20	18.00	16.69	15.98	15.52	15.21	14.98	14.80	14.37	13.93	13.46
5	16.26	13.27	12.06	11.39	10.97	10.67	10.46	10.29	9.89	9.47	9.02
6	13.75	10.92	9.78	9.15	8.75	8.47	8.26	8.10	7.72	7.31	6.88
7	12.25	9.55	8.45	7.85	7.46	7.19	6.99	6.84	6.47	6.07	5.65
8	11.26	8.65	7.59	7.01	6.63	6.37	6.18	6.03	5.67	5.28	4.86
9	10.56	8.02	6.99	6.42	6.06	5.80	5.61	5.47	5.11	4.73	4.31
10	10.04	7.56	6.55	5.99	5.64	5.39	5.20	5.06	4.71	4.33	3.91
11	9.646	7.206	6.217	5.668	5.316	5.069	4.886	4.744	4.397	4.021	3.602
12	9.330	6.927	5.953	5.412	5.064	4.821	4.640	4.499	4.155	3.780	3.361
13	9.074	6.701	5.739	5.205	4.862	4.620	4.441	4.302	3.960	3.587	3.165
14	8.862	6.515	5.564	5.035	4.695	4.456	4.278	4.140	3.800	3.427	3.004
15	8.683	6.359	5.417	4.893	4.556	4.318	4.142	4.004	3.666	3.294	2.868
16	8.531	6.226	5.292	4.773	4.437	4.202	4.026	3.890	3.553	3.181	2.753
17	8.400	6.112	5.185	4.669	4.336	4.101	3.927	3.791	3.455	3.083	2.653
18	8.285	6.013	5.092	4.579	4.248	4.015	3.841	3.705	3.371	2.999	2.566
19	8.185	5.926	5.010	4.500	4.171	3.939	3.765	3.631	3.297	2.925	2.489
20	8.096	5.849	4.938	4.431	4.103	3.871	3.699	3.564	3.231	2.859	2.421

注：n_1是分子的自由度；n_2是分母的自由度。

附表5 相关系数 R 的临界值表 （$P\{|R|>R_\alpha\}=\alpha$）

α	0.05	0.05	0.05	0.05	0.01	0.01	0.01	0.01
M	2	3	4	5	2	3	4	5
1	0.997	0.999	0.999	0.999	1.000	1.000	1.000	1.000
2	0.950	0.975	0.983	0.987	0.990	0.995	0.997	0.997
3	0.878	0.930	0.950	0.961	0.959	0.977	0.983	0.987
4	0.811	0.881	0.912	0.930	0.917	0.949	0.962	0.970
5	0.754	0.836	0.874	0.898	0.875	0.917	0.937	0.949
6	0.707	0.795	0.839	0.867	0.834	0.886	0.911	0.927
7	0.666	0.758	0.807	0.838	0.798	0.855	0.885	0.904
8	0.632	0.726	0.777	0.811	0.765	0.827	0.860	0.882
9	0.602	0.697	0.750	0.786	0.735	0.800	0.837	0.861
10	0.576	0.671	0.726	0.763	0.708	0.776	0.814	0.840
11	0.553	0.648	0.703	0.741	0.684	0.753	0.793	0.821
12	0.532	0.627	0.683	0.722	0.661	0.732	0.773	0.802
13	0.514	0.608	0.664	0.703	0.641	0.712	0.755	0.785
14	0.497	0.590	0.646	0.686	0.623	0.694	0.737	0.768
15	0.482	0.574	0.630	0.670	0.606	0.677	0.721	0.752
16	0.468	0.559	0.615	0.655	0.590	0.662	0.706	0.738
17	0.456	0.545	0.601	0.641	0.575	0.647	0.691	0.724
18	0.444	0.532	0.587	0.628	0.561	0.633	0.678	0.710
19	0.433	0.520	0.575	0.615	0.549	0.620	0.665	0.697
20	0.423	0.509	0.563	0.604	0.537	0.607	0.652	0.685
21	0.413	0.498	0.552	0.593	0.526	0.596	0.641	0.674
22	0.404	0.488	0.542	0.582	0.515	0.585	0.630	0.663
23	0.396	0.479	0.532	0.572	0.505	0.574	0.619	0.653
24	0.388	0.470	0.523	0.562	0.496	0.565	0.609	0.643
25	0.381	0.462	0.514	0.553	0.487	0.555	0.600	0.633
26	0.374	0.454	0.506	0.545	0.479	0.546	0.590	0.624
27	0.367	0.446	0.498	0.536	0.471	0.538	0.582	0.615
28	0.361	0.439	0.490	0.529	0.463	0.529	0.573	0.607
29	0.355	0.432	0.483	0.521	0.456	0.522	0.565	0.598
30	0.349	0.425	0.476	0.514	0.449	0.514	0.558	0.591
35	0.325	0.397	0.445	0.482	0.418	0.481	0.523	0.556
40	0.304	0.373	0.419	0.455	0.393	0.454	0.494	0.526
45	0.288	0.353	0.397	0.432	0.372	0.430	0.470	0.501
50	0.273	0.336	0.379	0.412	0.354	0.410	0.449	0.479
60	0.250	0.308	0.348	0.380	0.325	0.377	0.414	0.442
70	0.232	0.286	0.324	0.354	0.302	0.351	0.386	0.413
80	0.217	0.269	0.304	0.332	0.283	0.330	0.363	0.389

续表

α	0.05	0.05	0.05	0.05	0.01	0.01	0.01	0.01
M	2	3	4	5	2	3	4	5
90	0.205	0.254	0.288	0.315	0.267	0.312	0.343	0.368
100	0.195	0.241	0.274	0.299	0.254	0.297	0.327	0.351
125	0.174	0.216	0.246	0.269	0.228	0.267	0.294	0.316
150	0.159	0.198	0.225	0.247	0.208	0.244	0.269	0.290
200	0.138	0.172	0.196	0.215	0.181	0.212	0.235	0.253
300	0.113	0.141	0.160	0.176	0.148	0.174	0.192	0.208
400	0.098	0.122	0.139	0.153	0.128	0.151	0.167	0.180
500	0.088	0.109	0.124	0.137	0.115	0.135	0.150	0.162
1000	0.062	0.077	0.088	0.097	0.081	0.096	0.106	0.115

注：M为变数的个数。$R_\alpha = \sqrt{(M-1)F_\alpha / [(M-1)F_\alpha + \nu]}$，$F_\alpha$的自由度为$(M-1)$和$\nu$。

附表6a　Tukey检验q上侧临界值表（α=0.05）

P\ν	2	3	4	5	6	7	8	9	10	12	14	16	18	20
1	17.97	26.98	32.82	37.08	40.41	43.12	45.40	47.36	49.07	51.96	54.33	56.32	58.04	59.56
2	6.08	8.33	9.80	10.83	11.74	12.44	13.03	13.54	13.99	14.75	15.38	15.91	16.37	16.77
3	4.50	5.91	6.82	7.50	8.04	8.48	8.85	9.18	9.46	9.95	10.35	10.69	10.98	11.24
4	3.93	5.04	5.76	6.29	6.71	7.05	7.35	7.60	7.83	8.21	8.52	8.79	9.03	9.23
5	3.64	4.60	5.22	5.67	6.03	6.33	6.58	6.80	6.99	7.32	7.60	7.83	8.03	8.21
6	3.46	4.34	4.90	5.30	5.63	5.90	6.12	6.32	6.49	6.79	7.03	7.24	7.43	7.59
7	3.34	4.16	4.63	5.06	5.36	5.61	5.82	6.00	6.16	6.43	6.66	6.85	7.02	7.17
8	3.26	4.04	4.53	4.89	5.17	5.40	5.60	5.77	5.92	6.18	6.39	6.57	6.73	6.87
9	3.20	3.95	4.41	4.76	5.02	5.24	5.43	5.59	5.74	5.98	6.19	6.36	6.51	6.64
10	3.15	3.88	4.33	4.65	4.91	5.12	5.30	5.46	5.60	5.83	6.03	6.19	6.34	6.47
11	3.11	3.82	4.26	4.57	4.82	5.03	5.20	5.35	5.49	5.71	5.90	6.06	6.20	6.33
12	3.08	3.77	4.20	4.51	4.75	4.95	5.12	5.27	5.39	5.61	5.80	5.95	6.09	6.21
13	3.06	3.73	4.15	4.45	4.69	4.88	5.05	5.19	5.32	5.53	5.71	5.86	5.99	6.11
14	3.03	3.70	4.11	4.41	4.61	4.83	4.99	5.13	5.25	5.46	5.64	5.79	5.91	6.03
15	3.01	3.67	4.08	4.37	4.59	4.78	4.94	5.08	5.20	5.40	5.57	5.72	5.85	5.96
16	3.00	3.65	4.05	4.33	4.56	4.74	4.90	5.03	5.15	5.35	5.52	5.66	5.79	5.90
17	2.93	3.63	4.02	4.30	4.52	4.70	4.86	4.99	5.11	5.31	5.47	5.61	5.73	5.84
18	2.97	3.61	4.00	4.28	4.49	4.67	4.82	4.96	5.07	5.27	5.43	5.57	5.69	5.79

附表 6b Tukey 检验 q 上侧临界值表（α=0.01）

P	2	3	4	5	6	7	8	9	10	12	14	16	18	20
1	90.03	135.0	164.3	185.6	202.2	215.5	227.2	237.0	245.6	260.0	271.8	281.8	290.4	298.0
2	14.04	19.02	22.29	24.72	26.63	28.20	29.53	30.68	31.68	33.40	34.81	36.00	37.03	37.95
3	8.26	10.62	12.17	13.33	14.24	15.00	15.64	16.20	16.69	17.53	18.22	18.81	19.32	19.71
4	6.51	8.12	9.17	9.96	10.55	11.10	11.55	11.93	12.27	12.84	13.32	13.73	14.08	14.40
5	5.70	6.98	7.80	8.42	8.91	9.32	9.67	9.97	10.24	10.70	11.08	11.40	11.68	11.93
6	5.24	6.33	7.03	7.56	9.97	8.32	8.61	8.87	9.10	9.48	9.81	10.08	10.32	10.54
7	4.95	5.92	6.54	7.01	7.37	7.68	7.94	8.17	8.37	8.71	9.00	9.24	9.46	9.65
8	4.75	5.64	6.20	6.62	6.96	7.24	7.47	7.68	7.86	8.18	8.44	8.66	8.85	9.03
9	4.60	5.43	5.96	6.35	6.66	6.91	7.13	7.33	7.49	7.78	8.03	8.23	8.42	8.57
10	4.48	5.27	5.77	6.14	6.43	6.67	6.87	7.05	7.21	7.49	7.71	7.91	8.08	8.23
11	4.39	5.15	5.62	5.97	6.25	6.48	6.67	6.84	6.99	7.25	7.40	7.65	7.81	7.95
12	4.32	5.05	5.50	5.84	6.10	6.32	6.51	6.67	6.81	7.00	7.26	7.44	7.59	7.73
13	4.26	4.96	5.40	5.73	5.98	6.19	6.37	6.53	6.67	6.90	7.10	7.27	7.42	7.55
14	4.21	4.89	5.32	5.63	5.88	6.08	6.26	6.41	6.54	6.77	6.96	7.13	7.27	7.39
15	4.17	4.84	5.25	5.56	5.80	5.99	6.16	6.31	6.44	6.66	6.84	7.00	7.14	7.26
16	4.13	4.79	5.19	5.49	5.72	5.92	6.08	6.22	6.35	6.56	6.74	6.90	7.03	7.15
17	4.10	4.74	5.14	5.43	5.66	5.85	6.01	6.15	6.27	6.48	6.66	6.81	6.94	7.05
18	4.07	4.70	5.09	5.38	5.60	5.79	5.94	6.08	6.20	6.41	6.58	6.73	6.85	6.97

附表7a Dunnett临界值表（双尾，α=0.05）

(k-1) ν	1	2	3	4	5	6	7	8	9	10	11	12	15	20
5	2.57	3.03	3.29	3.48	3.62	3.73	3.82	3.90	3.97	4.03	4.09	4.14	4.26	4.42
6	2.45	2.86	3.10	3.26	3.39	3.49	3.57	3.64	3.71	3.76	3.81	3.86	3.97	4.11
7	2.36	2.75	2.97	3.12	3.24	3.33	3.41	3.47	3.53	3.58	3.63	3.67	3.78	3.91
8	2.31	2.67	2.88	3.02	3.13	3.22	3.29	3.35	3.41	3.46	3.50	3.54	3.64	3.76
9	2.26	2.61	2.81	2.95	3.05	3.14	3.20	3.26	3.32	3.36	3.40	3.44	3.53	3.65
10	2.23	2.57	2.76	2.89	2.99	3.07	3.14	3.19	3.24	3.29	3.33	3.36	3.45	3.57
11	2.20	2.53	2.72	2.84	2.94	3.02	3.08	3.14	3.19	3.23	3.27	3.30	3.39	3.50
12	2.18	2.50	2.68	2.81	2.90	2.98	3.04	3.09	3.14	3.18	3.22	3.25	3.34	3.45
13	2.16	2.48	2.65	2.78	2.87	2.94	3.00	3.06	3.10	3.14	3.18	3.21	3.29	3.40
14	2.14	2.46	2.63	2.75	2.84	2.91	2.97	3.02	3.07	3.11	3.14	3.18	3.26	3.36
15	2.13	2.44	2.61	2.73	2.82	2.89	2.95	3.00	3.04	3.08	3.12	3.15	3.23	3.33
16	2.12	2.42	2.59	2.71	2.80	2.87	2.92	2.97	3.02	3.06	3.09	3.12	3.20	3.30
17	2.11	2.41	2.58	2.69	2.78	2.85	2.90	2.95	3.00	3.03	3.07	3.10	3.18	3.27
18	2.10	2.40	2.56	2.68	2.76	2.83	2.89	2.94	2.98	3.01	3.05	3.08	3.16	3.25
19	2.09	2.39	2.55	2.66	2.75	2.81	2.87	2.92	2.96	3.00	3.03	3.06	3.14	3.23
20	2.09	2.38	2.54	2.65	2.73	2.80	2.86	2.90	2.95	2.98	3.02	3.05	3.12	3.22
24	2.06	2.35	2.51	2.61	2.70	2.76	2.81	2.86	2.90	2.94	2.97	3.00	3.07	3.16
30	2.04	2.32	2.47	2.58	2.66	2.72	2.77	2.82	2.86	2.89	2.92	2.95	3.02	3.11

附表7b Dunnett临界值表（双尾，α=0.01）

(k-1) ν	1	2	3	4	5	6	7	8	9	10	11	12	15	20
5	4.03	4.63	4.98	5.22	5.41	5.56	5.69	5.80	5.89	5.98	6.05	6.12	6.30	6.52
6	3.71	4.21	4.51	4.71	4.87	5.00	5.10	5.20	5.28	5.35	5.41	5.47	5.62	5.81
7	3.50	3.95	4.21	4.39	4.53	4.64	4.74	4.82	4.89	4.95	5.01	5.06	5.19	5.36
8	3.36	3.77	4.00	4.17	4.29	4.40	4.48	4.56	4.62	4.68	4.73	4.78	4.90	5.05
9	3.25	3.63	3.85	4.01	4.12	4.22	4.30	4.37	4.43	4.48	4.53	4.57	4.68	4.82
10	3.17	3.53	3.74	3.88	3.99	4.08	4.16	4.22	4.28	4.33	4.37	4.42	4.52	4.65
11	3.11	3.45	3.65	3.79	3.89	3.98	4.05	4.11	4.16	4.21	4.25	4.29	4.39	4.52
12	3.05	3.39	3.58	3.71	3.81	3.89	3.96	4.02	4.07	4.12	4.16	4.19	4.29	4.41
13	3.01	3.33	3.52	3.65	3.74	3.82	3.89	3.94	3.99	4.04	4.08	4.11	4.20	4.32
14	2.98	3.29	3.47	3.59	3.69	3.76	3.83	3.88	3.93	3.97	4.01	4.05	4.13	4.24
15	2.95	3.25	3.43	3.55	3.64	3.71	3.78	3.83	3.88	3.92	3.95	3.99	4.07	4.18
16	2.92	3.22	3.39	3.51	3.60	3.67	3.73	3.78	3.83	3.87	3.91	3.94	4.02	4.13
17	2.90	3.19	3.36	3.47	3.56	3.63	3.69	3.74	3.79	3.83	3.86	3.90	3.98	4.08
18	2.88	3.17	3.33	3.44	3.53	3.60	3.66	3.71	3.75	3.79	3.83	3.86	3.94	4.04
19	2.86	3.15	3.31	3.42	3.50	3.57	3.63	3.68	3.72	3.76	3.79	3.83	3.90	4.00
20	2.85	3.13	3.29	3.40	3.48	3.55	3.60	3.65	3.69	3.73	3.77	3.80	3.87	3.97
24	2.80	3.07	3.22	3.32	3.40	3.47	3.52	3.57	3.61	3.64	3.68	3.70	3.78	3.87
30	2.75	3.01	3.15	3.25	3.33	3.39	3.44	3.49	3.52	3.56	3.59	3.62	3.69	3.78

附表8 符号检验表 P{S≤S$_\alpha$} = α（双尾概率）

	α					α					α			
n	0.01	0.05	0.1	0.25	n	0.01	0.05	0.1	0.25	n	0.01	0.05	0.1	0.25
1					31	7	9	10	11	61	20	22	23	25
2					32	8	9	10	12	62	20	22	24	25
3				0	33	8	10	11	12	63	20	23	24	26
4				0	34	9	10	11	13	64	21	23	24	26
5			0	0	35	9	11	12	13	65	21	24	25	27
6		0	0	0	36	9	11	12	14	66	22	24	25	27
7		0	0	1	37	10	12	13	14	67	22	25	26	28
8	0	0	1	1	38	10	12	13	14	68	22	25	26	28
9	0	1	1	2	39	11	12	13	15	69	23	25	27	29
10	0	1	1	2	40	11	13	14	15	70	23	26	27	29
11	0	1	2	3	41	11	13	14	16	71	24	26	28	30
12	1	2	2	3	42	12	14	15	16	72	24	27	28	30
13	1	2	3	3	43	12	14	15	17	73	25	27	28	31
14	1	2	3	4	44	13	15	16	17	74	25	28	29	31
15	2	3	3	4	45	13	15	16	18	75	25	28	29	32
16	2	3	4	5	46	13	15	16	18	76	26	28	30	32
17	2	4	4	5	47	14	16	17	19	77	26	29	30	32
18	3	4	5	6	48	14	16	17	19	78	27	29	31	33
19	3	4	5	6	49	15	17	18	19	79	27	30	31	33
20	3	5	5	6	50	15	17	18	20	80	28	30	32	34
21	4	5	6	7	51	15	18	19	20	81	28	31	32	34
22	4	5	6	7	52	16	18	19	21	82	28	31	33	35
23	4	6	7	8	53	16	18	20	21	83	29	32	33	35
24	5	6	7	8	54	17	19	20	22	84	29	32	33	36
25	5	7	7	9	55	17	19	20	22	85	30	32	34	36
26	6	7	8	9	56	17	20	21	23	86	30	33	34	37
27	6	7	8	10	57	18	20	21	23	87	31	33	35	37
28	6	8	9	10	58	18	21	22	24	88	31	34	35	38
29	7	8	9	10	59	19	21	22	24	89	31	34	36	38
30	7	9	10	11	60	19	21	23	25	90	32	35	36	39

附表9　秩和检验表 $P\{T_1<T<T_2\}=1-\alpha$（单尾概率）

n_1	n_2	$\alpha=0.025$		$\alpha=0.05$		n_1	n_2	$\alpha=0.025$		$\alpha=0.05$	
		T_1	T_2	T_1	T_2			T_1	T_2	T_1	T_2
2	4			3	11	5	5	18	37	19	36
	5			3	13		6	19	41	20	40
	6	3	15	4	14		7	20	45	22	43
	7	3	17	4	16		8	21	49	23	47
	8	3	19	4	18		9	22	53	25	50
	9	3	21	4	20		10	24	56	26	54
	10	4	22	5	21	6	6	26	52	28	50
3	3			6	15		7	28	56	30	54
	4	6	18	7	17		8	29	61	32	58
	5	6	21	7	20		9	31	65	33	63
	6	7	23	8	22		10	33	69	35	67
	7	8	25	9	24	7	7	37	68	39	66
	8	8	28	9	27		8	39	73	41	71
	9	9	30	10	29		9	41	78	43	76
	10	9	33	11	31		10	43	83	46	80
4	4	11	25	12	24	8	8	49	87	52	84
	5	12	28	13	27		9	51	93	54	90
	6	12	32	14	30		10	54	98	57	95
	7	13	35	15	33	9	9	63	108	66	105
	8	14	38	16	36		10	66	114	69	111
	9	15	41	17	39	10	10	79	131	83	127
	10	16	44	18	42						

附表10 配对比较的秩和检验T临界值表

N	单侧：0.05 双侧：0.10	0.025 0.05	0.01 0.02	0.005 0.01	N	单侧：0.05 双侧：0.10	0.025 0.05	0.01 0.02	0.005 0.01
5	0-15	.—.	.—.	.—.	28	130-276	116-290	101-305	91-315
6	2-19	0-21	.—.	.—.	29	140-295	126-309	110-325	100-335
7	3-25	2-26	0-28	.—.	30	151-314	137-328	120-345	109-356
8	5-31	3-33	1-35	0-36	31	163-333	147-349	130-366	118-378
9	8-37	5-40	3-42	1-44	32	175-353	159-369	140-388	128-400
10	10-45	8-47	5-50	3-52	33	187-374	170-391	151-410	138-423
11	13-53	10-56	7-59	5-61	34	200-395	182-413	162-433	148-447
12	17-61	13-65	9-69	7-71	35	213-417	195-435	173-457	159-471
13	21-70	17-74	12-79	9-82	36	227-439	208-458	185-481	171-495
14	25-80	21-84	15-90	12-93	37	241-462	221-482	198-505	182-521
15	30-90	25-95	19-101	15-105	38	256-485	235-506	211-530	194-547
16	35-101	29-107	23-113	19-117	39	271-509	249-531	224-556	207-273
17	41-112	34-119	27-126	23-130	40	286-534	264-556	238-582	220-600
18	47-124	40-131	32-139	27-144	41	302-559	279-582	252-609	233-628
19	53-137	46-144	37-153	32-158	42	319-584	294-609	266-637	247-656
20	60-150	52-158	43-167	37-173	43	336-610	310-636	281-665	261-685
21	67-164	58-173	49-182	42-189	44	353-637	327-663	296-694	276-714
22	75-178	65-188	55-198	48-205	45	371-664	343-692	312-723	291-744
23	83-193	73-203	62-214	54-222	46	389-692	361-720	328-753	307-744
24	91-209	81-219	69-231	61-239	47	407-721	378-750	345-783	322-806
25	100-225	89-236	76-249	68-257	48	426-750	396-780	362-814	339-837
26	110-241	98-253	84-267	75-276	49	446-779	415-810	379-846	355-870
27	119-259	107-271	92-286	83-295	50	466-809	434-841	397-878	373-902

附表11 正交设计表

$L_4(2^3)$

试验号 \ 列号	1	2	3
1	1	1	1
2	1	2	2
3	2	1	2
4	2	2	1

$L_8(2^7)$

试验号 \ 列号	1	2	3	4	5	6	7
1	1	1	1	1	1	1	1
2	1	1	1	2	2	2	2
3	1	2	2	1	1	2	2
4	1	2	2	2	2	1	1
5	2	1	2	1	2	1	2
6	2	1	2	2	1	2	1
7	2	2	1	1	2	2	1
8	2	2	1	2	1	1	2

$L_{12}(2^{11})$

试验号 \ 列号	1	2	3	4	5	6	7	8	9	10	11
1	1	1	1	1	1	1	1	1	1	1	1
2	1	1	1	1	1	2	2	2	2	2	2
3	1	1	2	2	2	1	1	1	2	2	2
4	1	2	1	2	2	1	2	2	1	1	2
5	1	2	2	1	2	2	1	2	1	2	1
6	1	2	2	2	1	2	2	1	2	1	1
7	2	1	2	2	1	1	2	2	1	2	1
8	2	1	2	1	2	2	2	1	1	1	2
9	2	1	1	2	2	2	1	2	2	1	1
10	2	2	2	1	1	1	2	2	1	1	2
11	2	2	1	2	1	2	1	1	1	2	2
12	2	2	1	1	2	1	1	2	2	2	1

$L_{16}(2^{15})$

试验号 \ 列号	1	2	3	4	5	6	7	8	9	10	11	12	13	14	15
1	1	1	1	1	1	1	1	1	1	1	1	1	1	1	1
2	1	1	1	1	1	1	1	2	2	2	2	2	2	2	2
3	1	1	1	2	2	2	2	1	1	1	1	2	2	2	2
4	1	1	1	2	2	2	2	2	2	2	2	1	1	1	1
5	1	2	2	1	1	2	2	1	1	2	2	1	1	2	2
6	1	2	2	1	1	2	2	2	2	1	1	2	2	1	1
7	1	2	2	2	2	1	1	1	1	2	2	2	2	1	1

续表

列号 试验号	1	2	3	4	5	6	7	8	9	10	11	12	13	14	15
8	1	2	2	2	2	1	1	2	2	1	1	1	1	2	2
9	2	1	2	1	2	1	2	1	2	1	2	1	2	1	2
10	2	1	2	1	2	2	1	2	1	2	1	2	1	2	1
11	2	1	2	2	1	2	1	1	2	1	2	2	1	2	1
12	2	1	2	2	1	2	1	2	1	2	1	1	2	1	2
13	2	2	1	1	2	2	1	1	2	2	1	1	2	2	1
14	2	2	1	1	2	2	1	2	1	1	2	2	1	1	2
15	2	2	1	2	1	1	2	1			1	2	1	1	2
16	2	2	1	2	1	1	2	2	1	1	2	1	2	2	1

$L_{20}(2^{19})$

列号 试验号	1	2	3	4	5	6	7	8	9	10	11	12	13	14	15	16	17	18	19
1	1	1	1	1	1	1	1	1	1	1	1	1	1	1	1	1	1	1	1
2	2	2	1	1	2	2	2	1	2	1	2	1	1	1	1	2	2	1	1
3	2	1	1	2	2	2	1	2	1	2	1	1	1	1	2	2	1	1	2
4	1	1	2	2	2	1	2	1	2	1	1	1	1	2	2	1	2	2	2
5	1	2	2	2	1	2	1	2	1	1	1	1	2	2	1	2	1	2	1
6	2	2	2	1	2	1	2	1	1	1	1	2	2	1	2	1	2	1	1
7	2	2	1	2	1	2	1	1	1	1	2	2	1	2	1	2	1	1	2
8	2	1	2	1	2	1	1	1	1	2	2	1	2	2	1	1	2	2	2
9	1	2	1	2	1	1	1	1	2	2	1	2	2	1	1	2	2	2	2
10	2	1	2	1	1	1	1	2	2	1	2	2	1	1	2	2	2	2	1
11	1	2	1	1	1	1	2	2	1	2	2	1	1	2	2	2	2	1	2
12	1	2	1	1	1	2	2	1	2	2	1	2	2	2	2	1	1	1	2
13	2	1	1	1	2	2	1	2	2	1	2	2	2	2	1	1	1	2	1
14	1	1	1	2	2	1	2	2	1	2	2	2	2	1	1	1	2	1	2
15	1	1	2	2	1	2	2	1	2	2	2	2	1	1	1	2	1	2	1
16	1	2	2	1	2	2	1	2	2	2	2	1	1	1	2	1	2	1	1
17	1	2	2	1	2	2	1	2	2	2	2	1	1	1	2	1	1	1	1
18	2	2	1	2	2	1	2	2	2	2	1	1	1	2	1	2	1	1	1
19	2	1	2	2	1	2	2	2	2	1	2	1	1	1	1	1	1	1	2
20	1	2	2	1	1	2	2	2	2	1	2	1	1	1	1	1	1	2	2

$L_9(3^4)$

试验号\列号	1	2	3	4
1	1	1	1	1
2	1	2	2	2
3	1	3	3	3
4	2	1	2	3
5	2	2	3	1
6	2	3	1	2
7	3	1	3	2
8	3	2	1	3
9	3	3	2	1

$L_{27}(3^{13})$

试验号\列号	1	2	3	4	5	6	7	8	9	10	11	12	13
1	1	1	1	1	1	1	1	1	1	1	1	1	1
2	1	1	1	1	2	2	2	2	2	2	2	2	2
3	1	1	1	1	3	3	3	3	3	3	3	3	3
4	1	2	2	2	1	1	1	2	2	2	3	3	3
5	1	2	2	2	2	2	2	3	3	3	1	1	1
6	1	2	2	2	3	3	3	1	1	1	2	2	2
7	1	3	3	3	1	1	1	3	3	3	2	2	2
8	1	3	3	3	2	2	2	1	1	1	3	3	3
9	1	3	3	3	3	3	3	2	2	2	1	1	1
10	2	1	2	3	1	2	3	1	2	3	1	2	3
11	2	1	2	3	2	3	1	2	3	1	2	3	1
12	2	1	2	3	3	1	2	3	1	2	3	1	2
13	2	2	3	1	1	2	3	2	3	1	3	1	2
14	2	2	3	1	2	3	1	3	1	2	1	2	3
15	2	2	3	1	3	1	2	1	2	3	2	3	1
16	2	3	1	2	1	2	3	3	1	2	2	3	1
17	2	3	1	2	2	3	1	1	2	3	3	1	2
18	2	3	1	2	3	1	2	2	3	1	1	2	3
19	3	1	3	2	1	3	2	1	3	2	1	3	2
20	3	1	3	2	2	1	3	2	1	3	2	1	3
21	3	1	3	2	3	2	1	3	2	1	2	1	3
22	3	2	1	3	1	3	2	2	1	3	3	2	1
23	3	2	1	3	2	1	3	3	2	1	1	3	2

续表

列号 试验号	1	2	3	4	5	6	7	8	9	10	11	12	13
24	3	2	1	3	3	2	1	1	3	2	2	1	3
25	3	3	2	1	1	3	2	3	2	1	2	1	3
26	3	3	2	1	2	1	3	1	3	2	3	2	1
27	3	3	2	1	3	2	1	2	1	3	1	3	2

$L_8(4 \times 2^4)$

列号 试验号	1	2	3	4	5
1	1	1	1	1	1
2	1	2	2	2	2
3	2	1	1	2	2
4	2	2	2	1	1
5	3	1	2	1	2
6	3	2	1	2	1
7	4	1	2	2	1
8	4	2	1	1	2

$L_{16}(4 \times 2^{12})$

列号 试验号	1	2	3	4	5	6	7	8	9	10	11	12	13
1	1	1	1	1	1	1	1	1	1	1	1	1	1
2	1	1	1	1	1	2	2	2	2	2	2	2	2
3	1	2	2	2	2	1	1	1	1	2	2	2	2
4	1	2	2	2	2	2	2	2	2	1	1	1	1
5	2	1	1	2	2	1	1	2	2	1	1	2	2
6	2	1	1	2	2	2	2	1	1	2	2	1	1
7	2	2	2	1	1	1	1	2	2	2	2	1	1
8	2	2	2	1	1	2	2	1	1	1	1	2	2
9	3	1	2	1	2	1	2	1	2	1	2	1	2
10	3	1	2	1	2	2	1	2	1	2	1	2	1
11	3	2	1	2	1	1	2	1	2	2	1	2	1
12	3	2	1	2	1	2	1	2	1	1	2	1	2
13	4	1	2	2	1	1	2	2	1	1	2	2	1
14	4	1	2	2	1	2	1	1	2	2	1	1	2
15	4	2	1	1	2	1	2	2	1	2	1	1	2
16	4	2	1	1	2	2	1	1	2	1	2	2	1

$L_{16}(4^2 \times 2^9)$

列号 试验号	1	2	3	4	5	6	7	8	9	10	11
1	1	1	1	1	1	1	1	1	1	1	1
2	1	2	1	1	1	2	2	2	2	2	2
3	1	3	2	2	2	1	1	1	2	2	2
4	1	4	2	2	2	2	2	2	1	1	1
5	2	1	1	2	2	1	2	2	1	2	2
6	2	2	1	2	2	2	1	1	2	1	1
7	2	3	2	1	1	1	2	2	2	1	1
8	2	4	2	1	1	2	1	1	1	2	2
9	3	1	2	1	2	2	1	2	2	1	2
10	3	2	2	1	2	1	2	1	1	2	1
11	3	3	1	2	1	2	1	2	1	2	1
12	3	4	1	2	1	1	2	1	2	1	2
13	4	1	2	2	1	2	2	1	2	2	1
14	4	2	2	2	1	1	1	2	1	1	2
15	4	3	1	1	2	2	2	1	1	1	2
16	4	4	1	1	2	1	1	2	2	2	1

$L_{16}(4^5)$

列号 试验号	1	2	3	4	5
1	1	1	1	1	1
2	1	2	2	2	2
3	1	3	3	3	3
4	1	4	4	4	4
5	2	1	2	3	4
6	2	2	1	4	3
7	2	3	4	1	2
8	2	4	3	2	1
9	3	1	3	4	2
10	3	2	4	3	1
11	3	3	1	2	4
12	3	4	2	1	3
13	4	1	4	2	3
14	4	2	3	1	4
15	4	3	2	4	1
16	4	4	1	3	2
组	1			2	

$L_{16}(4^2 \times 2^9)$

列号 试验号	1	2	3	4	5	6	7	8	9	10	11
1	1	1	1	1	1	1	1	1	1	1	1
2	1	2	1	1	1	2	2	2	2	2	2
3	1	3	2	2	2	1	1	1	2	2	2
4	1	4	2	2	2	2	2	2	1	1	1
5	2	1	1	2	2	1	2	2	1	1	2
6	2	2	1	2	2	2	1	1	2	2	1
7	2	3	2	1	1	1	2	2	2	1	1
8	2	4	2	1	1	2	1	1	1	2	2
9	3	1	2	1	2	2	1	2	1	1	2
10	3	2	2	1	2	1	2	1	1	2	1
11	3	3	1	2	1	2	1	2	1	1	1
12	3	4	1	2	1	1	2	1	2	1	2
13	4	1	2	2	1	2	2	1	2	2	1
14	4	2	2	2	1	1	1	2	1	1	2
15	4	3	1	1	2	2	2	1	1	1	2
16	4	4	1	1	2	1	1	2	2	2	1

$L_{18}(2 \times 3^7)$

列号 试验号	1	2	3	4	5	6	7	8
1	1	1	1	1	1	1	1	1
2	1	1	2	2	2	2	2	2
3	1	1	3	3	3	3	3	3
4	1	2	1	1	2	2	3	3
5	1	2	2	2	3	3	1	1
6	1	2	3	3	1	1	2	2
7	1	3	1	2	1	3	2	3
8	1	3	2	3	2	1	3	1
9	1	3	3	1	3	2	1	2
10	2	1	1	3	3	2	2	1
11	2	1	2	1	1	3	3	2
12	2	1	3	2	2	1	1	3
13	2	2	1	2	3	1	3	2
14	2	2	2	3	1	2	1	3
15	2	2	3	1	2	3	2	1
16	2	3	1	3	2	3	1	2
17	2	3	2	1	3	1	2	3
18	2	3	3	2	1	2	3	1

$L_{16}(4^4 \times 2^3)$

试验号\列号	1	2	3	4	5	6	7
1	1	1	1	1	1	1	1
2	1	2	2	2	1	2	2
3	1	3	3	3	2	1	2
4	1	4	4	4	2	2	1
5	2	1	2	3	2	2	1
6	2	2	1	4	2	1	2
7	2	3	4	1	1	2	2
8	2	4	3	2	1	1	1
9	3	1	3	4	1	2	2
10	3	2	4	3	1	1	1
11	3	3	1	2	2	2	1
12	3	4	2	1	2	1	2
13	4	1	4	2	2	1	2
14	4	2	3	1	2	2	1
15	4	3	2	4	1	1	1
16	4	4	1	3	1	2	2

$L_{16}(4^3 \times 2^6)$

试验号\列号	1	2	3	4	5	6	7	8	9
1	1	1	1	1	1	1	1	1	1
2	1	2	2	1	1	2	2	2	2
3	1	3	3	2	2	1	1	2	2
4	1	4	4	2	2	2	2	1	1
5	2	1	2	2	2	1	2	1	2
6	2	2	1	2	2	2	1	2	1
7	2	3	4	1	1	1	2	2	1
8	2	4	3	1	1	2	1	1	2
9	3	1	3	1	2	2	2	2	1
10	3	2	4	1	2	1	1	1	2
11	3	3	1	2	1	2	2	1	1
12	3	4	2	2	1	1	1	2	1
13	4	1	4	2	1	2	1	2	2
14	4	2	3	2	1	1	2	1	1
15	4	3	2	1	2	2	1	1	1
16	4	4	1	1	2	1	2	2	2

$L_{25}(5^6)$

列号 试验号	1	2	3	4	5	6
1	1	1	1	1	1	1
2	1	2	2	2	2	2
3	1	3	3	3	3	3
4	1	4	4	4	4	4
5	1	5	5	5	5	5
6	2	1	2	3	4	5
7	2	2	3	4	5	1
8	2	3	4	5	1	2
9	2	4	5	1	2	3
10	2	5	1	2	3	4
11	3	1	3	5	2	4
12	3	2	4	1	3	5
13	3	3	5	2	4	1
14	3	4	1	3	5	2
15	3	5	2	4	1	3
16	4	1	4	2	5	3
17	4	2	5	3	1	4
18	4	3	1	4	2	5
19	4	4	3	5	3	1
20	4	5	2	1	4	2
21	5	1	5	4	3	2
22	5	2	1	5	4	3
23	5	3	2	1	5	4
24	5	4	3	2	1	5
25	5	5	4	3	2	1

$L_8(2^7)$ 的交互作用列表

1	2	3	4	5	6	7
(1)	3	2	5	4	7	6
	(2)	1	6	7	4	5
		(3)	7	6	5	4
			(4)	1	2	3
				(5)	3	2
					(6)	1
						(7)

$L_{16}(2^{15})$ 二列间交互作用列表

列号＼列号	1	2	3	4	5	6	7	8	9	10	11	12	13	14	15
	(1)	3	2	5	4	7	6	9	8	11	10	13	12	15	14
		(2)	1	6	7	4	5	10	11	8	9	14	15	12	13
			(3)	7	6	5	4	11	10	9	8	15	14	13	12
				(4)	1	2	3	12	13	14	15	8	9	10	11
					(5)	3	2	13	12	15	14	9	8	11	10
						(6)	1	14	15	12	13	10	11	8	9
							(7)	15	14	13	12	11	10	9	8
								(8)	1	2	3	4	5	6	7
									(9)	3	2	5	4	7	6
										(10)	1	6	7	4	5
											(11)	7	6	5	4
												(12)	1	2	3
													(13)	3	2
														(14)	1

$L_{27}(3^{13})$ 二列间的交互作用列表

列号＼列号	1	2	3	4	5	6	7	8	9	10	11	12	13
	(1)	3 4	2 4	2 3	6 7	5 7	5 6	9 10	8 10	8 9	12 13	11 13	11 12
		(2)	1 4	1 3	8 11	9 12	10 13	5 11	6 12	7 13	5 8	6 9	7 10
			(3)	1 2	9 13	10 11	8 12	7 13	5 11	6 12	6 10	7 8	5 9
				(4)	10 12	8 13	9 11	6 13	7 11	5 12	7 9	5 10	6 8
					(5)	1 7	1 6	2 11	3 13	4 12	2 9	4 10	3 8
						(6)	1 5	4 13	2 12	3 11	3 10	2 8	4 9
							(7)	3 12	4 11	2 13	4 8	3 9	2 10
								(8)	1 10	1 9	2 5	3 7	4 6
									(9)	1 8	4 7	2 6	3 5

续表

列号\列号	1	2	3	4	5	6	7	8	9	10	11	12	13
										(10)	3	4	2
											6	5	7
											(11)	1	1
												13	12
												(12)	1
													11

附表 10 新复极差检验 SSR 值表

df	平均数个数 M									
	2	3	4	5	6	7	8	9	10	11
2	6.09	6.09	6.09	6.09	6.09	6.09	6.09	6.09	6.09	6.09
	14.04	14.04	14.04	14.04	14.04	14.04	14.04	14.04	14.04	14.04
3	4.5	4.52	4.52	4.52	4.52	4.52	4.52	4.52	4.52	4.52
	8.26	8.32	8.32	8.32	8.32	8.32	8.32	8.32	8.32	8.32
4	4	3.93	4.01	4.03	4.03	4.03	4.03	4.03	4.03	4.03
	6.51	6.68	6.74	6.76	6.76	6.76	6.76	6.76	6.76	6.76
5	3.75	3.8	3.81	3.81	3.81	3.64	3.81	3.81	3.81	3.81
	5.89	5.99	6.04	6.07	6.07	5.7	6.07	6.07	6.07	6.07
6	3.46	3.59	3.65	3.68	3.69	3.7	3.7	3.7	3.7	3.7
	5.24	5.44	5.55	5.61	5.66	5.68	5.69	5.7	5.7	5.7
7	3.34	3.48	3.55	3.59	3.61	3.62	3.63	3.63	3.63	3.63
	4.95	5.15	5.26	5.33	5.38	5.42	5.44	5.45	5.46	5.47
8	3.26	3.4	3.48	3.52	3.55	3.57	3.58	3.58	3.58	3.58
	4.75	4.94	5.06	5.13	5.19	5.23	52.56	5.28	5.29	5.3
9	3.2	3.34	3.42	3.47	3.5	3.52	3.54	3.54	3.55	3.55
	4.6	4.79	4.91	4.99	5.04	5.09	5.12	5.14	5.16	5.17
10	3.15	3.29	3.38	3.43	3.47	3.49	3.51	3.52	3.52	3.53
	4.48	4.67	4.79	4.87	4.93	4.98	5.01	5.04	5.06	5.07
11	3.11	3.26	3.34	3.4	3.44	3.46	3.48	3.49	3.5	3.51
	4.39	4.58	4.7	4.78	4.84	4.89	4.92	4.95	4.98	4.99
12	3.08	3.23	3.31	3.37	3.41	3.44	3.46	3.47	3.48	3.49
	4.32	4.5	4.62	4.71	4.77	4.82	4.85	4.88	4.91	4.93
13	3.06	3.2	3.29	3.35	3.39	3.42	3.44	3.46	3.47	3.48
	4.26	4.44	4.56	4.64	4.71	4.75	4.79	4.82	4.85	4.87
14	3.03	3.18	3.27	3.33	3.37	3.44	3.4	3.43	3.46	3.47
	4.21	4.39	4.51	4.59	4.65	4.78	4.7	4.74	4.8	4.82

续表

df	平均数个数 M									
	2	3	4	5	6	7	8	9	10	11
15	3.01	3.16	3.25	3.31	3.36	3.39	3.41	3.43	3.45	3.46
	4.17	4.35	4.46	4.55	4.61	4.66	4.7	4.73	4.76	4.78
16	3	3.14	3.24	3.3	3.34	3.38	3.4	3.42	3.44	3.45
	4.13	4.31	4.43	4.51	4.57	4.62	4.66	4.7	4.72	4.75
17	2.98	3.13	3.22	3.29	3.33	3.37	3.39	3.41	3.43	3.44
	4.1	4.28	4.39	4.47	4.54	4.59	4.63	4.66	4.69	4.72
18	2.97	3.12	3.21	3.27	3.32	3.36	3.38	3.4	3.42	3.44
	4.07	4.25	4.36	4.45	4.51	4.56	4.6	4.64	4.66	4.69
19	2.96	3.11	3.2	3.26	3.31	3.35	3.38	3.4	3.42	3.43
	4.05	4.22	4.34	4.42	4.48	4.53	4.58	4.61	4.64	4.66
20	2.95	3.1	3.19	3.26	3.3	3.34	3.37	3.39	3.41	3.42
	4.02	4.2	4.31	4.4	4.46	4.51	4.55	4.59	4.62	4.64
21	2.94	3.09	3.18	3.25	3.3	3.33	3.36	3.39	3.4	3.42
	4	4.18	4.29	4.37	4.44	4.49	4.53	4.57	4.6	4.62
22	2.93	3.08	3.17	3.24	3.29	3.33	3.36	3.38	3.4	3.41
	3.99	4.16	4.27	4.36	4.42	4.47	4.51	4.55	4.58	4.6
23	2.93	3.07	3.17	3.23	3.28	3.32	3.35	3.37	3.39	3.41
	3.97	4.14	4.25	4.34	4.4	4.45	4.5	4.53	4.56	4.59
24	2.92	3.07	3.16	3.23	3.28	3.32	3.35	3.37	3.39	3.41
	3.96	4.13	4.24	4.32	4.39	4.44	4.48	4.52	4.55	4.57
25	2.91	3.06	3.15	3.22	3.27	3.31	3.34	3.37	3.39	3.4
	3.94	4.11	4.22	4.31	4.37	4.42	4.47	4.5	4.53	4.56
26	2.91	3.05	3.15	3.22	3.27	3.31	3.34	3.36	3.38	3.4
	3.93	4.1	4.21	4.29	4.36	4.41	4.45	4.49	4.52	4.55
27	2.9	3.05	3.14	3.21	3.26	3.3	3.33	3.36	3.38	3.4
	3.92	4.09	4.2	4.28	4.35	4.4	4.44	4.48	4.51	4.54
28	2.9	3.04	3.14	3.21	3.26	3.3	3.33	3.36	3.38	3.39
	3.91	4.08	4.19	4.27	4.33	4.39	4.43	4.47	4.5	4.52
29	2.89	3.04	3.14	3.2	3.25	3.29	3.33	3.35	3.37	3.39
	3.9	4.07	4.18	4.26	4.32	4.38	4.42	4.46	4.49	4.51
30	2.89	3.04	3.13	3.2	3.25	3.29	3.32	3.35	3.37	3.39
	3.89	4.06	4.17	4.25	4.31	4.37	4.41	4.45	4.48	4.5
31	2.88	3.03	3.13	3.2	3.25	3.29	3.31	3.37	3.39	3.4
	3.88	4.05	4.16	4.24	4.31	4.36	4.4	4.44	4.47	4.5
32	2.88	3.03	3.12	3.19	3.24	3.28	3.32	3.34	3.37	3.39
	3.87	4.04	4.15	4.23	4.3	4.35	4.39	4.43	4.46	4.49
33	3.02	3.12	3.19	3.24	3.28	3.31	2.88	3.34	3.36	3.38
	4.03	4.14	4.22	4.29	4.34	4.38	4.37	4.42	4.45	4.48
34	34	3.02	3.12	3.19	3.24	3.28	3.31	2.87	3.34	3.36
	4.02	4.14	4.22	4.28	4.33	4.38	4.36	4.41	4.44	4.47

续表

df	平均数个数 M									
	2	3	4	5	6	7	8	9	10	11
35	2.87	3.02	3.11	3.18	3.24	3.28	3.31	3.34	3.36	3.38
	3.85	4.02	4.13	4.21	4.27	4.33	4.37	4.41	4.44	4.47
36	2.87	3.02	3.11	3.18	3.23	3.27	3.31	3.34	3.36	3.38
	3.85	4.01	4.12	4.2	4.27	4.32	4.36	4.4	4.43	4.46
37	2.87	3.01	3.11	3.18	3.23	3.27	3.31	3.33	3.36	3.38
	3.84	4.01	4.12	4.2	4.26	4.31	4.36	4.39	4.43	4.45
38	2.86	3.01	3.11	3.18	3.23	3.27	3.3	3.33	3.36	3.38
	3.84	4	4.11	4.19	4.25	4.31	4.35	4.39	4.42	4.45
39	2.86	3.01	3.1	3.17	3.23	3.27	3.3	3.33	3.35	3.37
	3.83	3.99	4.1	4.19	4.25	4.3	4.34	4.38	4.41	4.44
40	2.86	3.01	3.1	3.17	3.22	3.27	3.3	3.33	3.35	3.37
	3.83	3.99	4.1	4.18	4.24	4.3	4.34	4.38	4.41	4.44
48	2.84	2.99	3.09	3.16	3.21	3.25	3.29	3.32	3.34	3.36
	3.79	3.96	4.06	4.15	4.21	4.26	4.3	4.34	4.37	4.4
80	2.81	2.96	3.06	3.13	3.19	3.23	3.27	3.3	3.32	3.35
	3.73	3.89	4	4.08	4.14	4.19	4.24	4.27	4.31	4.37
120	2.95	3.05	3.12	3.17	3.22	2.8	3.25	3.29	3.31	3.34
	3.86	3.86	3.96	4.04	4.11	4.16	4.2	4.24	4.27	4.34
∞	2.77	2.92	3.02	3.09	3.15	3.19	3.23	3.27	3.29	3.32
	3.67	3.8	3.9	3.98	4.04	4.09	4.14	4.17	4.21	4.24

注：上为 $SSR_{0.05}$，下为 $SSR_{0.01}$。